国家出版基金项目
NATIONAL PUBLICATION FOUNDATION

信息化与工业化两化融合研究与应用

电动汽车——能量转换与动力控制

徐国卿　郑春花　张艳辉　徐　坤　著

科学出版社
北京

内 容 简 介

能量转换与动力控制是电动汽车的核心技术，本书对电动汽车高能效与安全控制领域的核心技术和前沿问题进行系统的论述，重点包括电机驱动与电力电子技术、电池与储能系统的管理技术、电动汽车能量管理与优化控制、电动汽车动力学控制技术等几个方面。此外，还包括未来电动汽车发展相关的电力电子系统集成化、全制动能量回馈、采用分散独立驱动的动力学控制、与智能交通结合的智能节能驾驶等前沿内容。

本书可作为高等院校相关专业本科生和研究生的教材，也可供教师和新能源汽车研发人员参考学习。

图书在版编目(CIP)数据

电动汽车：能量转换与动力控制/徐国卿等著．—北京：科学出版社，2016
（信息化与工业化两化融合研究与应用）
国家出版基金项目
ISBN 978-7-03-048786-5

Ⅰ．电…　Ⅱ．徐…　Ⅲ．电动汽车-研究　Ⅳ．U469.72

中国版本图书馆 CIP 数据核字(2016)第 131860 号

责任编辑：魏英杰 / 责任校对：桂伟利
责任印制：赵　博 / 封面设计：陈　敬

科学出版社出版
北京东黄城根北街 16 号
邮政编码：100717
http://www.sciencep.com
北京九州迅驰传媒文化有限公司印刷
科学出版社发行　各地新华书店经销
*
2016 年 6 月第　一　版　　开本：720×1000 1/16
2024 年 8 月第二次印刷　　印张：14 1/2
字数：292 000
定价：95.00 元
（如有印装质量问题，我社负责调换）

“信息化与工业化两化融合研究与应用”丛书序

传统的工业化道路，在发展生产力的同时付出了过量消耗资源的代价：产业革命200多年以来，占全球人口不到15%的英国、德国、美国等40多个国家相继完成了工业化，在此进程中消耗了全球已探明能源的70%和其他矿产资源的60%。

发达国家是在完成工业化以后实行信息化的，而我国则是在工业化过程中就出现了信息化问题。回顾我国工业化和信息化的发展历程，从中国共产党的十五大提出“改造和提高传统产业，发展新兴产业和高技术产业，推进国民经济信息化”，到党的十六大提出“以信息化带动工业化，以工业化促进信息化”，再到党的十七大明确提出“坚持走中国特色新型工业化道路，大力推进信息化与工业化融合”，充分体现了我国对信息化与工业化关系的认识在不断深化。

工业信息化是“两化融合”的主要内容，它主要包括生产设备、过程、装置、企业的信息化，产品的信息化和产品设计、制造、管理、销售等过程的信息化。其目的是建立起资源节约型产业技术和生产体系，大幅度降低资源消耗；在保持经济高速增长和社会发展过程中，有效地解决发展与生态环境之间的矛盾，积极发展循环经济。这对我国科学技术的发展提出了十分迫切的战略需求，特别是对控制科学与工程学科提出了十分急需的殷切期望。

“两化融合”将是今后一个历史时期里，实现经济发展方式转变和产业结构优化升级的必由之路，也是中国特色新型工业化道路的一个基本特征。为此，中国自动化学会与科学出版社共同策划出版“信息化与工业化两化融合研究与应用”丛书，旨在展示两化融合领域的最新研究成果，促进多学科多领域的交叉融合，推动国际间的学术交流与合作，提升控制科学与工程学科的学术水平。丛书内容既可以是新的研究方向，也可以是至今仍然活跃的传统方向；既注意横向的共性技术的应用研究，又注意纵向的行业技术的应用研究；既重视“两化融合”的软件技术，也关注相关的硬件技术；特别强调那些有助于将科学技术转化为生产力以及对国民经济建设有重大作用和应用前景的著作。

我们相信，有广大专家、学者的积极参与和大力支持，以及丛书编委会的共同努力，本丛书将为繁荣我国“两化融合”的科学技术事业、增强自主创新能力、建设创新型国家做出应有的贡献。

最后，衷心感谢所有关心本丛书并为其出版提供帮助的专家，感谢科学出版社及有关学术机构的大力支持和资助，感谢广大读者对本丛书的厚爱。

中国工程院院士

2010 年 11 月

前言

随着全球能源和环境问题的日益突出，电动汽车受到各国政府、工业界和公众越来越多的关注。电动汽车的显著特点是采用了先进的电动化动力总成系统。虽然相对于传统的内燃机汽车，电动汽车具有在环保和能源效率方面的优势，但是许多技术上的难题仍然阻碍着电动汽车市场份额的增长。

能量转换与动力控制是电动汽车的核心技术，也是今后电动汽车向高能效发展的突破口。本书结合作者在该领域的最新研究成果，对电动汽车高能效与安全控制领域的核心技术和前沿问题进行系统的论述，重点包括电机驱动与电力电子技术、电池与储能系统的管理技术、电动汽车能量管理与优化控制、电动汽车动力学控制技术等几个方面。在这些论述中，还包括未来电动汽车发展相关的电力电子系统集成化、全制动能量回馈、采用分散独立驱动的动力学控制、与智能交通结合的智能节能驾驶等前沿方向。

第 1 章介绍电动汽车能源动力系统的技术特点和研究现状，对电动汽车的技术发展趋势进行分析，从提高能效和安全的角度，论述分散驱动电动汽车发展的必要性。此外，本章还讨论了今后电动汽车需要解决的技术挑战。

第 2 章重点介绍车用永磁电机和开关磁阻电机的驱动控制技术，对无位置传感器先进控制技术进行了研究，介绍车用电力电子集成化概念，并就电力电子装置模块化和集成化封装技术进行分析。

第 3 章重点介绍电动汽车管理系统的架构、均衡控制方法，以及电池荷电状态的估算算法，介绍目前广泛应用的电池组热管理系统和充电方式。

第 4 章提出基于庞特里亚金最小值原理的混合动力汽车能量管理策略，以及基于未来工况预测的电动汽车能量管理与优化控制技术。

同时，本章还讨论了电动汽车能量回馈控制方法，包括复合制动系统和纯电制动系统的能量回馈制动方法。

第 5 章对电动汽车动力学控制问题进行分析讨论，包括电动汽车的动力参数感知方法、稳定性理论基于车轮模型的动力学控制方法和实现技术等。

本书对电动汽车涉及能源效率和安全控的相关问题和核心技术进行系统的介绍，既使读者对电动汽车能量转换和控制技术有全面的理解，又为读者对电动汽车发展的前沿问题提供启发。

本书研究内容得到了国家自然科学基金（51305437，61273139，61573337）的资助。

限于作者水平，不妥之处在所难免，恳请大家指正。

目　　录

第1章　电动汽车能源动力系统与控制技术

1.1　汽车工业面临的能源与环境问题

全球汽车工业面临能源消耗和环境污染的严峻挑战，大力发展节能与新能源汽车成为国家战略竞争的核心与焦点之一。在各种新能源汽车技术路线中，以纯电动汽车、混合动力汽车和燃料电池汽车为代表的电动汽车被普遍认为是未来汽车发展的主要方向，并成为主要汽车工业发达国家和汽车制造商的战略竞争焦点。

我国正处在汽车普及发展的初期，随着国民经济的持续快速发展和城镇化建设的加速推进，人们对汽车的消费需求将持续增长。我国汽车拥有量仍处于较低水平。截至2010年年底，我国汽车保有量为7802万辆，千人汽车保有量仅为58辆，不及世界平均水平的一半。我国汽车市场区域发展不平衡，全国百户家庭汽车拥有量超过15辆的省市只有北京、天津、浙江、广东和上海，中西部地区汽车市场才刚起步。目前，我国60%以上的汽车消费者是首次购车，随着经济的发展、居民收入的增加，未来汽车消费需求将从首次购车逐步向首次购车、更新购车双重需求转变。二、三线城市及农村汽车市场将成为新的增长点，更多的摩托车、农用车车主开始升级购买汽车。随着汽车产业国际竞争力的不断提高，我国汽车出口规模也将逐渐扩大。我国汽车市场将逐步进入持续平稳的发展阶段。

我国是世界石油需求增长最快的国家，国内石油资源严重不足，据国际能源署报道，我国人均石油资源量和人均产油量仅为世界平均水平的18.3%和21.4%，人均油气资源相对贫乏。2014年全国石油产量2.1亿吨，净增长138万吨，同比增长0.7%，连续五年保持在2亿吨以上，但仍需大量进口弥补需求缺口。据海关总署统计，2014年我国进口原油3.1亿吨，同比增长9.5%，原油对外依存度已从21世纪初的32%

升至 59.6%。未来 5～10 年，我国汽车产销仍将保持平稳增长，每辆车年均耗油约 2.15 吨，远高于日本车年均 1.1 吨水平，到 2020 年全国汽车保有量预计超过 1.75 亿辆，将新增近 2 亿吨燃油需求，我国能源安全将面临严峻挑战。

迅猛增长的汽车保有量及对石油燃料的严重依赖，使得我国汽车的能源与环境问题更加严峻。汽车保有量的增长带来的对交通、能源、环境等的制约会进一步凸显。关于交通压力问题，从世界范围来看，发达国家都经历了汽车快速普及带来的交通问题。在城镇化进程中，城镇居民增多、流动性大、城市规划落后、道路承载能力及交通设施无法满足需求等，都是造成交通拥堵的因素。除控制汽车销量和保有量快速增长外，应通过加强城市交通规划，大力发展轨道交通等公共交通系统，提高交通管理能力，严格执法和税费调节等手段综合治理，逐步解决。在能源消耗问题上，我们必须看到，2010 年我国乘用车新车平均百公里油耗 7.7 升，比 2009 年欧洲平均水平高 1.6 升，比日本高 2.2 升。2009 年，我国单车平均油耗 2.15 吨，比 2006 年日本 0.94 吨、德国 0.97 吨高出一倍多。此外，我国汽车产业在自身发展中积累的矛盾和问题依然突出，关键核心技术缺失，自主品牌汽车综合竞争力弱，关键零部件发展滞后，缺少具有国际竞争力的大型企业（集团）等，将严重制约汽车行业可持续发展。中国石油进出口如表 1-1 所示。中国汽车的保有量和能量消耗如表 1-2 所示。

表 1-1　中国石油进出口(单位:亿吨)(BP 公司)

年份	进口			出口		
	原油	成品油	合计	原油	成品油	合计
2005	1.271	0.398	1.669	0.067	0.140	0.207
2006	1.458	0.459	1.917	0.096	0.135	0.231
2007	1.632	0.399	2.031	0.036	0.156	0.192
2008	1.788	0.390	2.178	0.037	0.150	0.187
2009	2.035	0.498	2.533	0.047	0.294	0.341
2010	2.346	0.599	2.945	0.020	0.294	0.314
2011	2.529	0.752	3.281	0.015	0.298	0.313
2012	2.713	0.830	2.543	0.013	0.258	0.271
2013	2.826	0.956	3.782	0.009	0.313	0.322

表1-2　中国汽车的保有量和能量消耗

年份	产量	同比增长/%	销量	同比增长/%
2007	888.2	22	879.2	21.8
2008	934.5	5	938.1	7
2009	1379.1	48	1364.5	45
2010	1826.5	32	1806.2	32
2011	1841.9	0.8	1850.5	2.5
2012	1927.18	4.6	1930.64	4.3
2013	2211.68	14.8	2198.14	13.9

节能与新能源汽车的发展成为国家战略性新兴产业之一，成为实现汽车产业结构调整与战略转型的重要举措。世界各主要汽车生产国纷纷加快部署：一方面大幅加强油耗标准法规，积极发展和应用汽车先进节能技术；另一方面将发展新能源汽车产业上升为国家战略，大力扶持新能源汽车研发和产业化。各主要汽车生产国在采取强化技术壁垒，加大对全球汽车市场资源抢夺力度的同时，积极推导“低碳汽车、绿色汽车”等概念，对汽车后发展国家的汽车工业施加压力。

1.2　电动汽车发展趋势

纯电动汽车的发展史已有100多年，第一辆电动汽车(3轮)由法国人古斯塔夫·土维在1881年制造，此后的三四十年间，电动汽车在当时的汽车发展中占据着重要位置。例如，世界上首辆车速超过100km/h的汽车就是电动汽车。在1899年，由比利时工程师卡米乐·热纳茨设计的名为“从不满意”的铝质车身汽车，现在保存在法国贡批尼博物馆。据统计，到1890年在全世界的4200辆汽车中，有38%为电动汽车，40%为蒸汽车，22%为内燃机汽车。到1911年，就已经有电动出租汽车在巴黎和伦敦的街头运营，到1912年在美国更有至少3.4万辆电动汽车运行。1974～1982年的两次能源危机，客观上进一步推动了纯电动技术在汽车行业的研发和应用。由于缺乏相应的电力电子器件作为支撑，且普遍采用的是铅酸电池，同时因为其体积大、能量密度和功率密度低、充电时间长等诸多缺点，造成众多企业舍弃电动汽车的研发。由于电力电子学科发展的滞后，电动汽车动力性能差，以及燃油汽车的发明等原因，造成了此次纯电动汽车发展的夭折。

第二代纯电动汽车是以电力电子学的发展为契机，高能量密度锂离子电池的出现为基础，以及电机技术的发展为保障，与第一代相比，其动力特性、续航里程，以及动力系统控制方面都取得了较大的进步。

目前活跃在第二代纯电动汽车研发中的企业不但有汽车公司，而且有电力公司和一些机电跨国企业，如丰田、日产、通用这样的汽车企业，也有属于电力系统的东京电力公司、法国电力公司，以及日立、三洋电机、东芝等机电跨国公司。表 1-3 为部分主流车企电动汽车系列。

表 1-3 主流车企电动汽车系列

车企	特斯拉	宝马	通用	丰田	日产	比亚迪
车名	Model S	I3	雪佛兰 Volt	Prius 锂电版本	Leaf	E6
电动类型	纯电动	纯电动	增程式	混动	纯电动	纯电动
电池供应商	松下	三星 SDI	LG	松下	自主	自主
电池组容量/kWh	40,60,85	22	16	4.4	24	60
能量密度/(Wh/g)	170	130	81	30～80	140	100
续航里程/km	400	257	80(电动)	24(电动)	175	300
正极材料	镍钴铝锂	改性锰酸锂	锰酸锂	镍钴锰酸锂	锰酸锂	磷酸铁锂
2013 年销量	2.23 万辆		3.87 万辆		2.26 万辆	

2007 年，通用推出新款雪佛兰 Vlot 概念车，采用自主研发的 E-Flex 动力推进系统。该款车型的电池组完全充满小于六小时，完全依靠储存的电能可在城市道路行驶 64km。E-Flex 动力推进系统的唯一能量来源就是电，但该系统可以把乙醇、生物柴油等能源转化为电，从而提供足够的电力驱动。

2011 年，美国特斯拉汽车公司推出的 Model s 系列的问世，给世界电动汽车行业注入了一剂强心剂，强烈的智能科技感给客户带来强烈的视觉和触觉感受，最大航程达到 480km，85kWh 的电池仅需一小时即可充满。

1.3　电动车辆的现状

1.3.1　发达国家电动汽车现状

经过一百多年的发展，尤其是近二三十年来电驱动车辆的快速发展，道路交通车辆基本上形成了多种动力总成系统类型并存的格局。根据动力总成系统的能源和驱动方面的差异，车辆分为传统内燃机车(internal combustion engine vehicle，ICEV)、混合动力车(hybrid electric vehicle，HEV)、纯电动车(pure electric vehicle，PEV)、燃料电池车(fuel cell vehicle，FCV)，如图 1-1 所示。混合动力车又分为常规混合动力车(包括弱混 micro、中混 mild、强混 full)、插电式混合动力车(PHEV、plug-in HEV)、增程式电动车(REV、range-extended EV)。混合动力车已被一些知名汽车厂商成功推向市场，具有一定的占有率。近年来，纯电动汽车也取得了较大发展，以特斯拉、日产 Leaf 等为代表的纯电动车型受到人们的广泛关注，市场份额也逐渐提升。轮毂电机驱动的分散式纯电动车以其高效、灵活等优点也受到了学术界、汽车行业的青睐。燃料电池车采用燃料电池堆，利用氢、氧在催化酶作用下的化学反应产生电力，其能量转换效率可以达内燃发动机的 2～3 倍，因此作为一种清洁能源驱动车辆，具有美好的发展前景。

下面介绍发达国家与主要汽车集团的电动汽车现状。国外著名汽车公司都十分重视研究开发电动汽车，世界发达国家不惜投入巨资进行研究开发，并制定了一些相关的政策、法规来推动电动汽车的发展。

美国目前正在大力研制和推广使用燃料电池电动汽车和纯电动汽车，政府能源部与通用、福特和戴-克三大汽车制造商联合开发燃料电池电动汽车。现在，美国已有 7 个州加入了零排放计划，到规定的年限这些地区销售的汽车必须为零排放，即只能为纯电动汽车和燃料电池电动汽车。

以美国蓝鸟客车公司、英国的 FRZAERNASH 公司、日本丰田、日本本田为代表的电动客车和轿车已经上市，英国已有数万辆电动汽车在使用。

法国是世界上推广应用纯电动汽车最成功的国家之一，成立了电动汽车推广应用国家部际协调委员会，巴黎和拉罗舍尔已经建立了比较完善的纯电动汽车充电站网基础设施，制定了优惠的支持和激励使用电动汽车的政策，且已经初步形成纯电动汽车运行体系。

在近年的国际性大型运动会上，电动汽车也成为各国展示其科技实力和环保意识的工具之一。亚特兰大奥运会使用美国蓝鸟客车公司生产的纯电动客车作为公务和电视转播车，悉尼奥运会购买了英国 FRAZER- NASH 公司的近 400 辆电动客车作为运动员接送车辆。

混合动力电动汽车领域。日本丰田公司开发的 Prius 和本田公司开发的 Insight 混合动力电动汽车已开始批量投放市场。丰田公司的 Prius 销售已在 2006 年累计突破 150 万辆，并于 2005 年年底在中国第一汽车集团公司进行了组装生产和销售。日产公司也于 2003 年推出 Tino 混合动力汽车，在日本国内市场上销售了 100 多辆。

欧洲各大汽车厂商争先恐后地推出本公司研制的混合动力电动汽车，甚至德国的博世(BOSCH) 等著名的零部件公司也积极与，与大汽车公司联手开发混合动力电动汽车技术。美国已有近 20 个城市试验使用混合动力电动公交车，瑞典、法国、德国、意大利、比利时等国计划在 9 个欧洲城市开通混合动力电动公共汽车线路。燃料电池电动汽车崭露头角，国外企业界纷纷组成强大的跨国联盟，以期达到优势互补的目的。例如，日本丰田与美国通用公司，日本东芝公司与美国国际燃料电池公司，德国 BMW 公司与西门子公司，雷诺汽车公司与意大利 De Nora 公司分别组成联盟开发燃料电池电动汽车都投资数亿美元开发燃料电池电动汽车。其中，以加拿大的巴拉德、美国的福特、德国的戴姆勒-克莱斯勒联盟(XCELLSIS)最具代表性，该联盟投资 10 亿加元开发生产电动汽车用燃料电池动力系统。在燃料电池电动汽车的研发热潮中，几乎所有的国外大型企业集团全部介入，投入的总额超过百亿美元。由于燃料电池的成本和寿命问题，这一项目目前进展缓慢。在燃料电池电动汽车的示范运行方面，世界各国也都不约而同地把注意力集中在大客车上，如欧盟的CUTE示范项目、UNDP/GEF燃料电池商业化示范项目、美国加州的CAHFC示范项目和日本的JHFC计划等。与此同时，部分国家政府为促进电动汽车的发展，通过财税手段调整汽车发展结构。像美、日等国政府对于电动车产品给予10%的鼓励性补贴，荷兰政府的补贴更是高达30%。同时，对传统汽车开征燃料税，如欧洲部分国家燃料税高达200%～300%，最低的美国也有34%。主流车企电动汽车系列如表1-3所示。

电动车辆（包括EV、HEV、FCV）可以利用车载储能装置存储的电能来驱动车辆。这些电能可以直接从电网取得。随着可再生能源发电（如太阳能发电、风电、水电、核电、潮汐能发电、生物质能发电等）和电动汽车的推广应用，清洁能源在交通运输中的应用比例将不断扩大，有助于缓解当今世界面临的一系列全球性问题，如能源紧缺、环境污染和气候变化威胁等。电动车辆的一般分类如图1-1所示。

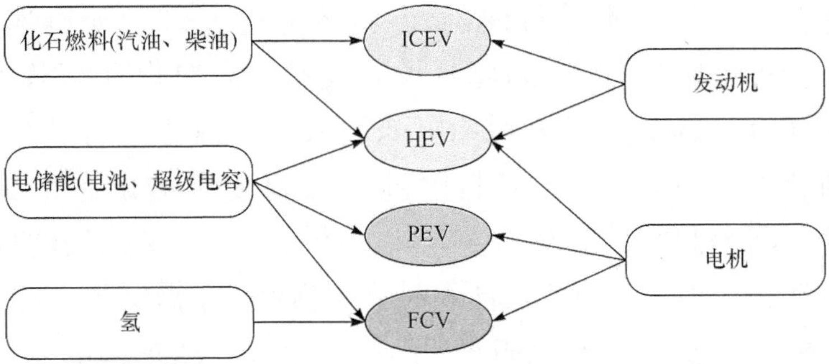

图1-1　电动车辆的一般分类

1.3.2　中国电动汽车现状

中国电动汽车虽然没有欧美等国家起步早，但国家从维护能源安全，改善大气环境，提高汽车工业竞争力，实现我国汽车工业的跨越式发展的战略高度考虑，从“八五”开始到现在，电动汽车研究一直是国家计划项目，并在2001年设立了“电动汽车重大科技专项”。通过组织企业、高等院校和科研机构，集中各方面力量进行联合攻关，现正处于研发势头强劲阶段，部分技术已经赶上甚至超过世界先进水平。“电动汽车重大科技专项”实施以来，已成功开发出燃料电池汽车样车，累计运行数千千米；混合动力客车已在武汉等地公交线路上试验运行超过百万千米；纯电动汽车已通过国家有关认证试验。

1.3.3 电动车辆的趋势

电动车辆存在多个能源动力子系统，对其进行合理的布置有利于散热、电磁兼容性、结构安全等性能的提升。目前电动车辆对多能源动力系统的布局已从早前的简单替换发展为动力系统的集成及与整车结构的集成。早期电动车辆的动力系统往往简单的布置在车辆前舱中原先布置发动机的位置。其他电气部件(如 dc/ac、dc/dc 等电力电子变换装置)也安装在前舱合适的空间位置。由于前舱空间有限，迫切需要体积更小、结构更紧凑的动力部件。此外，混合动力车辆具有两种或两种以上的动力部件，对空间的布局要求也更严格。

电动车辆的底盘往往装载了车载储能系统，如动力电池包。目前电池的能量密度仍远不及石油，而电池的充电又涉及充电速度慢、基础设施配套不完善等问题，因此延长续驶里程需要提高车载电池的容量。但电池容量的提升又会增加电池的重量和体积，进而需要底盘提供更大的装载空间。此外，燃料电池车需要复杂的燃料电池发电系统，也需要底盘提供额外的安装空间。因此，如何在有限的底盘空间内对能源动力系统进行布局，且同时满足散热、底盘结构安全等要求，是电动车辆底盘结构设计的重要课题。目前，电动车辆的储能系统逐渐与底盘结构进行深度集成，而非早期阶段简单的安装在底盘或后舱空余空间。这种储能系统与底盘进行集成的趋势无疑对底盘设计提出了更高的要求，需要统筹考虑车身、底盘结构强度、散热、换装方式等问题。

车用电机比一般工业电机的性能要求更高。首先，电机的电能来自有限的车载储能系统，因此电机的效率必须尽可能高，以减少能量损失，驱动车辆行驶更多里程。其次，车用电机应小型化、轻量化、紧凑化(通常为工业电机的 1/3～1/2)。再次，车用电机的工作环境更苛刻，例如车用电机的振动可达3～5g，而轮毂电机的振动更高达20g[1]，因此电机需要具备适应苛刻条件的高可靠性和长寿命。综上，车用电机将朝着广域高效、高功率密度、高可靠性等方向发展。

理想的电动车辆储能系统应具有如下特征，即能承受持续的大电流放电，以满足高车速的要求；具备短时高功率放电能力，以满足加速或爬坡的要求；一次充电容量尽可能大，以满足续驶里程的要求；能量密度尽可能高，以减少储能系统的重量和体积，提高整车能效。目前锂离子电池基本能符合上述要求，且锂离子电池单体具备大规模产业化的条件。由于电池单体成组后的应用过程中，过充、过放、过热、过流等应用条件极易导致电池组中某些单体的损坏，造成电池组整体性能退化，影响电池组的性能，降低使用寿命，严重时导致电池组完全不能工作。因此，发展电池成组技术，尤其是兼顾散热、电磁兼容性、可靠性等的电池管理系统（battery management system，BMS）成为车载储能系统发展的重要课题[2]。此外，提高车载储能系统的能量密度、功率密度，降低成本也是未来储能系统发展的关键。

推进电动车辆电动部件的智能化可以提升电动车辆的效率、动态特性、可靠性和整车经济性，但目前尚未受到足够重视。异步电机、永磁电机的参数容易受到内部磁场和温度的影响，具有很强的非线性时变特征，采用智能化方法可以对这些参数进行在线辨识。基于在线自学习的智能电池管理系统可提高电池荷电状态（state of charge，SOC）、电池健康状态（state of health，SOH）的估计准确度，从而保护电池单体免受损坏，延长电池组使用寿命，提高电池组安全性。基于智能SOC/SOH预测还可以估计剩余续驶里程和使用寿命，优化驾驶行为。智能故障诊断和容错技术可以处理电动部件或子系统的非正常运行状态，进行整车综合故障诊断，并通过实施有效的容错控制提高车辆运行可靠性。

综上所述，电动车辆的发展趋势包括集成化、高效化、智能化等，其中信息技术、智能技术将在电动车辆的未来发展中发挥重要作用。

1.4 电动汽车动力系统发展趋势

牵引力控制系统(traction control system,TCS)、防抱死制动系统(antilock brake system,ABS)大大提升了车辆的安全性和操控性。TCS与ABS系统通过控制驱动轮的纵向滑移率,防止驱动轮发生打滑或抱死。即使在湿滑路面或紧急制动情形下,也能显著改善轮胎-路面接触附着能力,提升车辆的可控性。近年来随着电动车辆的巨大发展,针对电动车辆新特点的新型TCS、ABS控制方法受到研究者的关注。

1.4.1 附着参数估计研究现状

附着系数与滑移率的获取,对既有TCS、ABS系统至关重要。TCS、ABS系统一般依据当前轮胎-路面接触的附着系数、滑移率信号,进行附着状态的判定,进而根据控制律施加合适的控制作用,即通过主动调节驱动力来保持附着稳定状态。为了获取更优良的控制效果,在附着系数、滑移率信号的基础上,还可以进一步通过模糊推理、神经网络等方法确定最大附着系数μ_{max}或最优滑移率λ_{opt}[3],设计最优附着控制系统。

滑移率可以通过测量轮速、车速,再根据定义方程计算得到。轮速测量可以通过在轮轴上安装轮速传感器实现,但车速信号难以直接进行测量。在有随动轮的车辆中,由于随动轮不与驱动链直接连接,因此车速可以用随动轮的轮速代替。这种依据轮速、车速计算滑移率的方式一方面受到轮速传感器分辨率、响应速度、测量精度等的影响;另一方面在某些场合下(如全轮驱动或随动轮施加了外部制动力),由于车速不能用随动轮轮速进行替代,因此并不适用。用加速度传感器来测量车辆加速度然后进行积分获取车速,也是一种根据定义计算滑移率的方法,但是无法克服积分漂移和误差问题。此外,还可利用一些基于声学、光学的专用传感器获取车速[4,5],然而这些传感器往往价格昂贵且对环境敏感。为了克服车速难以获取的难题,研究者提出无需车速的滑移率估计方法,即根据车辆动力学模型设计滑移率观测器,利用轮速测量信号和其他参数来实现滑移率的观测[6,7]。

轮胎-路面附着系数观测的研究大致分为两种，即基于专用传感器的方法和基于车辆动力学的方法[8]。基于专用传感器的方法是通过基于声学特性或光学特性的专用传感器，根据地面反射信息来试图直接测量得到附着系数，或通过应变传感器(strain sensor)测量轮胎变形来估计附着系数[9]。与测量车速的专用传感器类似，它们对使用环境敏感，易受干扰，且目前成本较高，较难在成熟的汽车产品中推广。基于车辆动力学的附着系数估计方法，学者一般从平均附着系数估计、独立车轮的附着系数估计进行研究。平均附着系数估计方法假定所有车轮的附着系数相同，主要包括基于滑移率曲线形状的估计方法、基于 Kalman 滤波的估计方法、基于非线性观测器的估计方法等[10]。独立车轮的附着系数估计方法主要是实时快速估计每个车轮的附着系数[11]。

通过对以上附着参数估计方法的总结和回顾可以看出，大部分附着参数估计研究还是基于传统发动机车辆系统，主要思路是使用专用传感器或通过其他参数间接计算或估计。成本、可靠性等瓶颈问题制约了专用传感器在实际系统中的应用。通过测量其他参数来间接计算或估计附着参数的方法具有较好的实用性，但目前大多使用轮速、加速度等测量信号。目前车用轮速传感器大多采用电磁感应式或霍尔传感器，其原理是通过计量传感器输出脉冲宽度和脉冲数量来计算轮速，这种方式导致轮速测量信号不够准确、响应频率不够高。这些测量信号在分辨率、带宽等方面的不足影响了附着参数估计的精度和带宽。电动车辆电驱动系统的电气信号测量不仅简单可靠，而且信号带宽高、精度高，这是传统汽车所不具备的。如果能充分利用电动车辆的电气参数来估计附着参数，将对提升附着参数的估计性能具有重要意义[12]。文献[13]研究了利用电流、轮速信号实现滑移率识别的方法。该方法省去了难以精确测量的车速信号，但仍需测量轮速信号。国内对轮胎-路面接触条件附着参数识别的研究虽然不少，但是从电驱动系统电气参数这一角度估计附着参数的研究几乎没有。电驱动系统电气信号(如电压、电流等信号)容易测量、测量精度高、动态性能好，基于这些电气参数间接观测附着参数具有巨大的优势，因此可以充分利用电气参数提高附着参数估计器的性能。此外，基于电气参数来设计附着参数估计器，还可以减少外部传感器的使用，从而提升可靠性、降低系统成本。

1.4.2 附着控制研究现状

车辆的 TCS/ABS 控制，本质上是对轮胎-路面接触的附着进行控制，我们将 TCS/ABS 统一归入附着控制。附着控制面临的主要挑战如下。

（1）最优附着参数的确定

当车辆紧急制动或在低附着路面加速时，总是希望能充分利用当前轮胎-路面接触的最大附着特性，在保证安全的同时提供足够的牵引或制动性能。由于轮胎-路面接触特性的多样化、不确定性，不同轮胎-路面接触条件下的最优附着参数（如最大附着系数、最优滑移率）也不相同，难以在线获取。在实际应用中，一般考虑最差路面条件（如冰雪路面），保证附着稳定性。例如，ABS 系统将滑移率控制的参考值设置为冰雪路面下的固定最优滑移率（如 0.1），以保证制动安全。这不利于充分利用实际路面的最大附着能力，因此制动效果（制动时间、制动减速度、制动距离等）并不是最优的。

（2）控制对象的复杂性

车辆动力学模型存在非线性、不确定性、参数摄动等现象，为鲁棒控制系统的设计带来挑战。非线性体现在轮胎-路面接触的非线性关系、非线性阻力等方面。不确定性体现在路面条件的不确定性，系统模型的未建模动态等方面。参数摄动体现在轮速、车速等参数的时变性等方面。

针对最优附着参数的获取问题，相关学者相继研究提出一些在线确定最优滑移率或峰值附着参数的方法。文献[14]基于几种典型接触条件的最优滑移率与当前的附着参数，通过模糊逻辑加权融合出最优滑移率。这种通过模糊逻辑融合得到的最优滑移率并非真实轮胎-路面接触条件对应的最优滑移率，只是根据当前的信息和已知的典型接触条件的一种近似实现方案，且对附着控制稳定性的影响没有理论分析和论证，能否适用于更多样化更复杂的接触条件还有待深入研究。文献[15]提出一种根据附着曲线的斜率信息来实现峰值附着控制的方法。该方法不需要最优附着参数，而是将附着曲线的斜率直接作为控制变量，将给定的附着曲线斜率参考值设置为1，并设计了滑模控制和模糊控制两种控制系统。这种方法巧妙地避开了最优滑移率、最大附着系数等最优附着参数的确定问题，但由于控制变量的获取过于复杂，在实际中能否成功应用还需要深入研究。

针对控制对象的非线性、不确定性、参数扰动等问题，学者多从自适应控制、鲁棒控制、智能控制等角度来进行研究，如模糊控制、滑模控制、学习控制、鲁棒控制、神经网络控制等。

近年来，如何充分利用电动汽车快速精确转矩控制的优点，研究更适合电动车辆实际应用的新型附着控制方法成为动力学控制研究的热点。其中，日本东京大学 Hori 教授研究团队作出了重要贡献和突出成果。该团队先后提出模型跟踪控制（model following control, MFC）[16]、最优滑移率控制、基于最大可传递转矩估计（maximum transmissiable torque estimation，MTTE）的附着控制等方法[17]。MFC 方法认为车辆驱动轮打滑等效于整车惯量减少，将滑移率为零时的车辆系统作为参考模型，对实际车 辆的驱动轮轮速与参考模型驱动轮轮速进行对比，其误差经过高通滤波器滤波和增益放大去补偿电机转矩参考信号，减少实际车辆系统驱动轮打滑现象。最优滑移率控制旨在通过闭环控制算法将滑移率控制在参考值附近，参考值一般取当前轮胎-路面接触条件的最优滑移率。为了对最优滑移率的控制输出（电机输出转矩命令）和驾驶员操控输出（期望的电机输出转矩）进行行为突出的消解，在最优滑移率控制系统闭环内加入了一个转矩选择器，选择上述两者中的较小者作为最终的电机转矩输出命令。基于 MTTE 的附着控制方法，通过设定驱动轮加速度与车加速度的比值（文中定义为松弛因子），估计出最大可传递转矩，进而去限制电机的输出转矩，可以有效防止车辆发生打滑或抑制打滑程度的加剧。

此外，电动车辆制动附着控制还涉及制动能量回收问题，即研究如何在保证制动安全的同时尽可能多的回收制动能量，提高整车能量的利用效率。目前研究多集中在混合制动系统(hybrid brake system,HBS)。HBS同时拥有两套制动系统,即传统的基于液压制动器的机械摩擦制动系统、基于电机的再生制动系统,复杂度大于传统制动系统。如何对这两套制动系统进行协调管理是研究的主要课题。目前研究多围绕在不同目标、约束下机电两种制动力的优化分配问题,以同时兼顾制动稳定性、能效、舒适性等目标,如文献[18],[19]。但是,HBS研究还大多只考虑正常制动模式,紧急制动模式下还需要依赖传统的ABS制动系统。从制动控制稳定性和能效的角度看,如何充分发挥电机快速精确电磁制动力、可回收制动能量等优点来同时提高电动车辆的安全节能性成了亟待研究的重要课题。

1.4.3 分散驱动系统研究现状

电驱动系统功率密度高、结构紧凑、体积小,基于轮毂/轮边电机驱动系统可灵活构建电动车辆分散驱动的动力总成方式,形成四轮独立驱动(four wheel independent drive,4WID)车辆。4WID系统可以独立驱动和精确控制每个车轮的驱动/制动力矩,实现更高级更精细的任务目标。面向不同任务目标的分散驱动车辆的转矩分配和控制已成为电动车辆先进动力学控制的研究热点。分散驱动系统可以独立控制每个车轮的驱动力,进而通过调节横摆转矩来改善车辆横向稳定性,相关研究(如直接横摆控制)已取得了积极进展。

直接横摆控制(direct yaw control,DYC)是近年来广受关注的横向稳定控制方法[20]。它通过主动调节车辆的横摆力矩来实现车辆运行轨迹控制的目的。根据产生主动横摆力矩的方式不同,DYC可以分为以下两类。

① 基于转向角控制来产生期望的横摆力矩。通过调节转向轮转向角的大小来实现调整车辆横摆力矩的目的。这种方式简单有效,但需要能主动调整转向角的机构,如线控转向系统。

② 基于差动驱动/制动来产生期望的横摆力矩。可以分为两类,一类是通过在车轮上施加机械制动力调节横摆力矩,另一类是通过施加电机驱动制动力调节横摆力矩。传统汽车采用施加差动制动力矩的方

式来实现DYC，结构更为复杂，需要外加机械和液压制动系统；基于分散驱动的电动汽车可直接利用轮毂电机来调节每个车轮的力矩，产生差动驱动力矩来调节车辆横摆力矩。

此外，4WID驱动车辆在提高能效方面也具有优势。4WID缩短了传动链，可以减少传动链的损失。4WID还可以采用全电制动，以利于从每个轮胎充分回收制动能量。

通过优化各电机的转矩也可以提高分散驱动车辆整车牵引能效。电动汽车大多数情况在城市工况下运行，由于需要频繁加速和制动，电机效率变化大。多轮独立驱动电动汽车可通过行驶过程中的转矩优化提高电机驱动系统工作效率，实现整车节能控制。文献[21]研究了电动轮驱动车辆各驱动轮的独立控制，对于不同的驱动工况可以选择对应的驱动模式减少能量浪费，提升能量利用效率。结果表明，通常情况下四轮驱动电动汽车按照平均分配的方式进行转矩分配比非平均分配更节能。文献[22]实车试验研究表明，在中低转矩区域采用四轮独立驱动节能控制方式相对于四轮等驱动力矩分配方式和两轮驱动方式，节能效果更明显。文献[23]根据电机效率图，建立直线单自由度车辆模型，研究如何通过优化前后轴驱动力分配系数提高电机系统驱动效率，但没有考虑路面附着条件。文献[24]建立目标函数，根据电机效率图优化四轮驱动力矩实现节能控制。上述研究表明，根据分散驱动系统各电机的效率图进行优化是提高整车能效的有效方法之一，有利于整车节能、延长续驶里程。

电动车辆的动力学控制系统往往采用分层式结构来设计[25]。在这种分层式控制结构下，上层控制器根据控制目标设计鲁棒闭环控制算法，确定期望的总力或总力矩；中层控制器采用控制分配优化算法将上层控制器确定出的总力或总力矩分配到四个车轮的轮胎力；每个车轮的下层控制器根据中层控制器确定的轮胎力参考值输出实际的驱动力、制动力。分层式控制系统的核心是设计上层控制器的鲁棒闭环控制算法，以及中层控制器的转矩分配算法。值得一提的是，在分层式控制结构中，某一层系统的暂态响应或可影响整个系统的稳定性。因此，稳定性必须从整个分层式结构角度进行全盘考虑，而非只考虑某一层。

1.5 电动汽车产业化的难点

1.5.1 电池

电池技术是最重要的问题。由于当前汽车用动力电池主要是以磷酸铁等为主作为正极材料,其性能、寿命等指标还不足以使纯电动汽车完全替代燃油汽车的所有功能。目前,电池能量密度只有 100Wh/kg 左右,成本在 3～5 元人民币/Wh;2016 年前后,能量密度可达到 150Wh/kg,成本降至 2 元人民币/Wh;预计 2020 年前后,电池能量密度将达 250Wh/kg,成本 1.5 元人民币/Wh。只有电池能量密度进一步提高,纯电动汽车续驶里程才能与传统汽车相当。要达到这个技术,尚需要开发新型电池材料,能量密度、寿命、安全性、价格、重量、充电时间等都是影响电动汽车商业化的重要指标。

电池是电动汽车的动力源泉,也是一直制约电动汽车发展的关键因素。电动汽车用电池的主要性能指标是比能量(E)、能量密度(Ed)、比功率(P)、循环寿命(L)和成本(C)等。要使电动汽车能与燃油汽车相竞争,关键就是要开发出比能量高、比功率大、使用寿命长的高效电池。

车载电储能系统是电动车辆的能量存储系统。车载电储能系统全部(纯电动车)或部分(混合动力车)提供车辆运行所需的能量,存储再生制动系统回收的车辆动能。此外,作为一种移动储能装置,电池也可成为电动车辆与电网之间能量交换的载体。车载电储能系统可分为动力电池、超级电容,以及结合电池和超级电容的混合储能装置。电动车辆采用的动力电池依据所用正、负极材料的不同,主要分为铅酸电池(Pb-acid)、镍氢电池(Ni-Mh)、锂离子电池(Li-ion)等。锂离子电池的能量密度分别为铅酸电池、镍氢电池的 3～4 倍和 2～3 倍,单体电压也是其他电池的 2～3 倍,因此锂离子电池是目前电动车辆电池系统的主流技术方案。此外,锂离子电池的优点还包括无记忆效应、无自放电、长寿命、污染少等。

到目前为止,电动汽车用电池经过了 3 代的发展,取得了突破性的进展。第1代是铅酸电池,主要是阀控铅酸电池(VRLA),由于其比能量较高、价格低和能高倍率放电,因此是目前唯一能大批量生产的电动汽车用电池。第2代是碱性电池,主要有镍镉(NJ-Cd)、镍氢(Ni-MH)、钠硫(Na/S)、锂离子(Li-ion)和锌空气(Zn/Air)等多种电池,其比能量和比功率都比铅酸电池高,因此大大提高了电动汽车的动力性能和续驶里程,但其价格却比铅酸电池高。第3代是以燃料电池为主的电池。燃料电池直接将燃料的化学能转变为电能,能量转变效率高,比能量和比功率都高,并且可以控制反应过程,能量转化过程可以连续进行,因此是理想的汽车用电池,但目前还处于研制阶段,一些关键技术还有待突破。

1.5.2 充电设施

谈到电动汽车的优势时,往往会分析到电动汽车与智能电网相融合。车载动力电池可以作为移动式储能单元,通过充电设施实现电力负荷的"削峰填谷",提高电力系统接纳风电、太阳能等可再生能源发电的能力。目前这些分析还停留在理论上,尚需付诸实现;智能电网的改造提升也需要大量投资;建设经济、方便、实用的充电网络仍需要统筹规划,逐步实现。

1.5.3 电机和电控

电动机与驱动系统是电动汽车的关键部件,要使电动汽车有良好的使用性能,驱动电机应具有调速范围宽、转速高、启动转矩大、体积小、质量小、效率高且有动态制动强和能量回馈等特性。目前,电动汽车用电动机主要有直流电动机(DCM)、感应电动机(IM)、永磁无刷电动机(PMBLM)和开关磁阻电动机(SRM)。

电机是电动车辆的主要激励。早期电动车辆主要采用直流电机,因为直流电机低速、大转矩的控制非常简单。由于直流电机存在电刷换向问题,需要定期维护,除一些成本低、运行条件不苛刻的小型电动车仍采用直流电机系统外(如电动沙滩车、电动高尔夫球车等),目前大多数电动车辆的电机已过渡到交流电机驱动系统上。与直流电机相比，永磁电机具有高效率、高功率密度、高可靠性、免维护性等突出优点[26]，因此在电驱动系统上的应用越来越广泛。异步电机的矢量控制技术成熟，速度控制效果优越，适合驱动高速、高功率电动车辆，但缺点是低负载区效率低。永磁无刷电机包括无刷直流电机和永磁同步电机。无刷直流电机比其他类型电机的功率密度和能效更高，但在高速恒功率区的弱磁控制较困难，且会出现转矩脉动现象。永磁同步电机在高速恒功率区的弱磁控制性能比无刷直流电机优越，但缺点是存在磁场退化现象。开关磁阻电机具有结构简单、可靠性高、调速范围宽、散热性能好、制动能量回收效率高等优点，也是车用电机发展的重要方向，但需要克服噪声和转矩脉动等问题。

电动车辆比传统发动机车辆具有更多类型和数量的能源动力部件，因此对能量流进行合适的控制也非常关键，但同时也会增加系统的复杂度。尤其是，混合动力车辆需要先进的能量管理策略来管控不同部件之间的能量流，以达成某些既定的性能指标，如最大化燃油经济性、最小化污染，或最优化驱动性能[27]等。

近几年来，由感应电动机驱动的电动汽车几乎都采用矢量控制和直接转矩控制。由于直接转矩的控制手段直接、结构简单、控制性能优良和动态响应迅速，因此非常适合电动汽车的控制。美国及欧洲等国研制的电动汽车多采用这种电动机。永磁无刷电动机可以分为由方波驱动的无刷直流电动机系统（BLDCM）和由正弦波驱动的无刷直流电动机系统（PMSM），它们都具有较高的功率密度，控制方式与感应电动机基本相同，因此在电动汽车上得到了广泛的应用。PMSM 类电机具有较高的能量密度和效率，其体积小、惯性低、响应快，非常适应于电动汽车的驱动系统，有极好的应用前景。目前，由日本研制的电动汽车主要采用这种电动机。

随着电动机及驱动系统的发展，控制系统趋于智能化和数字化。变结构控制、模糊控制、神经网络、自适应控制、专家控制、遗传算法等非线性智能控制技术，都将各自或结合应用于电动汽车的电动机控制系统。

1.5.4 电动汽车整车技术

电动汽车是高科技综合性产品，除电池、电动机外，车体本身也包含很多高新技术，有些节能措施比提高电池储能能力还易于实现。

① 轻量化的问题。轻量化应该从结构、材料、制造工艺这几个方面来综合解决，采用轻质材料如镁、铝、优质钢材及复合材料，优化结构，可使汽车自身质量减轻30%～50%。

② 能量优化问题。优化能量实现制动、下坡和怠速时的能量回收；汽车车身特别是汽车底部更加流线型化，可使汽车的空气阻力减少50%。采用高弹滞材料制成的高气压子午线轮胎，可使汽车的滚动阻力减少50%。

③ 安全性问题。安全性不能只从一个环节来考虑，应该综合考虑，例如单体电池的问题，电池包的问题和整车的问题。如果电池包和整车结构达到一定的水准，单体电池可能根本不能耐受恶劣的条件，导致激烈碰撞的载荷可能是需要考虑的，因此应该是综合解决方案。

1.6 车联网与智能能量管理

1.6.1 能源系统

蓄电池是电动汽车的储能动力源。电动汽车要获得非常好的动力特性，必须具有比能量高、使用寿命长、比功率大的蓄电池作为动力源。要使电动汽车具有良好的工作性能，就必须对蓄电池进行系统管理。

能量管理系统是电动汽车的智能核心。一辆设计优良的电动汽车，除了有良好的机械性能、电驱动性能、选择适当的能量源（即电池）外，还应该有一套协调各个功能部分工作的能量管理系统，其作用是检测单个电池或电池组的荷电状态，并根据各种传感信息，包括力、加减速命令、行驶路况、蓄电池工况、环境温度等，合理地调配和使用有限的车载能量。它还能够根据电池组的使用情况和充放电历史选择最佳充电方式，以尽可能延长电池的寿命。

世界各大汽车制造商的研究机构都在进行电动汽车车载电池能量

管理系统的研究与开发。电动汽车电池当前存有多少电能，还能行驶多少公里，是电动汽车行驶中必须知道的重要参数，也是电动汽车能量管理系统应该完成的重要功能。应用电动汽车车载能量管理系统，可以更加准确地设计电动汽车的电能储存系统，确定一个最佳的能量存储及管理结构，并且可以提高电动汽车本身的性能。

在电动汽车上实现能量管理的难点，在于如何根据所采集的每块电池的电压、温度和充放电电流的历史数据，来建立一个确定每块电池还剩余多少能量的较精确的数学模型。

未来10年是决定电动汽车发展成与败的关键时期。为此，各国政府需尽快构建明确的国家政策框架，主要包括形成清晰的市场激励机制，并制定严格的时间表兑现政策承诺；通过政策扶持实现在过渡期内电动汽车的成本接近内燃机汽车；加强各方面政策协调，消除政策间冲突；控制政策成本并给出政策适用的时间范围；与地方政府、产业界共同拟定充电基础设施发展计划；鼓励地方政府与企业购买电动汽车等。

1.6.2 智能化技术应用

车联网(internet of vehicles)是由车辆位置、速度和路线等信息构成的巨大交互网络。通过GPS、RFID、传感器、摄像头图像处理等装置，车辆可以完成自身环境和状态信息的采集；通过互联网技术，所有的车辆可以将自身的各种信息传输汇聚到中央处理器；通过计算机技术，这些大量车辆的信息可以被分析和处理，从而计算出不同车辆的最佳路线、及时汇报路况和安排信号灯周期。随着互联网技术的不断发展，移动互联大数据正在成为一股热潮，且业界对大数据的讨论已达到一个前所未有的高峰。车联网作为移动互联网大背景下诞生的一个产物，不管是车辆的接入、服务内容的选择还是服务的精准性，都离不开大数据。车辆上传的每一组数据都带有位置信息和时间，并且很容易形成海量数据。一方面，如果说大数据的特征是完整和混杂，而车联网与车有关的大数据特征是完整加精准。如某些与车辆本身有关的数据，都有明确的一个ID，根据这个ID可以关联到相应的车主信息，并且这些信息还是精准的。

另一方面,我们可以看到车联网与驾驶人的消费习惯、兴趣爱好等大数据特征是完整和部分精确,因此研究车联网的大数据更有意义。

智能车其实根据国际上的标准,可以分为两个阶段。第一阶段是辅助驾驶,第二阶段是无人驾驶。第一个阶段,辅助驾驶从初期的智能,到辅助驾驶,到半自动,到高度自动,一步一步来,已经成为中高级车的安全标配,新的奔驰可以自动停车,二级车智能驾驶已经成熟,即将推出量产,三级智能驾驶已经进入产业化阶段,产业化速度正在加快,并且这几年是非常直线性的上升。车联网生态圈如图1-2所示。

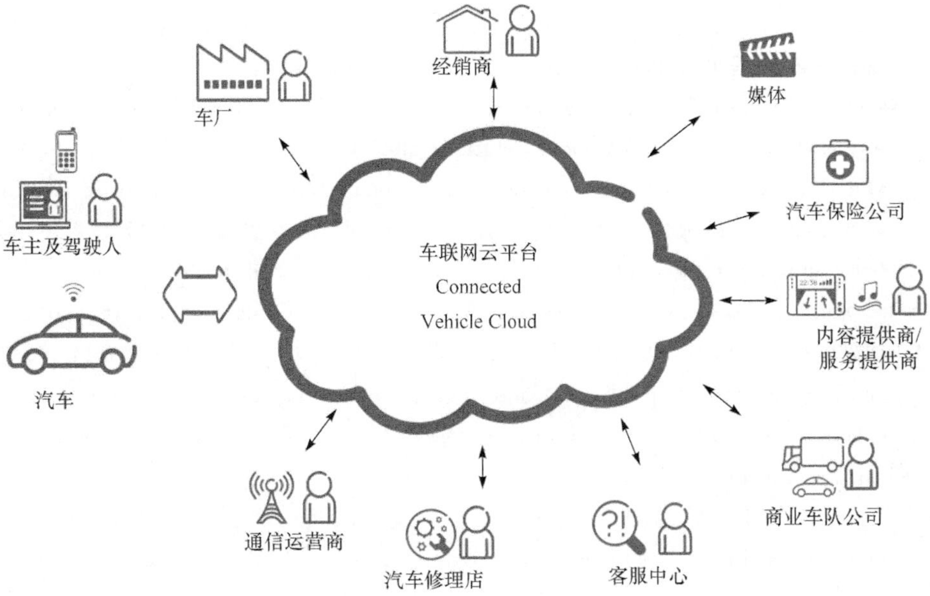

图1-2　车联网生态圈

参考文献

[1] Eshani M, Gao Y, Gay S E, et al. Modern Electric, Hybrid Electric, and Fuel Cell Vehicles. New York: CRC, 2005.

[2] Cheng K W E. Recent development on electric vehicles//The 3rd International Conference on Power Electronics Systems and Applications, 2009: 1-5.

[3] Furukawa K, Hori Y. Recent development of road condition estimation techniques for electric vehicle and their experimental evaluation using the test EV "UOT march and I and II"//The 29th Annual Conference of the IEEE Industrial Electronics Society, 2003, 1: 925-930.

[4] Cevher V, Chellappa R, McClellan J H. Vehicle speed estimation using acoustic wave patterns. IEEE Transactions on Signal Processing, 2009, 57(1): 30-47.

[5] Litzenberger M, Belbachir A N, Donath N, et al. Estimation of vehicle speed based on asynchronous data from a silicon retina optical sensor//Intelligent Transportation Systems Conference, 2006.

[6] Fujii K, Fujimoto H. Traction control based on slip ratio estimation without detecting vehicle speed for electric vehicle//Power Conversion Conference, 2007: 688-693.

[7] Fujimoto H, Saito T, Noguchi T. Motion stabilization control of electric vehicle under snowy conditions based on yaw-moment observer//The 8th IEEE International Workshop on Advanced Motion Control, 2004: 35-40.

[8] Rajamani R, Piyabongkarn N, Lew J, et al. Tire-road friction-coefficient estimation. IEEE Control Systems, 2010, 30(4): 54-69.

[9] Breuer B, Eichhorn U, Roth J. Measurement of tyre-road friction ahead of the car and inside the tyre//Proc. Int. Symp. Advanced Vehicle Control, 1992: 347-353.

[10] Wang J, Alexander L, Rajamani R. Friction estimation on high-way vehicles using longitudinal measurements. ASME J. Dyn. Syst. , Meas. Control, 2004, 126(2): 265-275.

[11] Rajamani R, Piyabongkarn D, Lew J Y, et al. Algorithms for real-time estimation of individual wheel tire-road friction coefficients//American Control Conference, 2006, 6: 14-16.

[12] 徐国卿,徐坤,李卫民.电动汽车动力学控制研究进展.集成技术,2012,1(1):6-14.

[13] Fujii K, Fujimoto H. Slip ratio estimation and control based on driving resistance estimation without vehicle speed detection for electric vehicle//Conference Proceeding of the Society of Instrument and Control Engineers, 2007.

[14] Furukawa S, Hori Y. Recent development of road condition estimation techniques for electric vehicle and their experimental evaluation using the test EV "UOT March I and II"// Proceedings of the 29th Annual Conference of the IEEE Industrial Electronics Society, 2003: 925-930.

[15] Colli V, Tomassi G, Scarano M. "Single Wheel" longitudinal traction control for electric vehicles. IEEE Transactions on Power Electronics, 2006, 21(3): 799-808.

[16] Sakai S, Sado H, Hori Y. Motion control in an electric vehicle with four independently driven in-wheel motors. IEEE-ASME Transactions on Mechatronics, 1999, 4(1): 9-16.

[17] Hu J S, Yin D, Hori Y, et al. Electric vehicle traction control a new MTTE methodology. IEEE Industry Applications Magazine, 2012, 18(2): 23-31.

[18] Xu G, Li W, Xu K, et al. An intelligent regenerative braking strategy for electric vehicles. Energies, 2011, 4(9): 1461-1477.

[19] Zhang J, Yin C, Zhang J. Design and analysis of electro-mechanical hybrid anti-lock braking system for hybrid electric vehicle utilizing motor regenerative braking. Chinese Journal of

Mechanical Engineering,2009,22(1):42-49.

[20] Van Zanten A T. Bosch ESP system:5 years of experience. SAE,2000,01:1633.

[21] Maeda Y,Tsuchida M,Moriguchi N,et al. Vehicle dynamics control by all wheel independent driving system//The 8th International Symposium on Advanced Vehicle Control,2006.

[22] Wang R, Chen Y, Feng D. Development and performance characterization of an electric ground vehicle with independently actuated in-wheel motors. Journal of Power Sources, 2011,196:3962-3971.

[23] Yua X B,Wang J B. Torque distribution strategy for a front- and rear-wheel-driven electric vehicle. IEEE Transactions on Vehicular Technology,2012,61(8):3365-3374.

[24] Chen Y,Wang J M. Fast and global optimal energy-efficient control allocation with applications to over-actuated electric ground vehicles. IEEE Transactions on Control Systems Technolog,2012,20(5):1202-1211.

[25] Cho W,Choi J,Kim C,et al. Unified chassis control for the improvement of agility,maneuverability,and lateral stability. IEEE Transactions on Vehicular Technology,2012,61(3):1008-1020.

[26] Eshani M,Gao Y,Gay S E,et al. Modern Electric,Hybrid Electric,and Fuel Cell Vehicles. New York:CRC,2005.

[27] Cheng K W E. Recent development on electric vehicles//The 3rd International Conference on Power Electronics Systems and Applications,2009:1-5.

第 2 章　电动汽车先进驱动与控制技术

2.1　概　　述

2.1.1　新能源汽车用电机及其控制系统的功能和要求

电机及其控制系统是新能源汽车的核心之一，包括驱动电机、功率变换器和控制单元。与工业用电机相比，电动汽车驱动电机在运行特点、工作环境和运行性能等方面都有如下特殊要求[1~5]。

① 宽调速范围为了满足电动汽车的加速和爬坡性能，要求驱动电机在低速时输出大转矩，高速巡航时则需要具有恒功率输出特性，因此要求电机具有宽调速范围，如图 2-1 所示。

② 高密度轻量化由于电动汽车安装空间和整车重量限制，要求电机及其控制系统具有高体积功率比和高质量功率比。

③ 高效率为了保证电动汽车的续驶里程，要求电机及其控制系统在整个宽调速范围内都具有很高的效率，电机在基速点附近具有最高运行效率。

④ 能量回馈电动汽车的特点和优势之一在于其能够在车辆减速或制动时将车辆的部分动能回收，从而提高车辆的续驶里程和能源利用率，通过电机系统的再生制动运行，可回收的能量一般可达总能量的10％～15％，这当然需要通过合适的电机控制策略实现。

⑤ 高可靠性与安全性与传统燃油汽车类似，电动汽车电机系统的工作环境极为恶劣，并对其机械强度、抗震性、冷却技术等方面均提出很高的要求；车载各种动力电池组和电机的工作电压可达到 300V 以上，电气系统和控制系统都必须符合车辆电气的安全性能的标准和规定。

⑥ 低成本电动汽车要实现与现代燃油汽车竞争的优势，必须考虑各零部件的成本，电机及其控制系统成本也是决定电动汽车是否能够

产业化的一个重要因素。

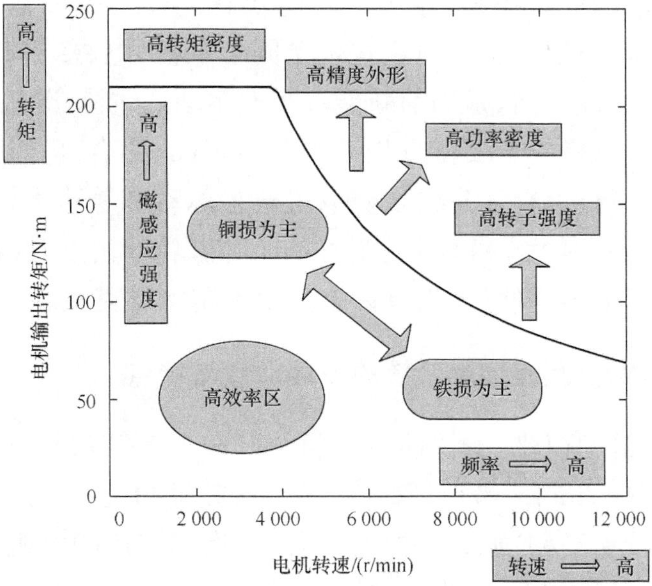

图 2-1　驱动电机的转矩-转速特性

2.1.2　典型的新能源汽车用牵引电机驱动系统

新能源汽车用电动机主要有直流电机、交流异步电机、永磁无刷电机和开关磁阻电机等。

20 世纪 80 年代前，几乎所有的车辆电驱动均采用直流电机，直流电机具有起步加速牵引力大、恒功率调速范围宽和控制系统简单等优点，但直流电机固有的机械换向器表面会产生火花，不但易损坏，而且会产生较大的电磁干扰，这对新能源汽车来说是致命的缺陷。因此，现在的新能源汽车很少采用直流电机驱动。

异步电机具有结构简单、坚固耐用、成本低、运行可靠、低转矩脉动、低噪声和高极限转速等特点，而且异步电机的矢量控制技术比较成熟，恒功率调范围可以达到 4∶1，因此被较早地应用于新能源汽车(尤其在美国)。异步电机相对永磁同步电机而言，其效率低和功率密度偏低，目前已有逐渐被永磁无刷电机(特别是永磁同步电机)取代的趋势。

永磁无刷电动机具有功率因数高、效率高、转矩密度高和恒功率调速范围广等优点，在新能源汽车上得到广泛应用。永磁无刷分为无刷直流电机和永磁同步电机，永磁同步电机在调速范围和输出特性方面优于无刷直流电机，尤其是内置式永磁同步电机，电磁结构设计自由度大，转矩密度和效率高，是当前新能汽车电驱动的主流产品。

开关磁阻电机的主要特点是结构紧凑牢固，适合高速运行，功率变换器结简单、运行可靠。开关磁阻电机转矩脉动和噪声大，转子存在交变磁场导致铁耗偏大，相对于永磁同步电机，功率密度和效率偏低，要在新能源汽车上推广使用，尚有许多技术难题需要克服。

2.1.3 车用电机及其控制系统的发展现状与特点

进入 21 世纪以来，美国能源部组织实施 FCVT(The Freedom Car and Vehicle Technology)计划，并由多个研究机构及汽车厂商及相关公司组成 Freedom CAR 联盟，共同开展面向汽车应用的电机与电力电子技术的研究，已取得显著进展，对电机的研究主要集中在减少生产成本，改善电机效率，减少对永磁材料的需求以及电机和发动机一体化设计等方面。

欧盟委员会提出多项鼓励发展新能源汽车的战略，欧洲车企出现快速调整的趋势，在车用电机及其控制系统领域，如大陆、博世、AVL 等均以电驱动集成系统的整套解决方案向汽车厂商进行推广，以大陆电力电子集成控制器为例，该控制器集成了电机控制器、低压 DC/DC 变换器、整车控制器等，系统质量功率比大于 5.0kW/kg，体积功率比达到 8.0kW/L 以上。

日本以丰田的技术路线引领世界混合动力技术的发展，第三代普锐斯混合动力汽车的逆变器(电机驱动系统)改变了传统的功率器件封装结构，去除了昂贵的材料，大大降低了电机及其控制系统的成本。功率控制单元(power control unit，PCU)集成了电子控制单元(electronic control unit，ECU)、逆变器、DC/DC 变换器等单元。与第二代 PCU 相比，第三代 PCU 散热系统的体积缩小 2/3，PCU 质量减轻 36%，体积缩小 37%。

纵观电机技术路线，欧美各国开发的电动客车多采用交流异步电机，为降低车重，电机壳体大多采用铸铝材料，电机恒功率范围较宽，最高转速可达基速的 2～2.5 倍。日本近年来问世的电动汽车大多采用永磁同步电机，产品功率等级覆盖 3～123kW，电机恒功率范围很宽，最高转速可达基速的 5 倍，在功率密度、产品集成度方面具有较大优势。

我国“八五”、“九五”期间，清华大学、中国科学院、哈尔滨工业大学、华中科技大学等科研院所在电动汽车用电机及其控制系统方面开展了探索和研究。“十五”开始，在 863 重大科技专项的支持下，一些企业（如上海安乃达、上海御能、株洲电力机车研究所、中纺机电等）和高校（如同济大学、上海大学等）进一步开展电动汽车用电机系统的技术攻关。通过十多年的努力，国内研发机构和企业已经掌握了电动汽车电机系统的关键技术，开发出了一系列满足整车要求的电机驱动系统样机，极大地提升了我国自主设计开发电动汽车用电机系统产品的能力。目前我国自主开发的以永磁同步电机、交流异步电机为主的电驱动系统和开关磁阻电机已经实现了与整车产业化技术配套，电机功率密度超过 1.3kW/kg，电机系统最高效率达到 93％以上，系列化产品的功率范围覆盖了 200kW 如下电动汽车用电机动力需求，但仍处于中小批量生产阶段。

2.1.4　车用电机及其控制系统技术发展趋势

(1) 电机的功率密度不断提高

为了让电动汽车的电机更加小型化，且具有更大的输出功率，国际上经过多年的实践，从提高功率密度和转矩密度的角度，采用稀土材料的永磁电机成为电动汽车电机的主流方案。由于目前大部分稀土矿均产自中国，在车用永磁电机方面具有明显的资源优势，国际上也在寻求可替代永磁体的技术方案。在日本《下一代车辆行动计划》中，已提出替代稀土永磁原材料电机的研究，美国在其新一代电力电子技术计划中也在寻求可替代永磁体的技术方案。

(2) 回馈节能技术不断提高

采用电机制动能量回馈技术，电机的工作转速不断提高，通过适当的变速系统和控制策略，可以使整车节能更加有效，延长行车里程。

(3) 系统集成度不断提高

电机与机械装置的机电一体化集成和电机驱动控制器(DC/AC)与电子装置的电气电子集成已经成为电动汽车电机及其驱动控制系统的发展趋势,并将在系统功率密度、可靠性与安全性等方面体现出其优越性。

机电一体化集成主要体现在电机与发动机、变速器、底盘系统的集成,对相关零部件企业的设计与制造提出了更高的要求。

电气电子集成主要体现在电机的驱动控制器(逆变器 DC/AC)与低压 DC/DC 变换器、双向高压 DC/DC 变换器等的集成,甚至于功率器件的封装融合,形成电动汽车高功率密度功率控制单元(PCU),有些场合需要将电机的驱动控制系统与变速器控制器(TCU)、整车控制器(VCU)等也集成在一起。电气电子的集成,对提高系统功率密度和可靠性具有重要价值,同时对系统的热管理和电磁兼容等技术问题提出更高的要求。

(4) 与电子信息技术的融合

电机及其驱动控制系统作为典型的机电一体化系统,未来必然与电子信息技术不断融合,计算机控制技术与智能信息处理技术将越来越体现出对提升驱动控制系统性能的重要作用。

在高性能高速的数字控制芯片的基础上,高性能的控制算法、复杂的控制理论得以应用实现,大大提高了电机及其控制系统的性能。同时,面向用户的可视化编程,通过代码生成和下载直接进入微处理器,不断地提高编程效率。

另一方面,电驱动系统连接能源系统和负载,各类信息将汇集并应用于驱动系统的控制实现,实时优化、参数辨识、预测控制、网络等智能信息处理与控制技术的应用将在系统的高效率、容错与可靠性、远程监控与运行维护等方面发挥越来越重要的作用。

2.2 电动汽车典型的驱动电机

2.2.1 交流异步电动机的结构与特点

交流异步电机按转子构造可以分为绕线型和鼠笼型两种,在电动汽车中，一般使用笼型异步电机，具有结构简单兼顾、维护方便、能够实现高速运行等特点。

异步电机的结构如图 2-2 所示。异步电机工作原理如图 2-3 所示，当三相对称定子绕组接三相对称电源时，电机内产生圆形旋转磁场，旋转速度(同步速)为 $n_1=60\times f_1/n_p$(n_p 为电机的极对数)，设其方向为逆时针旋转，若转子不转，转子鼠笼导条与旋转磁场有相对运动，在导条中产生感应电动势和电流，在磁场中的导电导条受力，即为电机的电磁转矩，与旋转磁场同方向，转子便在该方向旋转，转速为 n，只要 $n<n_1$，转子导条与磁场之间就有相对运动，产生与转子不转时相同方向的感应电动势、电流及电磁转矩(仍为逆时针方向，转子继续旋转)。

转子转速 n 与旋转磁场的同步转速 n_1 之差 $\Delta n=n_1-n$(转差转速)，Δn 与同步转速 n_1 之比称为异步电机的转差率，用 s 表示。

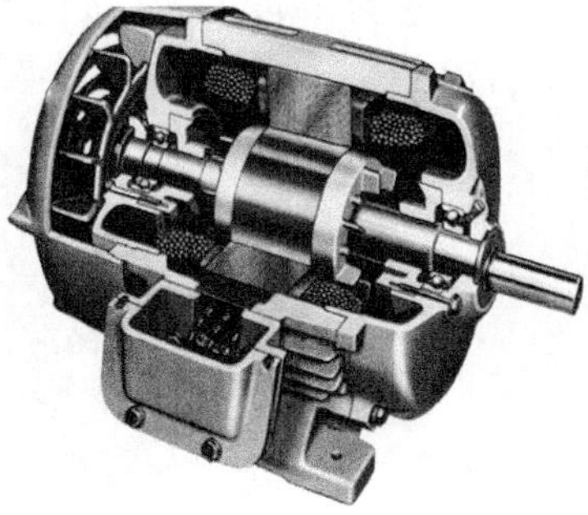

(a) 异步电机实物结构

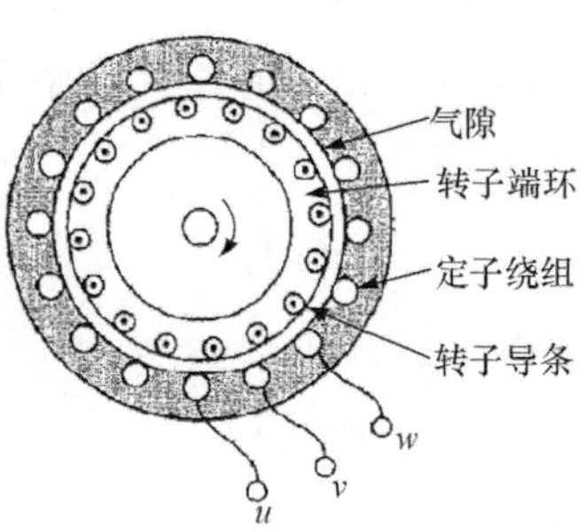

(b) 异步电机结构

图 2-2　鼠笼型异步电机结构示意图

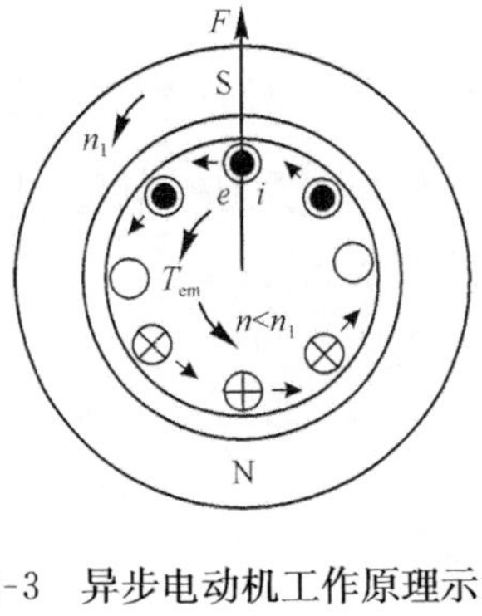

图 2-3　异步电动机工作原理示意图

2.2.2 异步电机的等效电路与基本特性

为推导电机暂态数学模型，一般要对真实电机作如下假定[6,7]。

① 定、转子具有二极三相对称的绕组，其有效导体沿气隙空间作正弦分布。

② 气隙均匀，电机磁路具有对称性。

③ 忽略磁路饱和及铁心损耗。

④ 忽略磁场谐波，即磁场呈正弦分布。

图 2-4(a)是一个由 A、B、C 三相静止绕组的绕组轴线定义的三个坐标轴构成的三相静止坐标系（也称为 3s 坐标系）。图 2-4(b)是一个由两个正交的坐标轴构成的两相静止平面直角坐标系（也称为 2s 坐标系），α 轴与 β 轴上各有一个绕组，其中 α 轴与图 2-4(a)中的 A 轴线重合。图 2-4(c)给出的是一个以速度 ω_1 旋转的平面直角坐标系（也称为 2r 坐标系），d 轴与 q 轴上分别放置一个绕组。

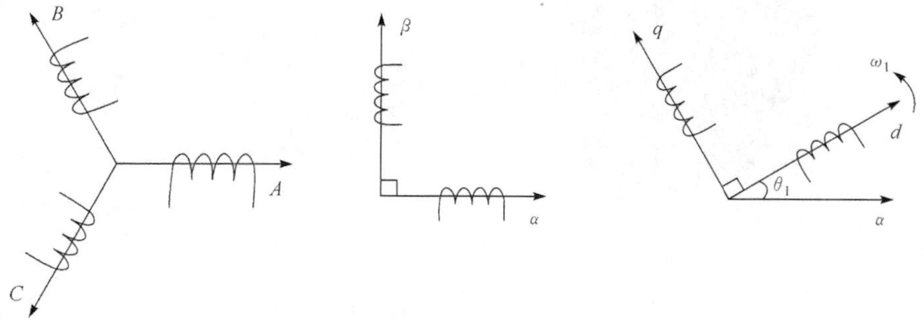

(a) 三相定子坐标系　(b) 两相静止坐标系　(c) 两相旋转坐标系

图 2-4　不同坐标系的示意图

异步电机在 d、q 轴旋转坐标系中，电流分量 i_{d1}、i_{q1} 与三相电机绕组电流 i_{AS}、i_{BS} 和 i_{CS} 之间有如下关系，即

$$\begin{bmatrix} i_{AS} \\ i_{BS} \\ i_{CS} \end{bmatrix} = C_{23}(\theta) \begin{bmatrix} i_{d1} \\ i_{q1} \end{bmatrix} \tag{2-1}$$

$$C_{23}(\theta)=h\begin{bmatrix}\cos\theta & -\sin\theta\\ \cos\left(\theta-\dfrac{2\pi}{3}\right) & -\sin\left(\theta-\dfrac{2\pi}{3}\right)\\ \cos\left(\theta+\dfrac{2\pi}{3}\right) & -\sin\left(\theta+\dfrac{2\pi}{3}\right)\end{bmatrix} \tag{2-2}$$

通常选取 $h=2/3$。

在以任意速度($\omega=p\theta$)旋转的 dq 坐标系中，三相交流电机的电压方程可以写为

$$\begin{cases}u_1=r_1i_1+p\psi_1+j\omega\psi_1\\ u_2=r_2i_2+p\psi_2+j(\omega-\omega_r)\psi_2\end{cases} \tag{2-3}$$

其中，r_1 和 r_2 为定转子绕组电阻；u_1 和 u_2 为定子和转子绕组的电压空间矢量；(i_1、i_2)和(Ψ_1、Ψ_2)分别为定子转子的电流矢量和磁链矢量。

磁链方程为

$$\begin{cases}\psi_1= L_1i_1+L_mi_2\\ \psi_2=L_2i_2+L_mi_1\end{cases} \tag{2-4}$$

其中，L_1、L_2 和 L_m 分别为定子绕组、转子绕组的自感和绕组间的互感。

在以任意速度($\omega=p\theta$)旋转的 dq 坐标系中，三相异步电机的电压方程为

$$\begin{bmatrix}\overline{U}_1\\ 0\end{bmatrix}=\begin{bmatrix}r_1+L_1p+j\dot{\theta}L_1 & j\dot{\theta}L_m+L_mp\\ L_mp+j(\dot{\theta}-\dot{\theta}_r)L_m & r_2+L_2p+j(\dot{\theta}-\dot{\theta}_r)L_2\end{bmatrix}\begin{bmatrix}\bar{i}_1\\ \bar{i}_2\end{bmatrix} \tag{2-5}$$

例如，$\omega=p\theta$ 为定子旋转磁场角速度(同步角速度)，$\omega_2=(\dot{\theta}-\dot{\theta}_r)$ 为转差角速度，$\omega_r=\dot{\theta}_r$ 为转子旋转角速度，$s=(\omega-\omega_r)/\omega$ 为电机的转差率。

在静止的坐标系下，$\omega=p\theta=0$，三相异步电机的电压方程为

$$\begin{bmatrix}\overline{U}_1\\ 0\end{bmatrix}=\begin{bmatrix}r_1+L_1p & L_mp\\ (p-j\dot{\theta}_r)L_m & r_2+(p-j\dot{\theta}_r)L_2\end{bmatrix}\begin{bmatrix}\bar{i}_1\\ \bar{i}_2\end{bmatrix} \tag{2-6}$$

此时，U_1、i_1 和 i_2 分别为在静止坐标系下的定子转子的电压和电流矢量。

在 dq 旋转坐标系中，空间矢量可由 d 和 q 上的分量表示。

定子电流矢量为

$$\bar{i}_1=i_{d1}+ji_{q1} \tag{2-7}$$

转子电流矢量为

$$\bar{i}_2 = i_{d2} + j i_{q2} \tag{2-8}$$

定子磁链矢量为

$$\bar{\psi}_1 = \psi_{d1} + j\psi_{q1} \tag{2-9}$$

电机电磁转矩为

$$T_e = 1.5 n_p L_m (i_{q1} i_{d2} - i_{d1} i_{q2}) \tag{2-10}$$

其中，p 为电机的极对数。

把转子侧变量折算到定子侧，则折算后转子的电压、电流磁链空间矢量分别为 $\bar{i}'_2 = \bar{i}_2/\alpha$，$\overline{\Psi}'_2 = \alpha\,\overline{\Psi}_2$，$\alpha$ 为定子转子绕组线圈匝数比，在以同步速度旋转的 dq 坐标系中，有

$$\begin{bmatrix} \overline{U}_1 \\ 0 \end{bmatrix} = \begin{bmatrix} r_1 + L_1 p + j\omega L_1 & \alpha(L_m p + j\omega L_m) \\ \alpha[L_m p + j(\omega - \omega_r)L_m] & \alpha^2[r_2 + L_2 p + j(\omega - \omega_r)L_2] \end{bmatrix} \begin{bmatrix} \bar{i}_1 \\ \bar{i}'_2 \end{bmatrix} \tag{2-11}$$

令 $\bar{i}_m = \bar{i}_1 + \bar{i}'_2$ 为激磁电流，当电机由正弦波供电稳态运行时，有

$$p = j\omega_1, \quad j\omega_2 = p - j\omega_r$$

令 $L_m\omega_1 = x'_m$，$L_1\omega_1 = x_1$，则

$$\begin{bmatrix} \dot{U}_1 \\ 0 \end{bmatrix} = \begin{bmatrix} r_1 + jx_1 & j\alpha x'_m \\ j\alpha x'_m & \alpha^2 r_2/s + j\alpha^2 x_2 \end{bmatrix} \begin{bmatrix} \dot{I}_1 \\ \dot{I}'_2 \end{bmatrix} \tag{2-12}$$

得到的异步电机的稳态等值电路如图 2-5(b)所示。$\bar{e} = j\omega_r(\alpha L_m \bar{i}_1 + \alpha^2 L_2 \bar{i}'_2) = j\omega_r \alpha \bar{\psi}_2$ 为旋转电势。

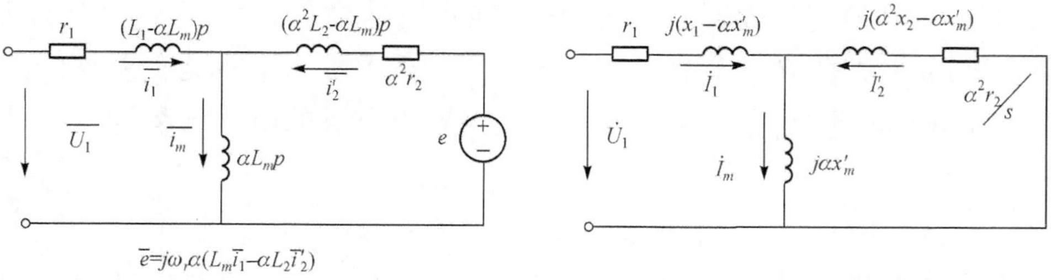

(a) 异步电机等效电路图　　　　(b) 异步电机电压矢量等效图

图 2-5　异步电机的稳态等值电路

正弦波电压供电的三相交流异步电动机的“T”型稳态等值电路如图 2-6 所示。该电路中的转子参数已归算到定子侧(即转子绕组匝数与定子匝数相等，通电频率与定子频率相同)。

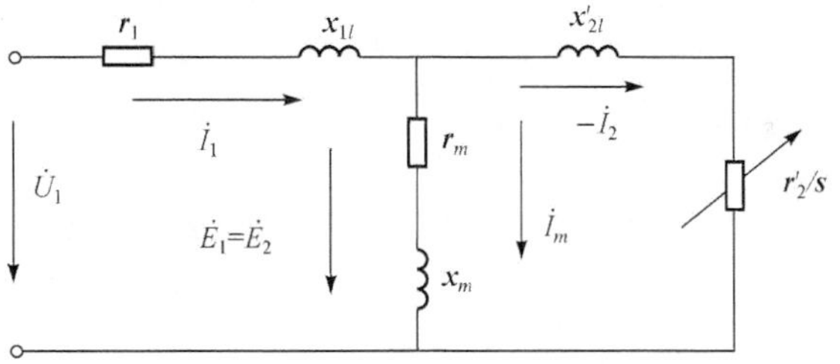

图 2-6　三相交流异步电机简化 T 型等值电路

$$T_e=\frac{P_m U_1^2}{2\pi\ f_1}\frac{s x_m^2/r'_2}{[r_1+s(x_m^2-x_{11}x_{22})/r'_2]^2+[x_{11}+r_1 x_{22}s/r'_2]^2} \quad (2\text{-}13)$$

其中，$x_{11}=x_{l1}+x_m$；$x_{22}=x'_{2l}+x_m$。

$$T_e=\frac{P_m}{2\pi}\left[\frac{U_1}{f_1}\right]^2\frac{f_2 x_m^2/r'_2}{\left[r_1+\frac{f_2}{f_1 r'_2}(x_m^2-x_{11}x_{22})/r'_2\right]^2+\left[x_{11}+r_1 x_{22}\frac{f_2}{f_1 r'_2}\right]^2} \quad (2\text{-}14)$$

根据式(2-10)可以绘出异步电机的矩速特性，如图 2-7(a)所示。图 2-7(b)和图 2-7(c)分别为异步电机在气隙磁通恒定和电压恒定的矩速特性。

2.2.3　永磁同步电动机的结构与特点

永磁无刷电机可以分为无刷直流电机和永磁同步电动机。无刷直流电机输入的是交流方波，采用每 60°跳变的转子位置反馈信号控制换向。永磁同步电机输入的是交流正弦波或近似正弦波，采用连续转子位置反馈信号进行控制。

图 2-8 给出了永磁同步电机(permanent magnet synchronousmotor，PMSM)的一个例子，PMSM 主要由定子和转子两大部分组成，定子与普通交流电动机基本相同，由电枢铁心和电枢绕组构成。永磁同步电机的定子结构与常规交流电动机相似，电枢铁心采用叠片结构，定子绕组可采用集中绕组或分布短距绕组；对于极数较多的电机，有时采用分数槽绕组。

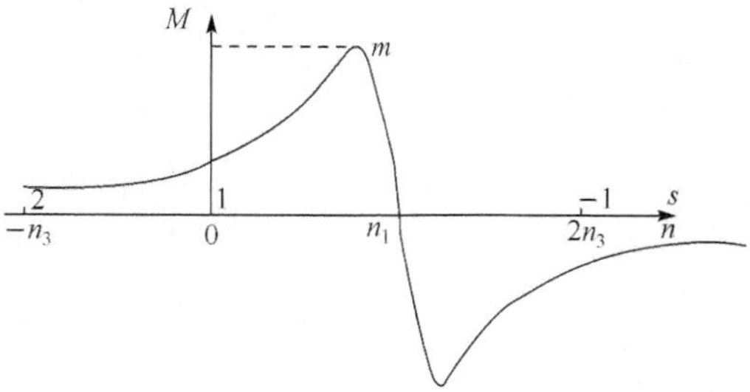

(a)一定频率和电压下异步电动机的矩速特性

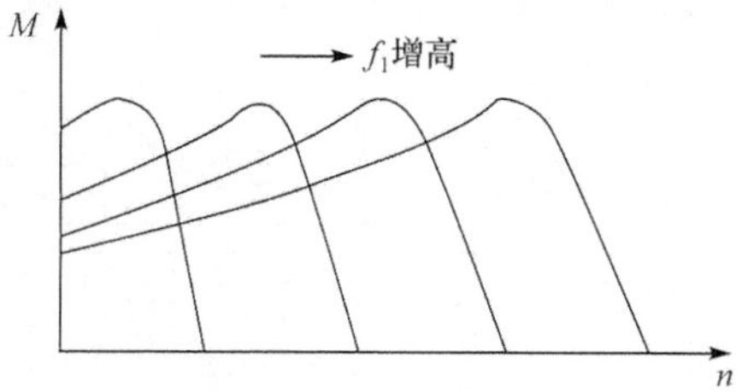

(b) 气隙磁通恒定时的矩速特性

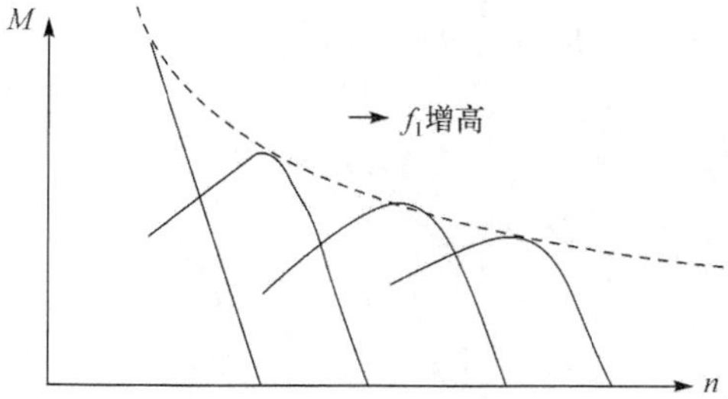

(c) 电压恒定的矩速特性

图 2-7　异步电机转速及转矩特性

(a) 实际电动汽车使用的永磁同步电机

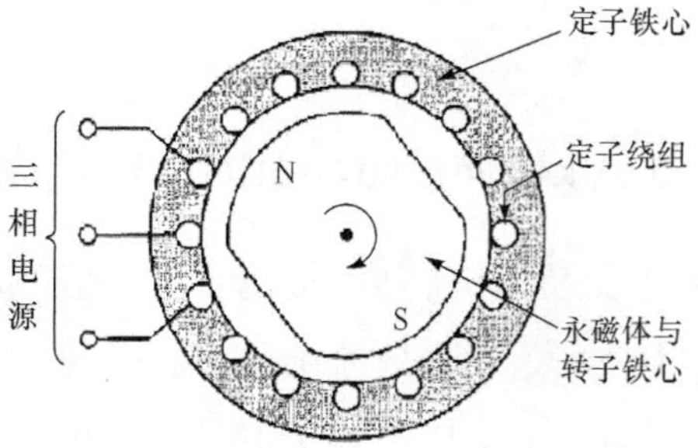

(b) 永磁同步电机的结构示意图

图 2-8　永磁同步电动机及结构示意图

永磁同步电动机的转子由铁心与永磁体组成。永磁体在转子上安置的方式不同，可形成多种转子结构，整体而言，分为表面式永磁（surface-mounted permanent magnet，SPM）转子和内置式永磁（interior permanent magnet，IPM）转子结构两大类。

SPM 转子结构如图 2-9 所示[8]。该结构电机的特点如下。

① 交直轴磁路基本对称，凸极率 $\rho=L_q/L_d\approx1$（L_d、L_q 分别为直轴和交轴电感），是一种典型的隐极电机，无凸极效应和磁阻转矩。

② 交直轴磁路的等效气隙都很大，电枢反应比较小。

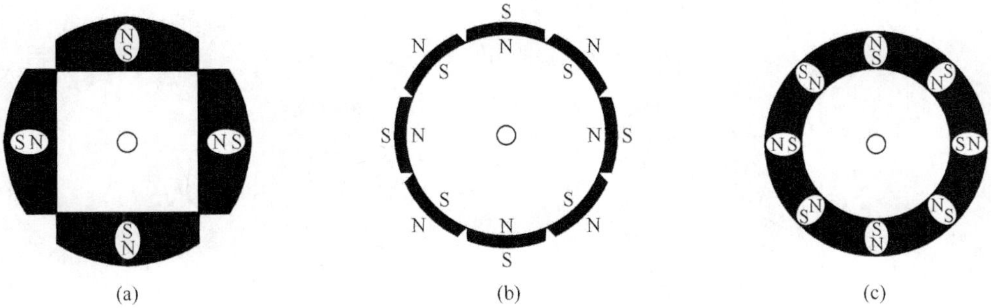

图 2-9　几种典型的 SPM 转子结构

③ 该类电机用作牵引电机时，动态响应快，转矩脉动小，但弱磁能力较差，其恒功率弱磁运行范围通常比较小，适合用作汽车的电子伺服驱动。

IPM 转子结构的永磁体置于转子的内部，典型的 IPM 转子结构如图 2-10 所示。该结构电机的特点如下。

① 转子交直轴磁路不对称，电机凸极率 $\rho=L_q/L_d>1$，电磁转矩由永磁转矩和磁阻转矩共同产生。

② 磁阻转矩提高了电机的功率密度和过载能力，而且易于弱磁扩速，扩大了电机的恒功率运行范围。

③ 交直轴磁路的等效气隙小，电枢反应强烈，转矩脉动大于 SPM 电机。

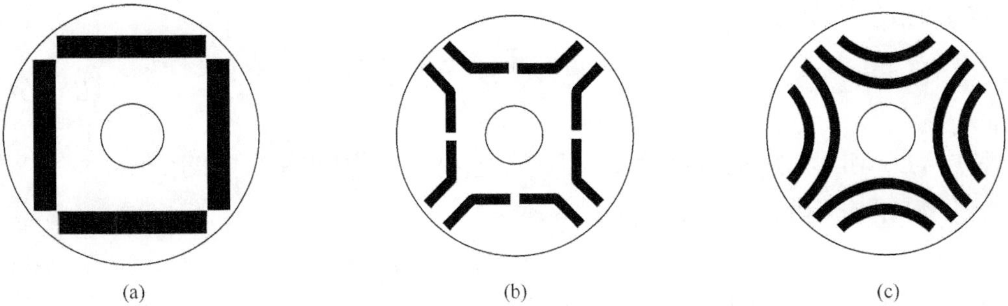

图 2-10　几种典型 IPM 转子结构

2.2.4　永磁同步电机的等值电路与基本特性

如图 2-11(a)、(b)为以转子速度(同步速)旋转的永磁同步电机 dq 轴坐标系,交流电机的电压方程为

$$\begin{cases}u_1=r_1i_1+p\psi_1+j\omega\psi_1\\u_2=r_2i_2+p\psi_2+j(\omega-\omega_r)\psi\end{cases}\tag{2-15}$$

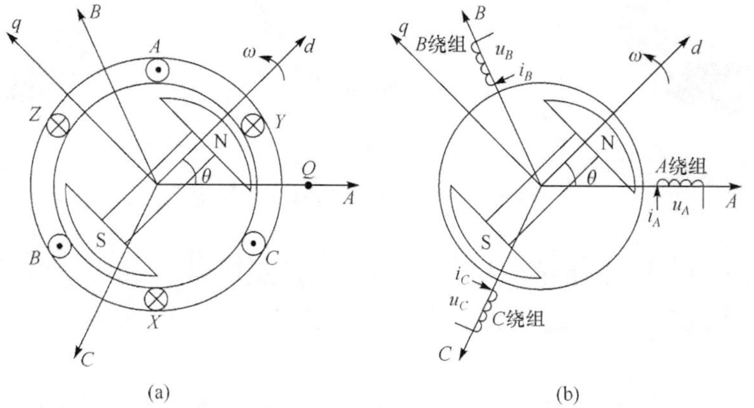

图 2-11　以转子速度(同步速)旋转的永磁同步电机 dq 轴坐标系

在永磁同步电机中,转子由磁钢无绕组,电压方程只有定子项。转子速(同步速)旋转的 dq 坐标系如图 2-12 所示,即

$$\begin{cases}u_d=r_1i_d+p\psi_d-\omega_r\psi_q\\u_q=r_1i_q+p\psi_q+\omega_r\psi_d\end{cases}\tag{2-16}$$

其中,u_d 和 u_q 为 d 和 q 轴绕组的电压;i_d 和 i_q 为绕组电流;ψ_d 和 ψ_q 为定子绕组磁链;ω_r 为转子旋转速度;r_1 为定转子绕组电阻。

磁链方程为

$$\begin{cases}\psi_d=L_di_d+\psi_f\\\psi_q=L_qi_q\end{cases}\tag{2-17}$$

其中,L_d 和 L_q 分别为绕组 d 和 q 轴电感;ψ_f 为励磁产生的磁链。

转矩方程为

$$T_e=1.5np(\Psi_di_q-\Psi_qi_d)\tag{2-18}$$

由于永磁同步电机转子通常存在凸极效应,造就了 $L_d\neq L_q$(通常定义凸极率 $\rho=L_q/L_d$)。磁链方程式中的 Ψ_f 为转子永磁体匝链到定子绕组后

产生的磁链，其大小可描述为 $\Psi_f=\sqrt{2/3}U_N/\omega_N$，电机的转矩公式可进一步改写为

$$T_e=1.5n_p\Psi_f i_q-1.5n_p(L_q-L_d)i_d i_q \tag{2-19}$$

其中，第一部分转矩为永磁转矩，即永磁体与定子电枢电流产生的转矩；第二部分为磁阻转矩，当电机转子存在凸极效应时就会产生这个转矩分量。

由电压方程和磁链方程可得如图 2-12 所示的 PMSM 电机 dq 轴的等效电路，图中 i_{fd} 是转子永磁体的等效励磁电流，L_{ls} 为电机定子绕组一相漏感，L_{ad} 为电机 d 轴电枢反应感，L_{aq} 为电机 q 轴电枢反应电感。总体来看，PMSM 的数学方程式比异步电动机简单一些。

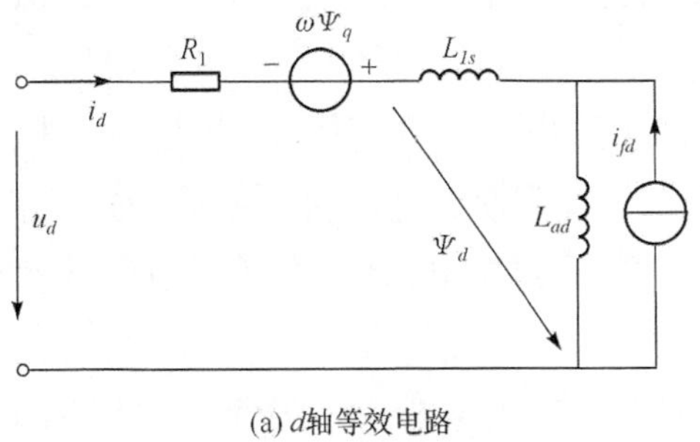

图 2-12　PMSM 等效电路

图 2-13 给出了主要工况下的矢量图，图 2-13(a)给出了 $i_d=0$ 控制方式下的矢量图，图 2-13(b)给出了弱磁工况下电机的矢量图。从两者

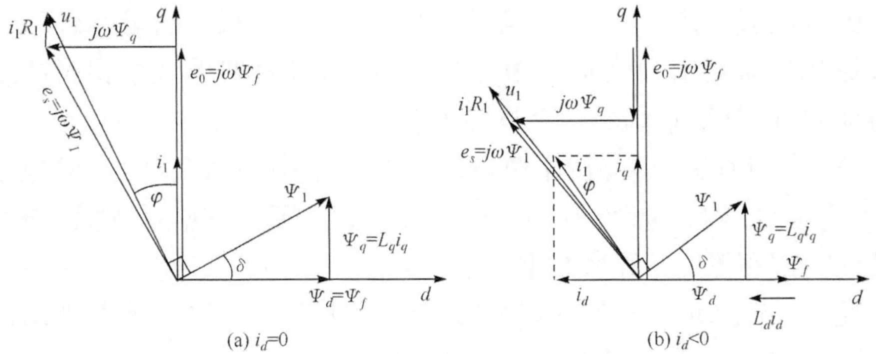

图 2-13　PMSM 的矢量图

对比中容易发现，在电机速度 ω 和 i_q 相同的情况下，实施弱磁控制后，定子绕组反电动势有了明显下降，即电机运行时对定子电压的要求有所降低。因此，当电机运行于高速情况时，定子电压需求增加，而采用逆变器供电时交流电机的定子电压受到外部的限制，为了提高电机定子电流的控制可靠性，需要引入弱磁控制。

2.3 电机驱动与控制技术

2.3.1 驱动控制系统概述

从电动汽车的性能要求出发，对驱动系统的要求如下。

① 低成本目前电动汽车与内燃机汽车相比价格较高，其中电机及其驱动系统的成本占相当比例。

② 高效率化为提高一次充电的行驶里程，必须尽可能提高电机及其驱动控制系统的效率，一方面涉及功率变换器的运行效率，另一方面涉及大运行速度范围和实时变化负载下的电机效率优化策略与实时控制。

③ 小型轻量化车辆内部空间布置和车辆重量要求电机驱动控制系统要求小型化轻量化。为此，需要考虑减少器件数量和减低开关损耗、电容体积，采用高密度封装、水冷等技术。

④ 安全性电动汽车一般采用 300V 供电，必须保证电气系统安全性，防止漏电和电击事故。

⑤ 高可靠高质量与工业电气系统不同，电动汽车的可靠性和质量直接影响生命安全和汽车使用寿命，要达到与内燃机汽车相当的质量与寿命，是电驱动系统的一个重要的挑战。

⑥ 低电磁辐射电动汽车电驱动系统的电磁辐射会对人体(包括心脏)产生不良影响，也会干扰无线信息传送，需要采取响应对策，涉及变流器的内部布置和 PWM 控制问题。

此外，从电动汽车使用环境要求出发，电驱动系统必须考虑的使用环境温度、车辆运行产生的振动冲击、防水防尘等考核。

2.3.2　电机驱动系统的逆变器

在驱动交流异步电机或永磁同步电机时，需要采用三相逆变器，将直流电（车载动力电池或其他能源系统提供）变换为三相交流电供给电机，逆变器的输出电压（或电流）通过逆变器的控制单元（根据电机转矩控制需求）实时控制。如图 2-14(a)所示为典型的水冷结构的逆变器外形，图 2-14(b)所示为一个典型的逆变器主电路。

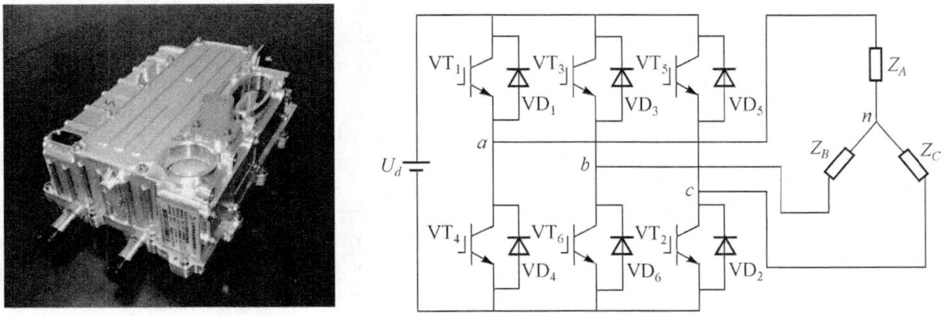

(a) 电动汽车用逆变器(水冷)　　(b) 逆变器的主电路

图 2-14　电动汽车用逆变器及主电路

功率组件由功率开关器件及开关辅助电路、开关驱动电路、母排和直流电容等组成。为了适应汽车电气系统小型化需求，高功率密度已成为必然趋势。一方面要求开关器件（如 IGBT 模块）小型化，另一方面需要从系统集成的角度入手，处理好逆变器的热、电、机、磁等问题，通过优化结构和布置，提高集成度。

电动汽车电机驱动的控制技术，可以分为两个部分，即变频变压的三相交流电的生成（控制），驱动电机的动态转矩控制技术。

(1) 逆变器的 PWM 控制技术

由直流电压生成变频变压三相交流电的基本方法是 PWM 脉宽调制法[9]，为生成三相正弦波电压输出，如图 2-15 所示。一般每半个周期的脉冲宽度呈正弦波变化，平均电压即为正弦波，该方法也称正弦 PWM 调制。

实现 SPWM 正弦波脉宽调制的另一种方法是磁链轨迹 PWM，这种方法以逆变器的开关状态描述电压空间矢量，以磁链空间矢量逼近

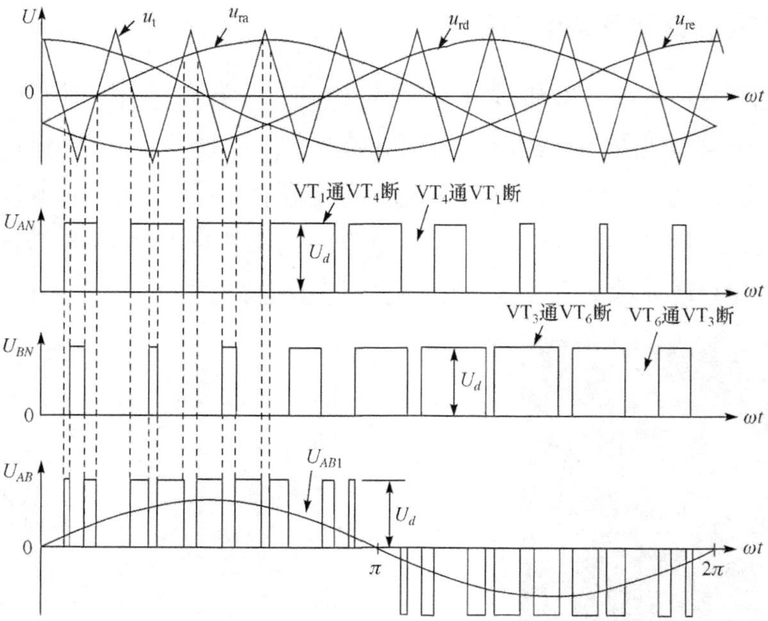

图 2-15　生成三相正弦输出电压的 SPWM 调制原理

圆形，实现正弦电压的输出。这种方法多用于比较先进的电机控制中，如直接转矩控制。图 2-16 给出了以电压空间矢量实现磁链轨迹 PWM 的原理。

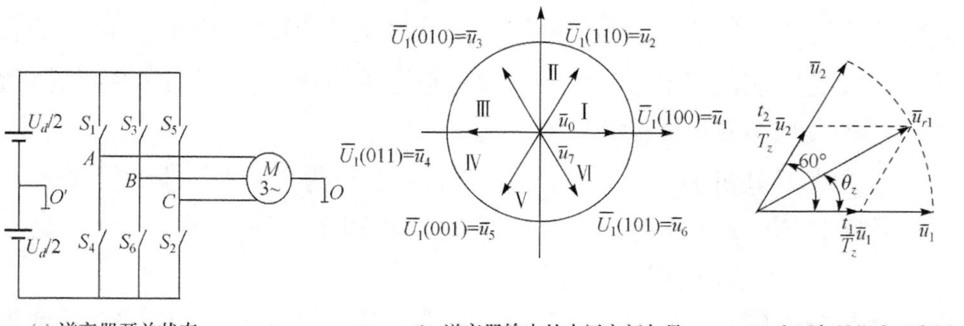

(a) 逆变器开关状态　　(b) 逆变器输出的电压空间矢量　　(c) 电压矢量组合示意图

图 2-16　电压空间矢量实现磁链轨迹 PWM 的原理

（2）电机的动态转矩控制

转矩控制可以通过对电机的电流控制实现，因此在驱动电机系统的控制中，一般为转矩闭环或电流闭环。

在电动汽车电驱动系统中，矢量变换控制方法得到了广泛应用，该方法的原理是模仿直流电机的方法，将直流电机换向器的功能通过控制实现，从而达到磁通和转矩分别控制的目的。关于异步电机和永磁同步电机矢量控制的内容，将在后面专门介绍。

交流异步或永磁同步电机的控制，是针对两相坐标系上（两相绕组）实施。实际电机是三相绕组供电，在控制算法中需要对转子位置信号进行坐标变换。对于由于异步电机，位置信息通过转子速度传感器信号处理得到；对于永磁同步电机，因为磁钢布置的原因，需要初始位置信号，一般采用位置传感器，如旋转变压器等。随着信息技术的发展，通过电机的电压、电流信息推算位置/速度信息的方法和技术，以代替机械式位置/转速传感器，进一步提高系统的可靠性。

2.3.3　异步电机驱动控制技术

(1) 转矩控制模型

将式(2-16)实部和虚部分离后，整理可得下列矩阵方程，即

$$\begin{bmatrix} u_{d1} \\ u_{q1} \\ 0 \\ 0 \end{bmatrix} = \begin{bmatrix} r_1+L_1p & -\omega L_1 & L_m p & -\omega L_m \\ \omega L_1 & r_1+L_1p & \omega L_1 & L_m p \\ L_m p & -(\omega-\omega_r)L_m & r_2+L_2p & -(\omega-\omega_r)L_2 \\ (\omega-\omega_r)L_m & L_m p & (\omega-\omega_r)L_2 & r_2+L_2p \end{bmatrix} \begin{bmatrix} i_{d1} \\ i_{q1} \\ i_{d2} \\ i_{q2} \end{bmatrix} \tag{2-20}$$

相应的异步电机的电磁转矩为

$$M=1.5n_pL_m(i_{q1}i_{d1}-i_{q2}i_{d2}) \tag{2-21}$$

采用以同步速度转动的坐标系，则坐标系对定子绕组的旋转转速度为

$$p\theta_1=\omega_1 \tag{2-22}$$

对转子绕组的相对旋转速度为

$$p\theta_2=\omega_2=(\omega_1-\omega_r) \tag{2-23}$$

用 M 代替 d，用 T 代替 q，磁链方程为

$$\begin{bmatrix}\psi_{M1}\\ \psi_{T1}\\ \psi_{M2}\\ \psi_{T2}\end{bmatrix}=\begin{bmatrix}L_s & 0 & L_m & 0\\ 0 & L_s & 0 & L_m\\ L_m & 0 & L_r & 0\\ 0 & L_m & 0 & L_r\end{bmatrix}\begin{bmatrix}i_{M1}\\ i_{T1}\\ i_{M2}\\ i_{T2}\end{bmatrix} \tag{2-24}$$

采用转子磁链矢量定向，即将两相旋转 M、T 正交坐标系的 M 轴定位于转子磁链矢量 $\boldsymbol{\Psi}_2$ 方向，有

$$\begin{cases}\psi_{M2}=\psi_2\\ \psi_{T2}=0\end{cases} \tag{2-25}$$

代入磁链方程，有

$$\begin{cases}i_{M2}=\dfrac{\psi_2-L_m i_{M1}}{L_2}\\ i_{T2}=-\dfrac{L_m i_{T1}}{L_2}\end{cases} \tag{2-26}$$

进一步，有

$$\psi_2=\frac{L_m}{1+T_2 p}\cdot i_{M1} \tag{2-27}$$

$$\omega_2=\omega_1-\omega_r=\frac{r_2 i_{T2}}{-\psi_2}=\frac{L_m}{T_2\psi_2}\cdot i_{T1} \tag{2-28}$$

$$M=PL_m\left[i_{T1}i_{M2}-\frac{\psi_2-L_2 i_{M2}}{L_m}\left(-\frac{L_m}{L_2}i_{T1}\right)\right]=P\frac{L_m}{L'_2}\psi_2\cdot i_{T1} \tag{2-29}$$

由此得到如图 2-17 所示的基于坐标变换异步电机模型，φ 是转子磁链矢量与 AS 绕组轴线之间的夹角。

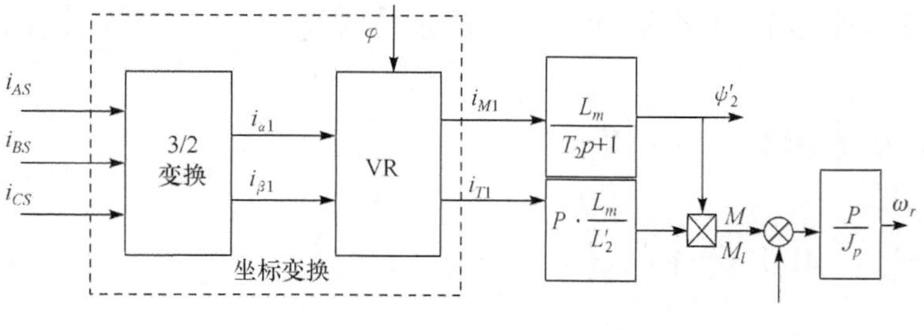

图 2-17　基于坐标变换异步电机模型

可以看出，电机的转子磁场源自于定子电流的 M 轴分量，该分量于

是被称为定子电流的励磁分量。电机的转矩源自于转子磁场与定子电流 T 轴分量,该电流分量于是被称为定子电流的转矩分量,因为在磁场恒定的前提下,转矩直接由该分量决定。

(2) 矢量控制

基于转子磁链定向的电流控制型矢量控制系统如图 2-18 所示。

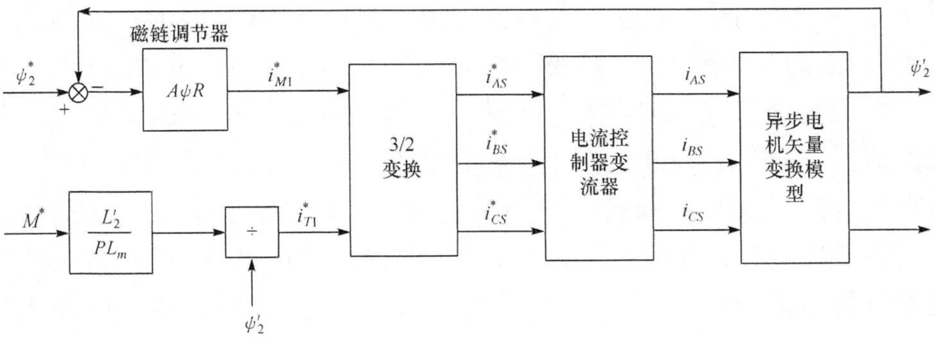

图 2-18 基于转子磁链定向的电流控制型矢量控制系统

(3) 弱磁与高效率控制

当车辆高于一定速度时,随速度增加,牵引转矩下降,牵引功率恒定。对应驱动电机,需要体现恒功率特性。事实上,电机速度增加到一定程度,反电势会高于外部电源电压,无法产生电流和驱动转矩。此时,通过减小电机气隙磁场(励磁)减小反电势,可以产生转矩电流分量,从而实现驱动。

在实际控制中,弱磁控制通过控制转子磁链或电机磁场分量实现。根据转速实现若此控制的方法如图 2-19 所示。转子磁通在基速如下(恒转矩区)保持恒定;在基速以上磁通于速度成反比产生弱磁。显然,在若此控制中,必须采用有一定余量的控制。

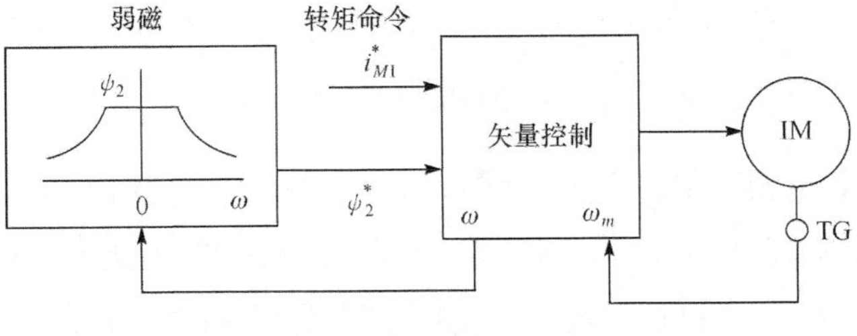

图 2-19 基于弱磁的异步电机控制结构

由式(2-27)～式(2-29)可知，一部电机的转矩与电子电流的转矩分量 i_{T1} 和转子磁链成正比，而转子磁链与电流的磁场分量有关。假设式(2-27)描述的转子磁链与定子电流磁场分量呈正比线性关系，定子电流为

$$I_1=\sqrt{i_{T1}^2+i_{M1}^2} \tag{2-30}$$

对于某一转矩，两个分量的乘积为定值，在图 2-20(a)中的双曲线上任意组合均满足转矩要求。显然，B 点电流最小，电机效率最高。

在磁场处于饱和时(额定点附近)，转子磁链与电流磁场分量不是线性关系，磁路不饱和时，两则呈线性关系。从图 2-20(b)可以看出，转矩直接与定子电流中的转矩分量成正比；工作磁场由定子电流的励磁分量直接决定。由于异步电机定、转子工作气隙的存在，电机的励磁电流不可忽略，因此在转矩较小的情况下，转矩与定子电流幅值明显不成比例；在转矩较大的情况下，励磁电流比重下降，转矩与定子电流幅值线性度才明显一些。

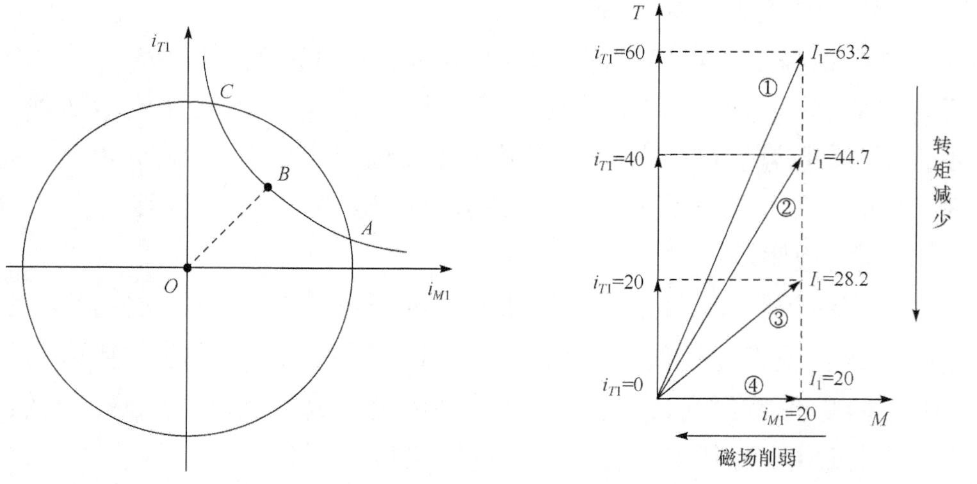

(a) 定子电流及两个分量　　(b) 转矩与电流各分量关系

图 2-20　转矩与电流及各分量关系图

对于异步电机，在轻载运行时，适当减小励磁分量 i_{M1}，可以提高电机运行效率，通过磁场计算或实验方法获得最优化运行参数。图 2-21 显示某异步电机采用最大效率控制的实验结果，表明在轻载低速情况

下，系统效率有比较明显的改善。

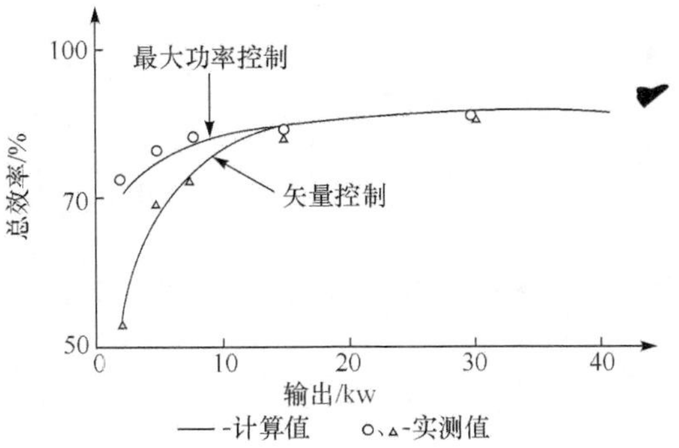

图 2-21　最大效率控制的结果

2.3.4　永磁同步电机驱动控制技术

（1）永磁同步电机转矩控制模型

永磁同步电机的转矩公式可以改写为

$$\begin{aligned} T_e &= 1.5n_p(\psi_d i_q - \psi_q i_d) \\ &= 1.5n_p i_p(\psi_f + (L_d - L_q)i_d) \\ &= T_{e1} + T_{e2} \end{aligned} \tag{2-31}$$

其中，T_{e1} 永磁体产生的磁链 ψ_f 与定子电流转矩分量 i_q 作用后产生的永磁转矩；T_{e2} 为转子的凸极结构产生的磁阻转矩。

这两部分转矩都与定子电流转矩分量 i_q 成正比例，即可以通过控制定子电流转矩分量的大小来控制电机的转矩——这一电流与直流电动机的电枢电流相对应，因此永磁电机的转矩控制可以转化为定子电流转矩分量的控制。另一方面，定子电流的励磁分量 i_d 会影响电机定子磁链的大小，可以通过它产生弱磁升速的效果——这一点与直流电动机的励磁电流类似。

（2）矢量控制技术

图 2-22 给出了永磁同步电动机的电流解耦内部结构图。永磁同步电机磁场定向矢量控制技术的核心是在转子磁场旋转 dq 坐标系中，针对电机定子电流的激磁电流 i_d 和转矩电流 i_q 分别进行独立控制。

图 2-23 给出了永磁同步电动机矢量控制技术原理框图。

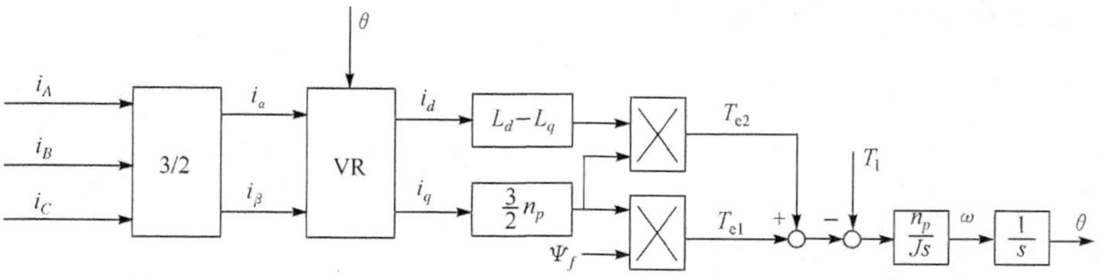

图 2-22　永磁同步电动机的电流解耦内部结构图

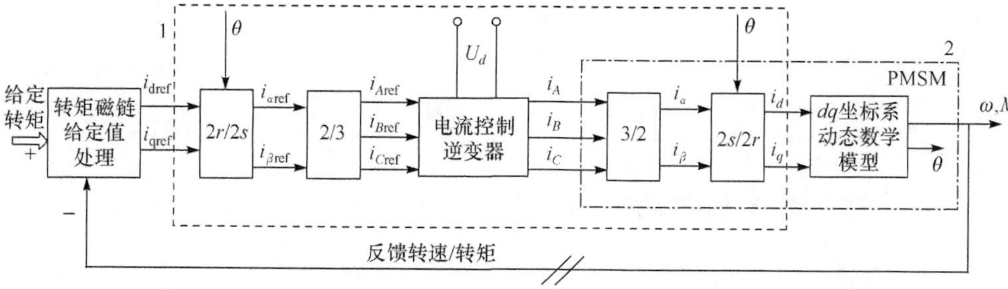

图 2-23　永磁同步电动机矢量控制技术原理框图

图 2-23 的控制系统根据调速的需求(结合给定转速与电机的反馈转速),设定合理的电机转矩与磁链目标值(磁链设定需要考虑电机电压与工作转速,转矩设定需要考虑电机的电流,两者的合理设定都需要考虑电机的实际运行环境),结合 PMSM 转矩与电流的关系,给出合理的 i_{dref} 与 i_{qref} 指令值。这两个电流仅存在于 dq 坐标系电机的数学模型中,并不能直接用来对电机进行控制,因此需要将它们转化为三相定子坐标系中的变量。经过图中的 $2r/2s$ 旋转变换与 2/3 变换两个单元的作用后,得到了三相定子电流的指令值。采用合适的 PWM(如电流滞环 PWM)技术控制逆变器三相输出电流紧紧跟随该电流参考值(i_{Aref}、i_{Bref}、i_{Cref})。当电机三相定子电流得到很好的控制时,就可以认为 dq 旋转坐标系中的激磁电流 i_d 与转矩电流 i_q 得到了很好的控制,那么 PMSM 的磁场与电磁转矩就得到了很好的控制。

矢量控制技术的关键是两个环节,其一是坐标变换单元,即准确获知转子的位置信息,以及电机的 i_d 和 i_q;其二是进行高性能的电流闭环控制,这就要求矢量控制系统在实际应用中需要应用逆变器输出电压相位补偿、电压的充分利用、电压前馈解耦、死区补偿等技术。图 2-24

给出了典型的 PMSM 矢量控制系统的框图。

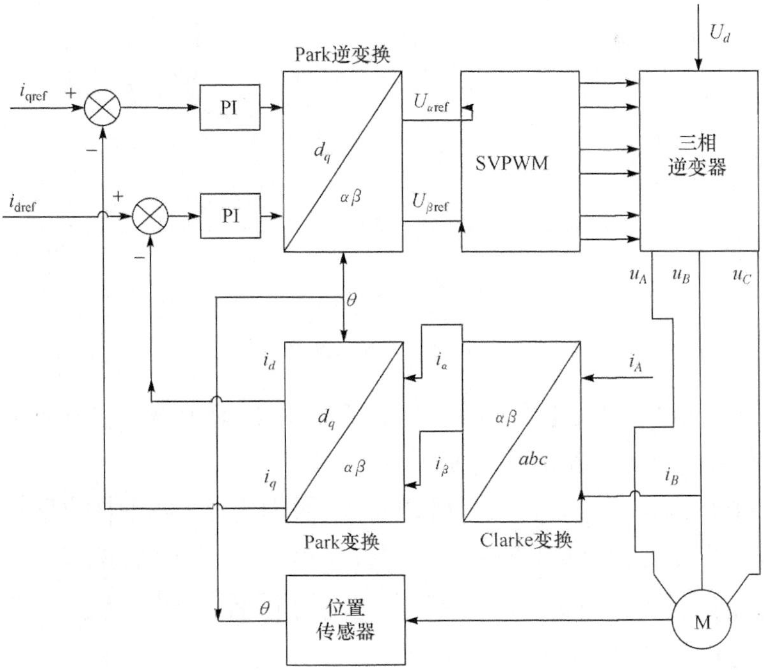

图 2-24　典型的 PMSM 矢量控制系统的框图

(3) 弱磁控制

永磁体和 i_d 与电机的磁场密切相关。$i_d=0$ 时，电机的气隙磁场完全来自于永磁体的励磁，为了产生比较大的转矩，此时的磁密比较高。电机工作速度比较高的时候，反电势明显增加，在有限的供电电压下，电机的工作转速有限。

如图 2-25 所示，$i_d=0$，电机的转矩特性为曲线 1，速度较高的时候，转矩输出能力明显下降很多，最高速度非常有限。

根据电机的磁链公式，如果存在 $i_d<0$，那么它就会减小永磁体在 d 轴方向的励磁，从而使 d 轴绕组的总磁链减小，那么对应的电机反电势可以控制在一定的范围内。

在外部供电电压较反电势稍大的情况下，逆变器就可以向电机提供足够的定子电流，包括 i_d 与 i_q，从而保证较大的转矩输出，如曲线 2。对于嵌入式永磁同步电机(IPM)而言，弱磁控制的意义重大。

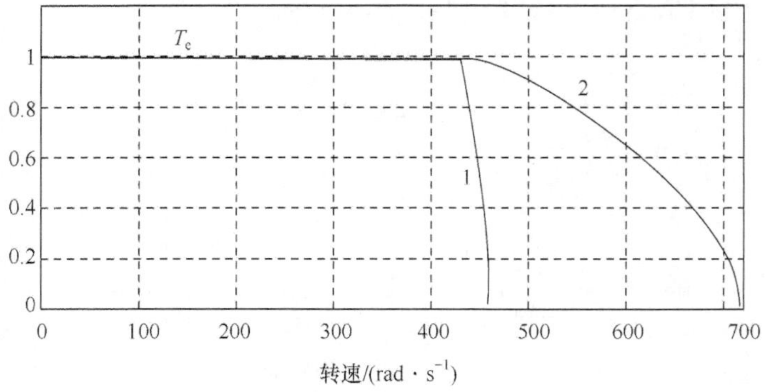

图 2-25 电机转矩特性

① 限制电机的反电势过大，保证有一定的转矩输出，从而可以工作在更高的速度下，即常说的弱磁升速。

② 对于 IPM 而言，$i_d<0$ 可以充分利用电机转矩中的磁阻转矩分量，从而提高电机的转矩密度与功率密度。在这种情况下，存在 MTPA，满足输出转矩的需求下，定子电流可以保持最小值，从而减少损耗，提高电机的工作效率。

③ $i_d<0$，可以提高电机定子侧的功率因数，从而减小对逆变器的容量需求。

(4) 高效率控制

PMSM 的高效率控制体现在最大转矩/电流(MTPA)与最大功率输出两种控制上。

① 最大转矩/电流(MTPA)曲线。

图 2-26 中给出了某 IPM 的转矩与 i_d 和 i_q 的关系图，可以看出在每一条恒转矩曲线上，都存在电流幅值最小的工作点(i_{d1}和 i_{q1})，这些工作点形成的曲线称为 MTPA 曲线(maximum torque per ampere，MTPA)，即最大转矩/电流曲线。该曲线上的工作点是在满足转矩输出需求下的电流最小的工作点，从而使电机工作效率较高。

工作点(i_{d1}、i_{q1})满足下式，即

$$i_{d1}=\frac{-\psi_f+\sqrt{\psi_f{}^2+4\,(L_d-L_q)^2 i_{q1}^2}}{2(L_d-L_q)}=\frac{\psi_f-\sqrt{\psi_f{}^2+4\beta^2 L_d^2 i_{q1}^2}}{2\beta} \tag{2-32}$$

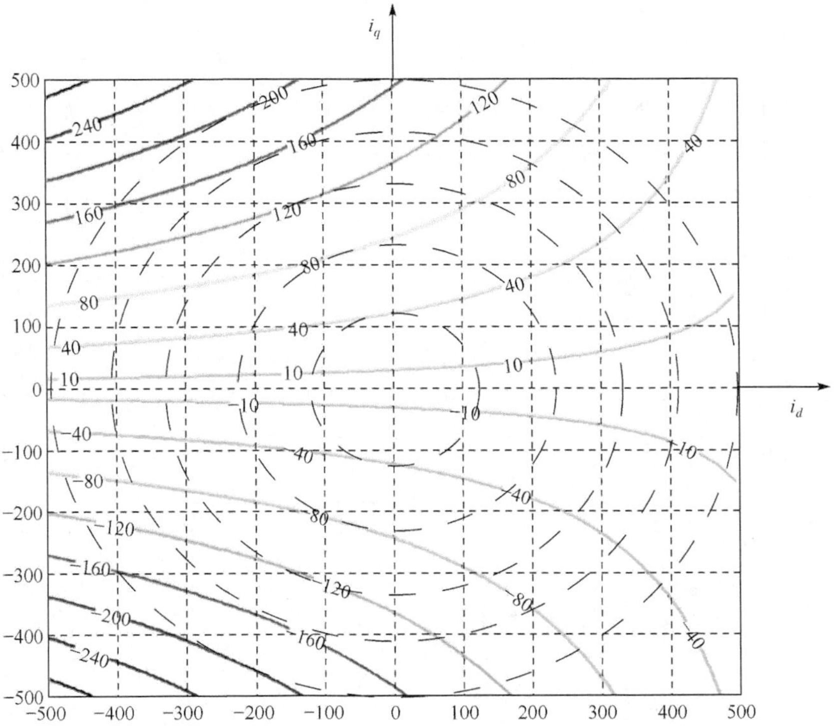

图 2-26　IPM 的转矩与 i_d、i_q 的关系图

$\beta=\rho-1$，选取电流基值 i_b 为

$$i_b=\frac{\psi_f}{\beta L_d} \tag{2-33}$$

选取转矩基值为 $T_{eb}=1.5n_p\psi_f i_b$，那么采用标幺值表示的 MTPA 关系式为

$$T_e^*=\sqrt{i_d^*\ (i_d^*-1)^3} \tag{2-34}$$

i_d、i_q 与 T_e的标幺值之间的关系曲线如图 2-27 所示。

在具体控制系统的实现中，可以事先保存好该曲线的数据，根据查表获得电流指令值。

② 最大功率输出曲线。

当电机允许的定子相电流超过某个临界点（$I_{\lim}>\Psi_f/L_d$），如图 2-28 所示。定子电压圆的中心点位于电流极限圆内侧的时候，随着电机速度的升高，沿着电流极限圆从 B 点到 B_1 点轨迹是最大功率输出（即最大转矩输出）曲线。

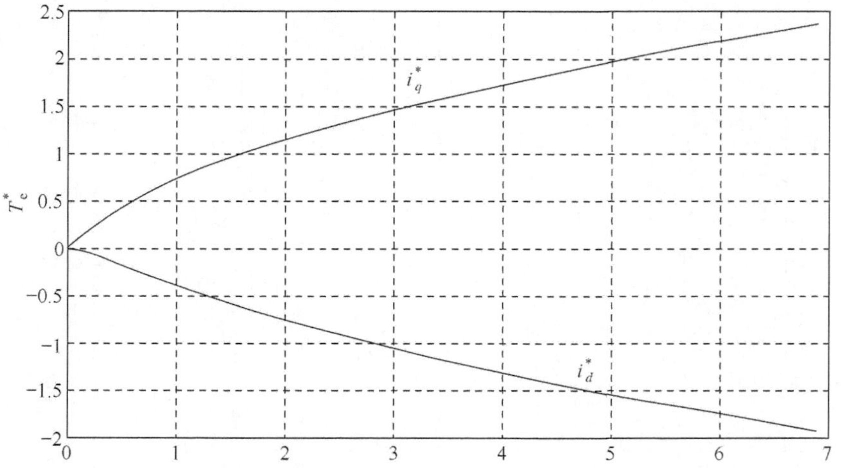

图 2-27 i_d、i_q 与 T_e 的标幺值之间关系曲线

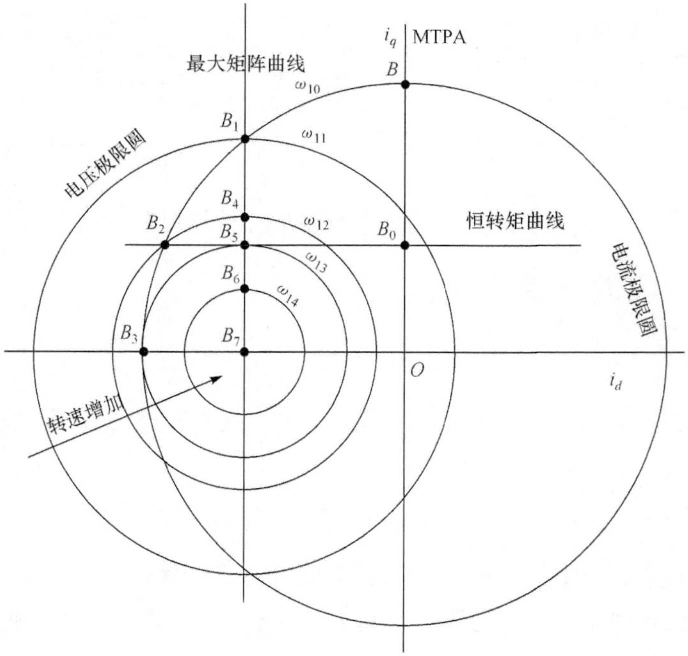

图 2-28 电机的电压、电流极限

B_1 点的坐标为$\left(-\Psi_f/L_d, \sqrt{I_{\lim}^2-(\Psi_f/L_d)^2}\right)$，相应速度为

$$\omega_{11}=\frac{u_{\lim}L_d}{L_q\sqrt{(L_dI_{\lim})^2-(\Psi_f)^2}} \tag{2-35}$$

由于电压极限圆中心位于电流极限圆内部，随着电机工作速度的

提升使得电机工作点从 MTPA 的工作点移动到 B_1 以后，最大转矩曲线就不再是沿着电流极限圆的 B_1、B_2 和 B_3 点，而是沿着图中 B_1、B_4、B_5、B_6和 B_7构成的直线段（这里以 $l_d=l_q$ 为例，定性说明最大功率输出曲线的含义）。以 B_2 和 B_4 为例，两个工作点对应相同的转速 ω_{12}，虽然电流极限圆上的工作点 B_2 对应的电机电流更大，但是对应的输出转矩却没有工作于较小电流下的 B_4 输出转矩大。在同一个转速下，B_4 点比 B_2 点能够输出更大转矩，即输出更大的功率。

显然，为了充分利用电机的输出能力，此时应当选择图中的最大转矩曲线为工作点。同时，由于 B_4 点的定子电流明显减小很多，因此电机的工作效率会更高。

工作点 B_1、B_2 和 B_3 对应图 2-29 中的曲线 1，B_1、B_4、B_5、B_6和 B_7对应图 2-29 中的曲线 2。可以看出，与曲线 1 相比，曲线 2 的输出转矩可以进一步提升，实现最大电机功率的输出，并且从曲线 3 的定子电流曲线（这是与曲线 2 对应的定子电流曲线，曲线 1 的定子电流始终保持不变）上还可以看出，电机以较小的电流换取了较大的转矩输出。

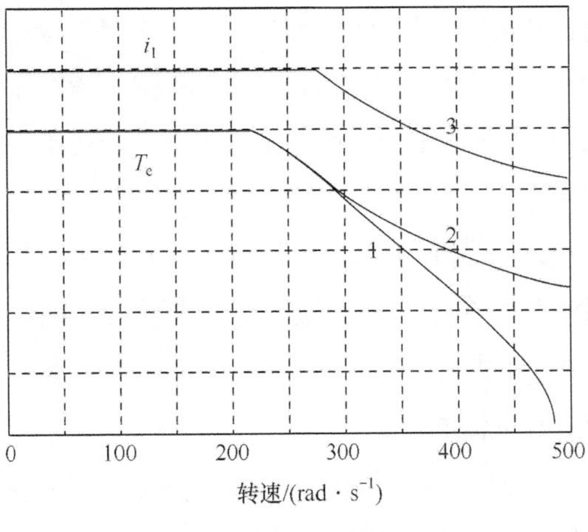

图 2-29　电机最优控制线的特性曲线

2.4　电动汽车驱动控制的高性能化

2.4.1　驱动系统技术发展方向

驱动控制系统涉及变流器（功率变换器）和电机控制两大技术领

域。为实现汽车高性能发展需要，需要考虑如下技术发展方向(或技术挑战)。

(1) 功率变换高效率技术

在电动汽车行驶中，当电池充电后，电驱动系统的效率越高，行驶里程越长。在高速功率行驶中，电动汽车处于高速行驶状态，在城市道路行驶中，速度不断变化，最高时速为 40～60km/h，电驱动系统的输出功率约为高速公路行驶时的 20%左右。因此，希望电驱动系统要求在较大的运行速度和负载范围下具有较高的运行效率。

因此，对驱动器(逆变器)的功率变换效率不经要求电力变换器具有高效率，而且对电机控制技术提出最优化效率要求。例如，对于异步电机，要求通过励磁电流的优化实现实时优化控制；对永磁同步电机，要求通过一定的 I_d 控制实现实时优化控制。

(2) 能量回收控制技术

在电动汽车制动过程中，通过电动机的回馈制动控制，可以将动能转化为电能储存在电池中，从而延长汽车续驶里程。

在城市道路中，汽车制动过程中的动能一般占牵引过程能量的 30%～60%，如果能够合理回收制动动能，对车辆里程的增加是非常可观的。

电动汽车制动能量回收必须考虑制动安全性、平顺性、电池充电效率和对电池寿命的影响等因素，因此能量回馈控制技术往往与整车能量管理(整车动力控制结合)。

(3) 功率器件低损耗技术

电驱动系统的电力电子装置(功率变换器)，损耗与器件的开关损耗和导通损耗密切相关，开关损耗与开关频率成正比；开关损耗和导通损耗不但与可控器件(IGBT、MOSFET 等)有关，也与器件反并联二极管有重要关系。

目前正在开发中的碳化硅(SiC)器件，具有比 IGBT 更小的器件损耗，可望进一步提高功率变换器的效率。

软开关技术是降低开关器件应力、开关损耗和开关噪声的一项技术，通过共振回路使器件开关过程强制在零电压或零电流状态。具有潜力的技术方案有两类，即直流母线谐振工作型(共振型)和主开关谐振型(缓冲器型)，如图 2-30 所示。

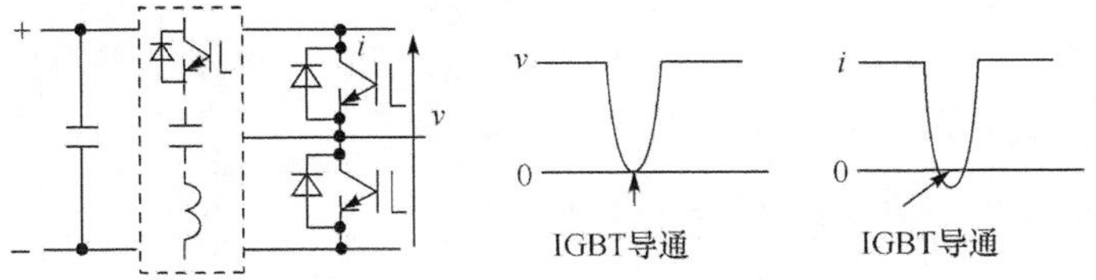

(a) 直流母线谐振工作状态

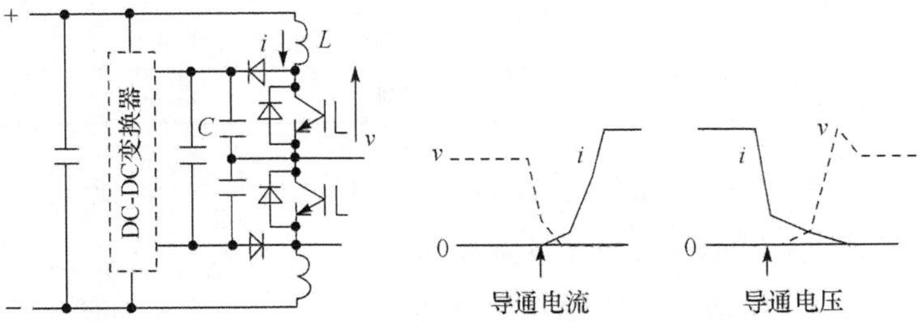

(b) 主开关谐振工作状态

图 2-30　软开关技术原理

(4) 电驱动系统高可靠性与容错技术

电力电子变换装置的器件、电路工作的可靠性与系统设计、工艺质量密切相关。另一方面，在工作过程中充分考虑故障情况下的容错运行也十分重要，涉及系统信息处理方面的技术。

例如，当检测到电机绕组发生短路或开路时，如何通过系统控制让电机降功率(或不对称)运行可以使得电动汽车继续行驶一段时间，避免事故或及时得到维修。

在实际运行中，可靠性最低的部分将是严重影响系统正常工作的重点关注部分。例如，电机的速度和位置传感器会受到运行环境(如冲击、灰尘、气候)的影响，驱动系统受到的位置信号不正常。此时，采用无速度或无位置传感器控制算法将发挥重要的作用。

(5) 电力电子集成小型化技术

近年来，国外相继推出应用于不同车型的电驱动控制器，日本、美国和欧洲处于领先地位。日本以丰田为代表连续多年不断推出了集成度与功率不断提升的产品。表 2-1 列出了国际主流 EV/HEV 电机控制器峰值功率密度[10]。

表 2-1 国际主流 EV/HEV 电机控制器峰值功率密度

车型	2007 Camry	2008 LS600h	2010 Prius	2013 Camry
控制器功率密度/(kW/L)	11.7	17.2	11.1	19.0
控制器功率比重量/(kW/kg)	9.3	14.9	16.7	17.2
功率器件类型	IGBT	IGBT	IGBT	IGBT
功率器件电压/V	约 900	约 950	约 900	约 900
功率器件电流/A	约 350	约 500	约 300	约 550
功率器件封装形式	定制	定制	定制	定制

电力电子的集成主要包括器件及电路的封装和车载电力电子各功能单元的集成，主要技术路线和特点如下。

① 器件与电路的封装集成，主要以器件封装技术为核心，实现驱动系统的小型化高密度化。

② 车载电力电子各功能单元的集成，主要考虑电动汽车驱动逆变器与车载 DC-DC 变流器的一体化，也有将车在驱动逆变器与车载 DC-DC 变流器、充电器的一体化。在 IGBT 模块封装技术及产品方面，国际主流半导体厂商如英飞凌、富士、西门康、博世、电装等相继推出适合电动汽车应用的定制化车用 IGBT 模块，这类模块多采用超声波焊接、低温烧结等新型封装形式，极大地提高了模块的寿命[11~13]。其中，英飞凌与富士均采用模块铜基板直接冷却的 Pin-fin 结构，如图 2-31(a)所示；西门康采用 DBC 与散热器直接压接的结构，如图 2-31(b)所示；三菱、博世采用芯片双面焊接、模块单面冷却的塑封结构，如图 2-31(c)所示；电装采用芯片双面焊接、模块双面冷却结构，如图 2-31(d)所示。在上述几类结构中，Pin-fin 与压接结构的模块是当前电机驱动控制器的主要应用类型，芯片双面焊接单面冷却与双面冷却的塑封结构在电机控制器总成功率密度方面更具有优势，是 IGBT 模块封装技术的主要发展方向。相比较而言，单面冷却结构更易于逆变器集成，双面冷却结构对于散热器集成要求更高。

在 IGBT 器件的基础上集成驱动和保护电路(电流、温度过高的检测和保护)，形成智能功率模块(IPM)，也是实现高密度化的一项重要技术。

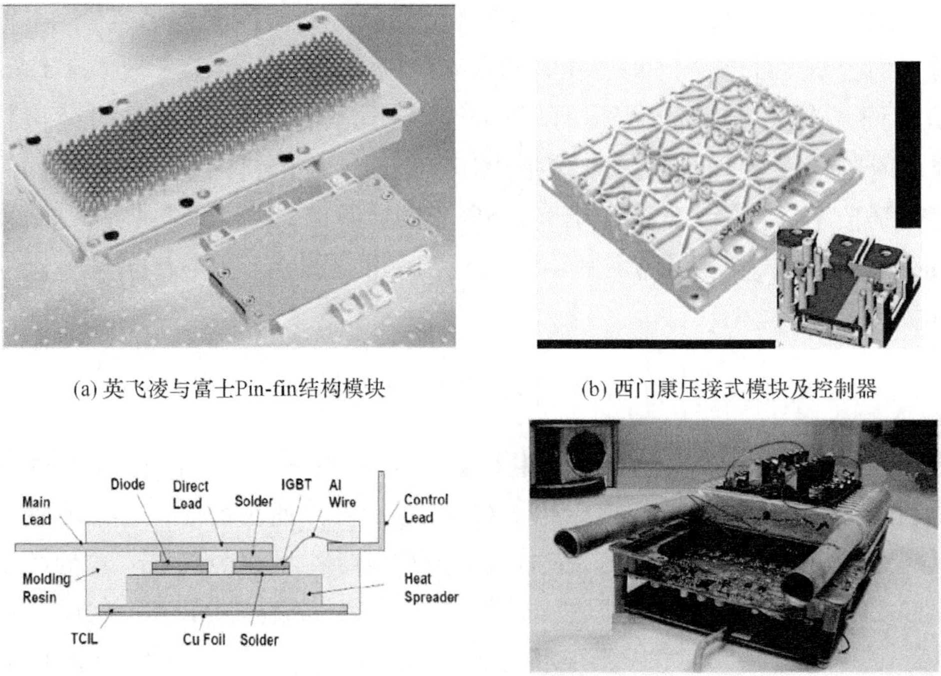

(a) 英飞凌与富士Pin-fin结构模块　(b) 西门康压接式模块及控制器

(c) 双面焊接单面冷却结　(d) 电装双面焊接双面冷却结构及其模块应用

图 2-31　IGBT 模块及封装结构

另一个发展动向是以 SiC 为代表的第三代宽禁带功率器件开始应用于车用电驱动系统，其良好的高温（结温 250℃以上）和高频特性（开关频率可达 100kHz）有望为车用变流器带来革命性变化[14,15]。

在 IGBT 器件的基础上集成驱动和保护电路（电流、温度过高的检测和保护），形成智能功率模块（IPM），也是实现高密度化的一种技术途径。

(6) 电动汽车驱动方式的高性能化

采用电机驱动的电动汽车，大部分采用发动机驱动一样通过减速器和驱动桥将动力分配到驱动轮，这种方式也称为集中驱动方式。集中驱动方式基本采用高速电机，通过减速器传递动力，然而减速装置上回损失一些能量，因此不采用减速装置而由电机直接驱动车轮的技术一直受到学术界和产业界的关注。直接驱动往往与汽车各轮的独立驱动结合在一起，也称为与电动汽车分散独立驱动。该技术在提高汽车能效、安全和车辆智能化方面具有很大的潜力。

国际上对轮毂式电动汽车的研究主要以日本为主。另外，日本四国电力公司、日本 NTN 公司、德国宇航中心（German Aerospace Center）、德国舍夫勒（SCHAEFFLER）集团公司香港中文大学等研究机构分别研制了四轮独立驱动和转向的电动汽车，探索将机器人技术和智能控制技术、电动汽车技术结合。进一步的研究表明，新的驱动方式在小转弯半径小、高空间利用率、高能量制动能量回收率等方面具有很好的潜力[16~18]。

2.4.2 无机械式（转速/位置）传感器控制技术

无论是异步电机还是永磁电机，转矩控制需要转子位置或速度信号，目前大度采用转子位置传感器（如旋变）和转速传感器，这类传感器往往称为机械（机电式）式传感器，由于传感器容易受到冲击、运行环境恶劣，往往成为系统的故障点，另外位置传感器输出线较细，在运行中容易短路。因此，为进一步电机系统可靠性，无转速/位置传感器控制技术已被认为是一项具有潜力的技术，电动汽车实现容错运行的重要技术手段[19]。下面对异步电机和永磁同步电机的无机械式传感器控制技术进行介绍。

无机械式传感器控制技术是指利用电动机绕组的有关电信号（如电压、电流等），通过适当方法估计出转子的速度和位置，取代机械式传感器，实现交流传动系统的速度控制。总的说来，无传感器控制技术有如下常用的估算方法。

① 利用定子端电压和电流直接计算转子速度和位置。

② 基于观测器的估算方法。

③ 模型参考自适应（model reference adaptive system，MRAS）方法。

④ 扩展卡尔曼滤波器法（wxtended Kalman filter，EKF）。

⑤ 基于电机结构特征的速度与位置估算方法。

（1）异步电机无速度传感器控制技术

① 基于电机数学模型的速度估算。

交流异步电机的转子速度是电机同步速度与转差速度之差，估算出这两个速度后就可求算出电机的速度。定子磁链在空间的旋转角速度是电机同步旋转角速度 ω_1，利用电机数学模型，可以根据下式估算定子磁链，即

$$\begin{cases}\hat{\psi}_{1\alpha}=\int(u_{1\alpha}-R_1 i_{1\alpha})\mathrm{d}t\\ \hat{\psi}_{1\beta}=\int(u_{1\beta}-R_1 i_{1\beta})\mathrm{d}t\end{cases}\tag{2-36}$$

根据上式可以估算出静止坐标系中定子磁链的相位角观测值 $\hat{\theta}$ 及其幅值，即

$$\begin{aligned}&\hat{\theta}=\arctan(\hat{\psi}_{1\beta}/\hat{\psi}_{1\alpha})\\&|\hat{\psi}_1|=\sqrt{\hat{\psi}_{1\alpha}^2+\hat{\psi}_{1\beta}^2}\end{aligned}\tag{2-37}$$

因此，同步角速度的估算值 $\hat{\omega}_1$ 为

$$\hat{\omega}_1=\frac{\mathrm{d}\hat{\theta}}{\mathrm{d}t}=\frac{\frac{\mathrm{d}\hat{\psi}_{1\beta}}{\mathrm{d}t}\cdot\hat{\psi}_{1\alpha}-\frac{\mathrm{d}\hat{\psi}_{1\alpha}}{\mathrm{d}t}\cdot\hat{\psi}_{1\beta}}{\hat{\psi}_{1\alpha}^2+\hat{\psi}_{1\beta}^2}=\frac{(u_{1\beta}-i_{1\beta}R_1)\hat{\psi}_{1\alpha}-(u_{1\alpha}-i_{1\alpha}R_1)\hat{\psi}_{1\beta}}{|\hat{\psi}_1|^2}\tag{2-38}$$

异步电机转差角速度的稳态值 $\hat{\omega}_{s0}$ 可以通过电机稳态转矩-速度曲线得到，即

$$\hat{\omega}_{s0}=K_{s1}T_e\tag{2-39}$$

其中，常数 K_{s1} 为额定转差角速度与额定转矩之比，即

$$K_{s1}=\omega_{se}/T_e\tag{2-40}$$

转差角速度的瞬态项正比于转矩的微分，即

$$\hat{\omega}_{st}=K_{s2}\frac{\mathrm{d}T_e}{\mathrm{d}t}\tag{2-41}$$

参数 K_{s2} 是与电机参数相关的常数。综上可得，转子速度的估算式为

$$\hat{\omega}_r=\hat{\omega}_1-\hat{\omega}_{st}-\hat{\omega}_{s0}\tag{2-42}$$

由于逆变器间隔输出零电压矢量和非零电压矢量，因此定子瞬时角速度会有较大的跳变，瞬时转差角速度 $\hat{\omega}_{st}$ 与转矩的微分关系密切，也会出现较大的波动，这两项需要经过低通滤波处理，如图 2-32 所示。

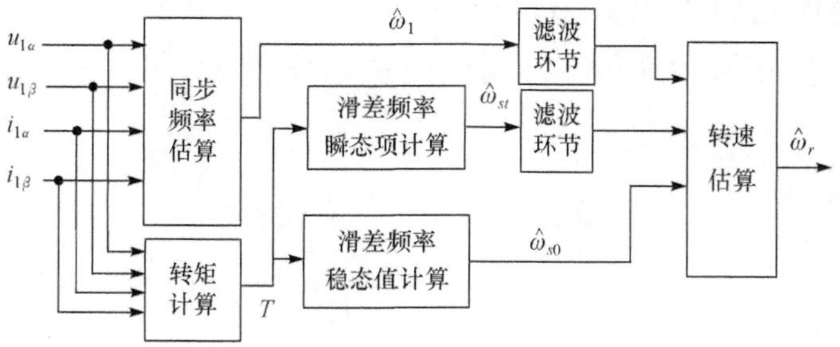

图 2-32　基于电机数学模型的异步电机速度估算

② 基于模型参考自适应的转子速度估算方法。

在 Tamai 将模型参考自适应(MRAS)方法引入到交流调速领域后,MRAS 很快在电机的转速和参数辨识方面得到了广泛的应用。

从异步电动机两相静止坐标系下的电压和磁链方程式,可以推得如下两组转子磁链方程式。下式从定子侧电机方程推出,并称为电压模型,即

$$\begin{cases} p\psi_{2\alpha}=\dfrac{L_r}{L_m}[u_{1\alpha}-(R_s+L_\sigma p)i_{1\alpha}] \\ p\psi_{2\beta}=\dfrac{L_r}{L_m}[u_{1\beta}-(R_s+L_\sigma p)i_{1\beta}] \end{cases} \tag{2-43}$$

电流模型从电机转子侧方程推出,即

$$\begin{cases} p\psi_{2\alpha}=-\dfrac{1}{T_r}\psi_{2\alpha}-\hat{\omega}_r\psi_{2\beta}+\dfrac{L_m}{T_r}i_{1\alpha} \\ p\psi_{2\beta}=-\dfrac{1}{T_r}\psi_{2\beta}+\hat{\omega}_r\psi_{2\alpha}+\dfrac{L_m}{T_r}i_{1\beta} \end{cases} \tag{2-44}$$

其中,T_r 表示转子时间常数;$L_\sigma=L_s-L_m^2/L_r$ 为电机漏感。

显然,转子磁链的电压模型中不包含转子速度,而电流模型中包含待估变量转子速度。采用模型参考自适应系统辨识方法,可将电压模型作为参考模型,电流模型作为可调模型,利用两个模型输出量的误差通过自适应调节律实时调节可调模型的待估参数,从而对电机的速度进行辨识。

根据 POPOV 超稳定性理论,通常设计 PI 类型自适应算法为

$$\hat{\omega}_r = k_1 \cdot \varepsilon + \int_0^t k_2 \cdot \varepsilon \mathrm{d}\tau \tag{2-45}$$

其中，$\varepsilon = \psi_{2\beta}\hat{\psi}_{2\alpha} - \psi_{2\alpha}\hat{\psi}_{2\beta}$。

基于 MRAS 的速度辨识系统如图 2-33 所示。

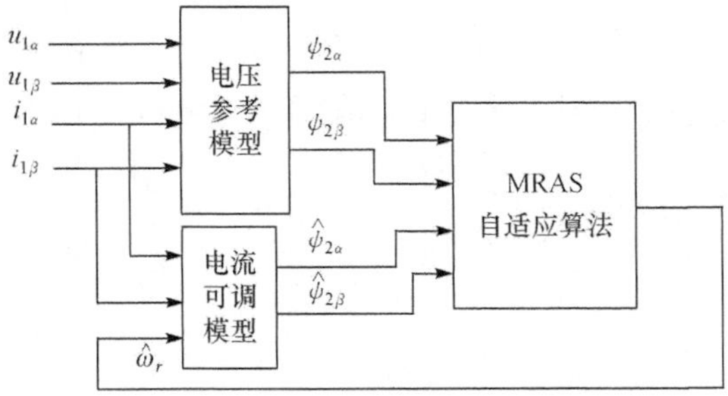

图 2-33　基于模型参考自适应的转子速度估算方法

MRAS 的速度观测是以参考模型的准确为前提的，直接影响到速度辨识及整个控制系统的工作成效，因此如何尽量减少电机物理参数的变化对参考模型的影响，是 MRAS 辨识方法需要进一步解决的问题。同时，MRAS 方法目标是使控制系统对过程参数变化不敏感，以及对未建模部分的动态过程不敏感。当过程动态变化时，系统将试图马上感受这一变化并实时调节控制器参数或控制策略，因此控制系统中自适应算法参数的选取非常重要。

(2)永磁同步电机无位置传感器控制技术

① 电机模型直接计算法。

本方法利用从电机定子的端部变量直接计算出转子位置与速度。首先根据 PMSM 在两相静止坐标系中的数学模型，可知定子磁链方程为

$$\begin{bmatrix}\psi_\alpha \\ \psi_\beta\end{bmatrix} = \begin{bmatrix}L_1 + L_2\cos2\theta & L_2\sin2\theta \\ L_2\sin2\theta & L_1 - L_2\cos2\theta\end{bmatrix}\begin{bmatrix}i_\alpha \\ i_\beta\end{bmatrix} + \begin{bmatrix}\cos\theta \\ \sin\theta\end{bmatrix}\psi_f \tag{2-46}$$

对时间求导，可以得到下式，即

$$p\begin{bmatrix}\psi_\alpha \\ \psi_\beta\end{bmatrix} = \omega\begin{bmatrix}-2L_2\sin2\theta & 2L_2\cos2\theta \\ 2L_2\cos2\theta & 2L_2\sin2\theta\end{bmatrix}\begin{bmatrix}i_\alpha \\ i_\beta\end{bmatrix} + \begin{bmatrix}L_1 + L_2\cos2\theta & L_2\sin2\theta \\ L_2\sin2\theta & L_1 - L_2\cos2\theta\end{bmatrix}p\begin{bmatrix}i_\alpha \\ i_\beta\end{bmatrix} + \begin{bmatrix}-\sin\theta \\ \cos\theta\end{bmatrix}\omega\psi_f \tag{2-47}$$

电机的定子电压方程为

$$\begin{bmatrix} u_\alpha \\ u_\beta \end{bmatrix} = \begin{bmatrix} R_1 & 0 \\ 0 & R_1 \end{bmatrix} \begin{bmatrix} i_\alpha \\ i_\beta \end{bmatrix} + p \begin{bmatrix} \psi_\alpha \\ \psi_\beta \end{bmatrix} \tag{2-48}$$

根据上式计算 $u_\alpha\cos\theta+u_\beta\sin\theta$，有

$$u_\alpha\cos\theta+u_\beta\sin\theta=\cos\theta R_1 i_\alpha+\cos\theta p\psi_\alpha+\sin\theta R_1 i_\beta+\sin\theta p\psi_\beta \tag{2-49}$$

利用前面几式消去 ψ_f 项后，利用三角函数变换，可以化简得到下式，即

$$\tan\theta=-\frac{u_\alpha-R_1 i_\alpha-L_{\mathrm{d}} p i_\alpha-2L_2\omega i_\beta}{u_\beta-R_1 i_\beta-L_{\mathrm{d}} p i_\beta+2L_2\omega i_\alpha} \tag{2-50}$$

电感系数 L_1 和 L_2 为

$$\begin{cases} L_1=(L_{\mathrm{d}}+L_q)/2 \\ L_2=(L_{\mathrm{d}}-L_q)/2 \end{cases} \tag{2-51}$$

当电机处于静止时，可以将式中的速度项设为 0，得到的电机静止时的转子位置为

$$\tan\theta_0=-\frac{u_\alpha-R_1 i_\alpha-L_{\mathrm{d}} p i_\alpha}{u_\beta-R_1 i_\beta-L_{\mathrm{d}} p i_\beta} \tag{2-52}$$

该方法用来计算转子位置和速度的量都可以通过实际测量得到，计算过程简单直接，不需要复杂的收敛控制算法，动态响应比较快。由于计算中用到了电流的微分，测量误差对转子位置的准确观测影响很大，再加上它是一种开环计算的方法，无法保证电机在受到噪声干扰或当参数变化时仍能得到正确的结果。

② 扩展卡尔曼滤波器法。

卡尔曼滤波器法是由 Kalman 在 20 世纪 60 年代提出的一种最小方差意义上的最优预测估计的方法，突出特点是可以有效地削弱随机干扰和测量噪声的影响。扩展卡尔曼滤波器是卡尔曼滤波在非线性系统中的一种推广形式。

扩展卡尔曼滤波从维纳滤波发展而来，都是以均方误差最小为准则的。扩展卡尔曼滤波以状态方程来描述控制对象，而不是维纳滤波的脉冲响应传递函数，使系统描述更加容易，同时还解决了维纳滤波需要过去所有观测数据和当前观测数据来估计当前数据的缺陷，使其更适合计算机实现，从而使得扩展卡尔曼滤波被广泛运用在工业现场[20]。

设线性离散随机系统为

$$\begin{cases}\boldsymbol{x}(k+1)=\boldsymbol{\Phi}(k+1,k)\boldsymbol{x}(k)+\boldsymbol{G}(k+1,k)\boldsymbol{u}(k)+\boldsymbol{w}(k)\\ \boldsymbol{z}(k)=\boldsymbol{H}(k)\boldsymbol{x}(k)+\boldsymbol{v}(k)\end{cases} \tag{2-53}$$

其中，$\boldsymbol{x}(k)$为 n 维状态变量；$\boldsymbol{\Phi}(k+1,k)$为状态转移矩阵；$\boldsymbol{G}(k+1,k)$为输入矩阵；$\boldsymbol{u}(k)$为 r 维控制向量(输入)；$\boldsymbol{w}(k)$为 n 维随机向量，代表系统扰动和模型的不确定性；$\boldsymbol{H}(k)$为观测矩阵；$\boldsymbol{z}(k)$为 m 维观测向量；$\boldsymbol{v}(k)$为 m 维随机测量噪声向量。

PMSM 的状态方程为

$$\begin{cases}pi_d=-\dfrac{R_1}{L_d}i_d+\omega\dfrac{L_q}{L_d}i_q+\dfrac{u_d}{L_d}\\ pi_q=-\dfrac{R_1}{L_q}i_q-\omega\dfrac{L_d}{L_q}i_d-\omega\dfrac{\psi_f}{L_q}+\dfrac{u_q}{L_q}\\ \dfrac{\mathrm{d}\omega}{\mathrm{d}t}=\dfrac{n_p}{J}(T_e-T_l)\\ \dfrac{\mathrm{d}\theta}{\mathrm{d}t}=\omega\end{cases} \tag{2-54}$$

如果 J 为无限大，则有$\dfrac{\mathrm{d}\omega}{\mathrm{d}t}=0$。当然，这种假设是不合实际的，但是在 EKF 中，可将这种不准确性作为系统的状态噪声来处理，在递推计算中由 EKF 予以必要的校正。数字控制系统的采样周期很短，在每个采样周期内的 ω 可认为是恒定的。

将状态方程和输出方程写成如下矩阵形式，即

$$\begin{cases}\dfrac{\mathrm{d}\boldsymbol{x}}{\mathrm{d}t}=\boldsymbol{A}\boldsymbol{x}+\boldsymbol{B}\boldsymbol{u}\\ \boldsymbol{y}=\boldsymbol{C}\boldsymbol{x}\end{cases} \tag{2-55}$$

其中

$$\begin{aligned}&\boldsymbol{x}=(i_d,i_q,\omega,\theta)^{\mathrm{T}}\\ &\boldsymbol{u}=(u_d,u_q)^{\mathrm{T}}\\ &\boldsymbol{y}=(i_d,i_q)^{\mathrm{T}}\end{aligned} \tag{2-56}$$

$$\boldsymbol{A}=\begin{bmatrix} -\frac{R_1}{L_d} & \omega\frac{L_q}{L_d} & 0 & 0 \\ -\omega\frac{L_d}{L_q} & -\frac{R_1}{L_q} & -\frac{\psi_f}{L_q} & 0 \\ 0 & 0 & 0 & 0 \\ 0 & 0 & 1 & 0 \end{bmatrix} \tag{2-57}$$

$$\boldsymbol{B}=\begin{bmatrix} \frac{1}{L_d} & 0 \\ 0 & \frac{1}{L_q} \\ 0 & 0 \\ 0 & 0 \end{bmatrix} \tag{2-58}$$

$$\boldsymbol{C}=\begin{bmatrix} 1 & 0 & 0 & 0 \\ 0 & 1 & 0 & 0 \end{bmatrix} \tag{2-59}$$

将状态方程式进行离散化处理，可得

$$\begin{cases} \boldsymbol{x}(\boldsymbol{k}+1)=\boldsymbol{A}'\boldsymbol{x}(\boldsymbol{k})+\boldsymbol{B}'\boldsymbol{u}(\boldsymbol{k}) \\ \boldsymbol{y}(\boldsymbol{k})=\boldsymbol{C}'\boldsymbol{x}(\boldsymbol{k}) \end{cases} \tag{2-60}$$

其中

$$\boldsymbol{A}'=\mathrm{e}^{\boldsymbol{A}T_1}\approx 1+\boldsymbol{A}T_1=\begin{bmatrix} 1-T_1\frac{R_1}{L_d} & \omega T_1\frac{L_q}{L_d} & 0 & 0 \\ -\omega T_1\frac{L_d}{L_q} & 1-T_1\frac{R_1}{L_q} & -T_1\frac{\psi_f}{L_q} & 0 \\ 0 & 0 & 1 & 0 \\ 0 & 0 & T_1 & 1 \end{bmatrix} \tag{2-61}$$

$$\boldsymbol{B}'\approx\boldsymbol{B}T_1=\begin{bmatrix} \frac{T_1}{L_d} & 0 \\ 0 & \frac{T_1}{L_q} \\ 0 & 0 \\ 0 & 0 \end{bmatrix} \tag{2-62}$$

$$\boldsymbol{C}'=\begin{bmatrix}1&0&0&0\\0&1&0&0\end{bmatrix} \tag{2-63}$$

相关雅可比矩阵为

$$\boldsymbol{G}(k+1)=\frac{\partial}{\partial \boldsymbol{x}}(\boldsymbol{A}'\boldsymbol{x}+\boldsymbol{B}'\boldsymbol{u})\big|_{\boldsymbol{x}=\tilde{\boldsymbol{x}}(k+1)}$$

$$=\begin{bmatrix}1-T_1\dfrac{R_1}{L_d} & \tilde{\omega}(k+1)T_1\dfrac{L_q}{L_d} & T_1\dfrac{L_q}{L_d}\tilde{i}_q(k+1) & 0\\ -\tilde{\omega}(k+1)T_1\dfrac{L_d}{L_q} & 1-T_1\dfrac{R_1}{L_q} & -\dfrac{T_1}{L_q}[L_d\tilde{i}_d(k+1)+\psi_f] & 0\\ 0&0&1&0\\ 0&0&T_1&1\end{bmatrix} \tag{2-64}$$

$$\boldsymbol{H}(k+1)=\frac{\partial}{\partial \boldsymbol{x}}(\boldsymbol{C}'\boldsymbol{x})\big|_{\boldsymbol{x}=\tilde{\boldsymbol{x}}(k+1)}=\begin{bmatrix}1&0&0&0\\0&1&0&0\end{bmatrix} \tag{2-65}$$

由此可得，PMSM 无位置传感器控制的扩展卡尔曼滤波递推中，预测方程为

$$\tilde{\boldsymbol{x}}(k+1)=\boldsymbol{A}'\hat{\boldsymbol{x}}(k)+\boldsymbol{B}'\boldsymbol{u}(k) \tag{2-66}$$

预测误差方差阵为

$$\tilde{P}(k+1)=G(k+1)\hat{P}(k+1)G^{\mathrm{T}}(k+1)+\boldsymbol{Q} \tag{2-67}$$

最优增益矩阵方程为

$$K(k+1)=\tilde{P}(k+1)H^{\mathrm{T}}(k+1)[H(k+1)\tilde{P}(k+1)H^{\mathrm{T}}(k+1)+R]^{-1} \tag{2-68}$$

滤波方程为

$$\hat{\boldsymbol{x}}(k+1)=\tilde{\boldsymbol{x}}(k+1)+\boldsymbol{K}(k+1)[\boldsymbol{y}(k+1)-\tilde{\boldsymbol{y}}(k+1)] \tag{2-69}$$

滤波误差方差阵为

$$\tilde{P}(k+1)=\tilde{P}(k+1)-K(k+1)H(k+1)\tilde{P}(k+1) \tag{2-70}$$

其中，$\boldsymbol{Q}$ 称为过程激励噪声协方差矩阵；$\boldsymbol{R}$ 称为观测噪声协方差矩阵；$\boldsymbol{K}$ 称为最优增益矩阵。

可以看出，卡尔曼滤波是一种数据处理的递推算法，只要给定初始值 $\boldsymbol{x}(0)$ 和 $\boldsymbol{P}(0)$，根据 k 时刻测量的 $\boldsymbol{u}(k)$ 就可以推导计算出 k 时刻的状态估计 $\boldsymbol{x}(k)$，十分适于数字计算机实现。把以上方程用图 2-34 所示方

框图表示,可以更清晰地看出卡尔曼滤波过程。图中左边部分称为滤波回路,对状态变量进行估计和校正;图中右边部分称为增益计算回路,对方差阵和增益矩阵进行更新。卡尔曼滤波器预测-校正的计算方式与校正系数的动态修正保证了其性能优于其他滤波算法。

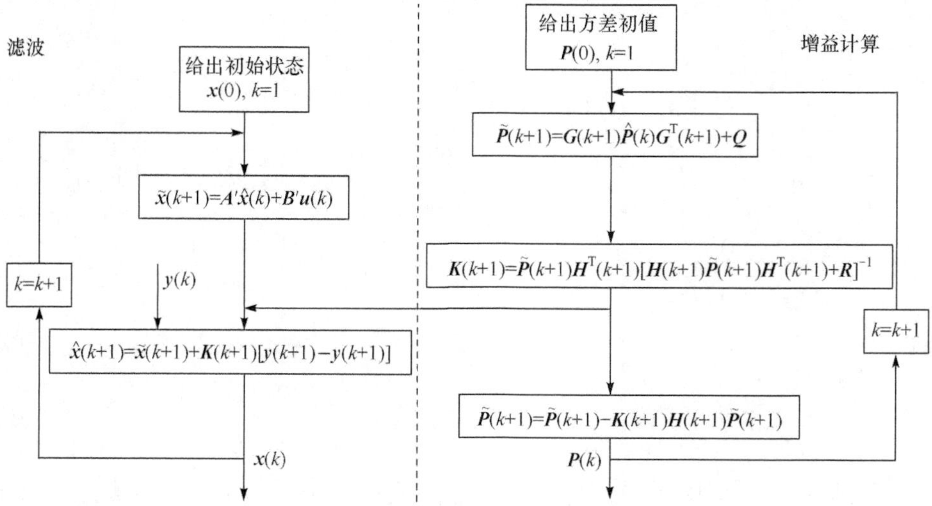

图 2-34 扩展卡尔曼滤波器法框图

在滤波初值的给定上,欲保证 k 时刻滤波无偏,只要 $k=0$ 时刻滤波值无偏即可。当不了解实际系统的初始状态时,可取 $\hat{\boldsymbol{x}}(0)=\boldsymbol{x}(0)=0$,$\boldsymbol{P}(0)=\alpha\boldsymbol{I}$,其中 α 是一个正数,$\boldsymbol{I}$ 为单位矩阵。在此条件下滤波器并不能保证无偏,但只要系统是一致完全随机可控和一致完全随机可观测的,卡尔曼滤波就一定是一致渐近稳定的。随着滤波迭代的进行,选取的初始值 $\boldsymbol{x}(0)$、$\boldsymbol{P}(0)$对 $\hat{\boldsymbol{x}}(k)$和 $\boldsymbol{P}(k)$的影响将逐渐减弱直至消失,估计逐渐趋向无偏。

由上述公式即可实现无位置传感器的扩展卡尔曼滤波算法,基于 EKF 的永磁同步电机无位置传感器控制调速系统原理如图 2-35 所示。

2.4.3 车载电力电子拓扑集成技术

(1) 功率集成单元

电动汽车内部有许多电力电子单元,如电机驱动器、车载充电器、车载 DC/DC 变换器、车载 DC-DC 变换电源、空调及其他泵类负载电机驱动器等。电气系统如图 2-36 所示。

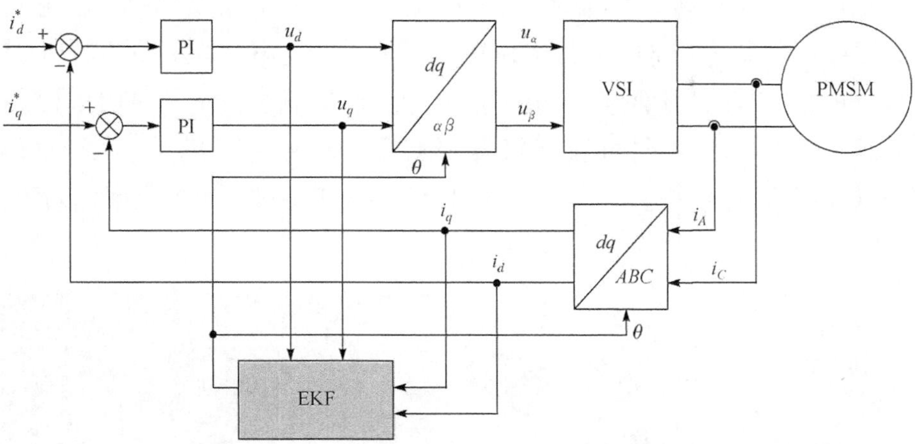

图 2-35　基于 EKF 的永磁同步电机无位置传感器控制调速系统原理框图

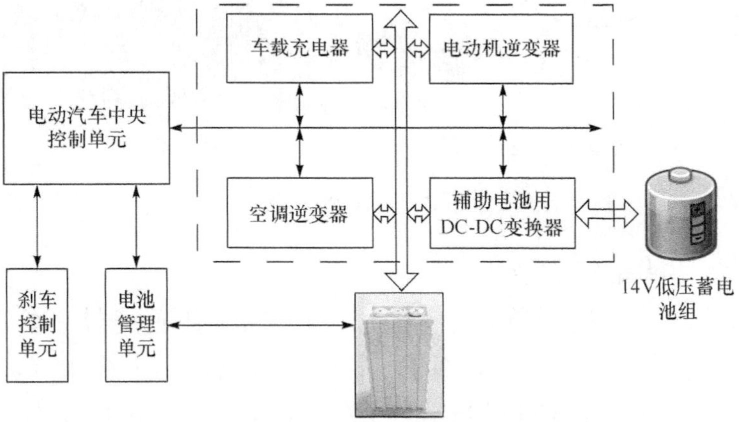

图 2-36　电动汽车内电力电子系统图

为了提高车载电气系统的性能，往往将这些单元集成在一起，形成所谓的功率控制单元，具有如下优势。

① 集成度高，体积小，重量轻。

② 一体化散热，提高热效率。

③ 电磁兼容统一设计优化。

④ 简化车体结构，安装简单。

⑤ 简化系统间连接线，可靠性高。

⑥ 提高维护效率。

如图 2-37(a)所示为日本电装的集成 PCU,包括双向直流变换器(DC/DC)、车载充电器、车载空调电机驱动器、主电机驱动控制器(逆变器)。如图 2-37(b)所示为丰田 Camry 混合动力轿车采用的功率控制单元 PCU,包括一套双向直流变换器(DC/DC)、两套电机用逆变器(DC/AC)以及控制电路等。2013 年,丰田 Camry 功率控制器功率密度达到 19kW/L。

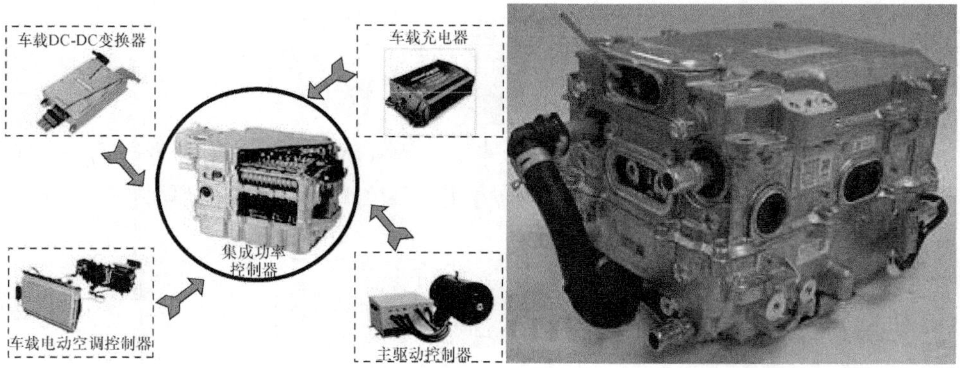

(a) 电装的集成PCU内部单元　　(b) 2013年Camry PCU

图 2-37　集成 PCU 单元

(2) 多功能拓集成技术

在前述的功率控制单元中,电力电子主电路(逆变器、DC/DC、充电器等)是独立的,直流母排与电容、电源部分、控制电源、散热部分等可以共享。这里介绍一种新的集成技术,电力电子主电路拓扑层次的集成,以逆变器、DC/DC、充电器等的集成为例,主电路既有逆变器的工作模式,也有充电器的工作模式,甚至 DC/DC 变换器的工作模式,有些开关器件可以在不同工作模式下均参与工作。结合作者的研究,下面介绍几个典型集成拓扑。

① 集成电机驱动器、直流变换器与车载充电器的集成拓扑结构[21~26]。

如图 2-38 所示为电力电子集成拓扑电路,包含两个子电路(双向直流-直流变换器和逆变器),由四个电力电子桥臂、一个电容、一个电感构成,利用电机三相绕组,可以为电池充电。

此外,该电路具有另一个重要功能,即电路元件冗余功能,电路有四个桥臂,在逆变桥故障时,可利用另一个桥臂,实现降功率运行。

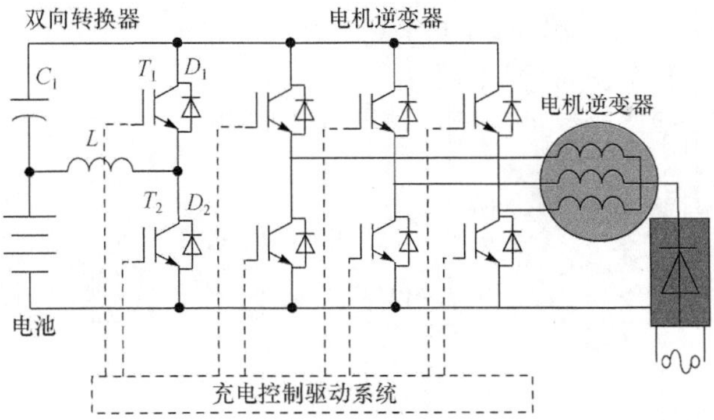

图 2-38　具有冗余的多功能电力电子拓扑结构

如图 2-39 所示为另一种具有冗余功能的集成化电力电子电路，包含两个子电路（双向直流-直流变换器和逆变器），由四个电力电子桥臂、一个电容、一个电感构成，利用电机三相绕组，可以为电池充电。与图 2-38相比，直流变换器有所不同。

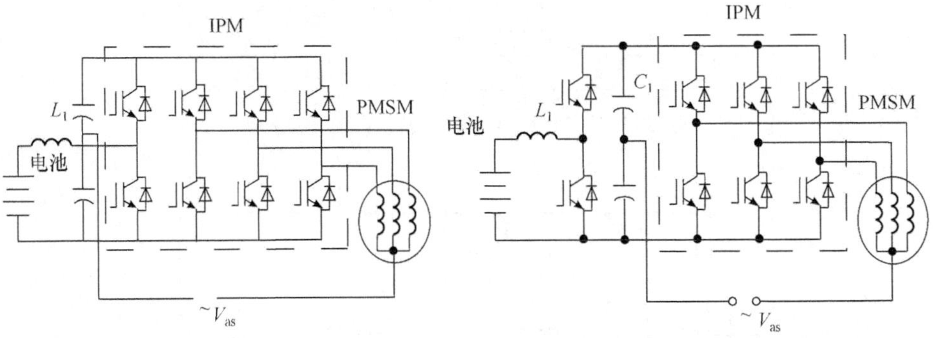

(a) 具有冗余的多功能电力电子拓扑结构　(b) 具有冗余的多功能电力电子拓扑结构

图 2-39　具有冗余的多功能电力电子拓扑结构

② 一种集成开关磁阻电机驱动和充电的新型变换装置。

图 2-40 为采用开关磁阻电机作为驱动电机（或辅助电机）时的集成拓扑电路结构。该电路将充电器、DC/DC 电源、开关磁阻电机驱动器集成在一个电路中。集成后，PCU 的成本、体重量大大减少。电路具有如下优势。

① 电力电子半导体器件数量由 26 个减少到 12 个。

② 磁性元件由 7 个减少到 3 个。

③ 电容元件由 5 个减少到 2 个。

④ 控制器由 3 个减少到 1 个。

⑤ 散热器由个减少到 1 个。

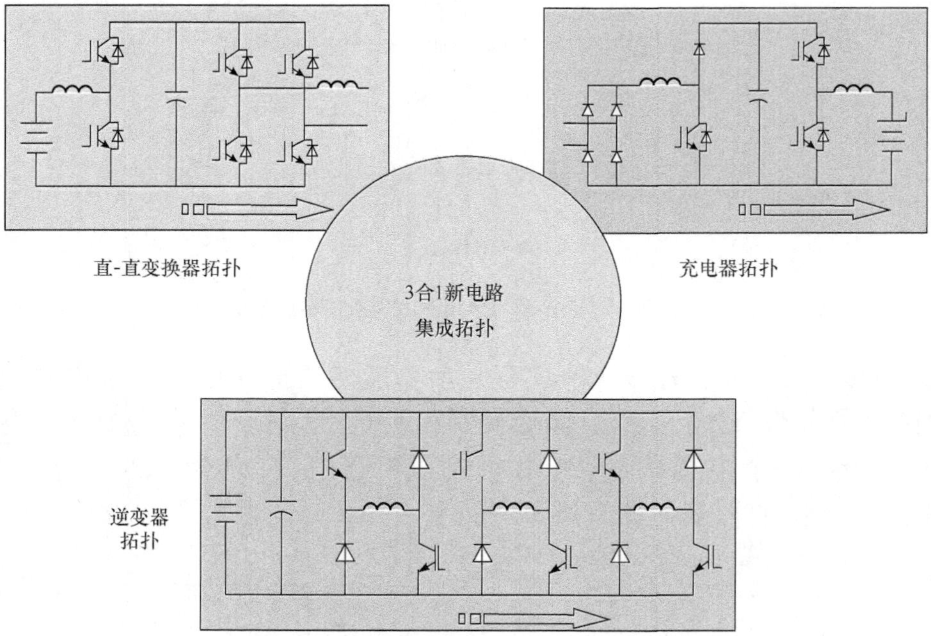

(a) DC/DC、充电器、开关磁阻电机驱动器拓扑结构

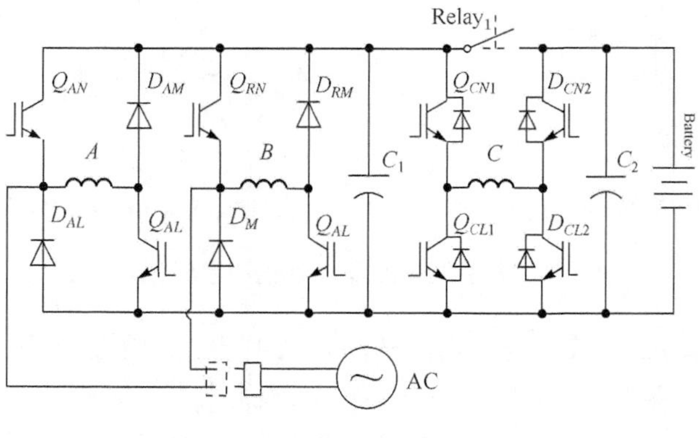

(b) 采用开关磁阻电机作的集成化拓扑结构

图 2-40　开关磁阻电机作为驱动电机的集成拓扑电路结构

2.4.4　电动汽车驱动方式的高性能化

(1) 电动汽车电力驱动的优点

与内燃机汽车相比，电驱动汽车有如下优势。

① 转矩相应快采用转矩闭环控制，电机转矩响应取决于电流时间常数，一般为 10～30ms，内燃机汽车的转矩响应速度提高一个数量级。因此，电驱动汽车可以获得比内燃机汽车更快的控制，这对汽车运动控制和安全性具有重要意义。

② 分散驱动采用轮毂电机或轮边电机可以单独控制各车轮的动力输出，汽车可以实现分散动力控制，在运动学控制上简单方便。此外，分散驱动的电动轮，可以更多回收制动能量，提高整车能效。

③ 操纵范围广，采用轮毂电机驱动和合适的转向装置，车辆轮具有 180°转向角度，在车辆运动轨迹控制和泊车等方面优势明显。

(2) 轮毂电机驱动

轮毂电机又称为车轮内装式电机。早在 20 世纪 50 年代初，美国人罗伯特就发明了一种将电动机、传动系统和制动系统融为一体的轮毂装置。该轮毂于 1968 年被通用电气公司应用在大型的矿用自卸车上。随着电动汽车的兴起，轮毂电机重新引起了人们的重视。轮毂电机驱动系统的布置非常灵活，可以使电动汽车成为 2 个前轮驱动、2 个后轮驱动或 4 轮驱动。

与内燃机汽车和单电机集中驱动电动汽车相比，采用轮毂电机驱动方式具有如下几方面优势。

① 优化车辆结构通过电子线控技术可实现各电动轮无级变速和各电动轮间的差速要求，省略了传统汽车所需的机械式操纵换挡装置、离合器、变速器、传动轴和机械差速器等，驱动系统和整车结构简洁、有效利用空间大、传动效率提高。另一方面，采用轮毂电机驱动方式，底盘结构大为简化，可以取消车轴，车辆地板可以降低，低地板公共交通车辆对于老人和行动不便人员，具有独特优势。

② 提高车辆运动性能各电动轮的驱动力直接独立可控，使其动力学控制更为灵活、方便，能合理地控制各电动轮的驱动力，从而提高恶劣路面情况下的行驶性能。若进一步导入线控四轮转向技术(4WS)，实现车辆转向行驶高性能化，并有效减小转向半径，甚至实现原地转向，大大增强转向灵便性。

③ 节约能源通过电机控制容易实现各电动轮的电气制动和制动能量回馈，优化机电复合制动效果。例如，将制动能量回馈控制与制动过

程的防滑控制结合，可以实现最大限度的能量回馈，大大提高车辆能效。

国际上对轮毂驱动电动汽车的研究主要以日本为主[27]。1991 年 10 月在东京汽车展览会上，日本东京电力公司推出了“IZA”牌电动汽车，其性能远远超过以往的电动汽车。“IZA”是一种四轮轮式驱动的电动轿车，在结构上，四个车轮均采用外转子式无刷直流轮毂电机，电机直接安装在车轮轮毂内，轮毂作为电机的外转子由轴承支承在车轴上，采用这种独立驱动结构，经实测电机与变换器的总效率可达 91%以上。另外，车体采用碳纤维复合材料，车体风阻和车轮阻力都很小，只是造价昂贵，尚难进入商品化。日本四国电力公司开发的 YONDEN 电动车也采用了轮式驱动，车内设有车载充电装置，最高时速可达 100km/h，续驶里程为 200km(车速为 40m/h)。当该车就地旋转时，最小旋转半径为 1.6m。1996 年年底，丰田公司在北京国际电动汽车展览会上展示了用于电动汽车的永磁无刷直流电动机，将电动机、机械差速器、制动器和传感器等一体化设计，采用同轴结构，此组合部件直接驱动两个车轮，结构新颖、紧凑，表征轮毂驱动的一个发展方向。

2011 年，日本庆应大学清水浩教授领导的科研组成功研发轮毂电机电动汽车“SIM-LEI”，该款轮毂电机驱动的电动汽车全长 4.7m，车宽 1.6m，高 1.55m，载人 4 名，总重 1650kg，一次充电在 JC08 模式下续驶里程 333km、耗能 77Wh/km ，100 千米均速行驶模式下续驶里程 308km、耗能 84Wh/km，从零到 100km/h 加速时间为 4.8s，最高时速可达 150km/h。

① 轮毂驱动总成。

电动汽车分散动力驱动，最理想的方式是将电力驱动单元嵌入到车轮内部。电力驱动单元一般包括轮毂电机和减速器，采用电机直接驱动，可以取消减速器，低速大转矩电机用于轮毂直接驱动车辆，从根本改变了原有的电机加传动系统的结构，具有免维护、高速响应、速度平稳、运行安静等优点，直接驱动还可以提高系统效率，特别是在频繁加减速的工况下，可以节省大量能耗。两种方式的选择与安装尺寸和成本等因素有关。图 2-41(a)为将电机、行星减速器、制动部件集成在一起的驱动总成装配与车轮内部的示意图。图 2-41(b)为直接驱动的轮毂电机(含制动器)的示意图。

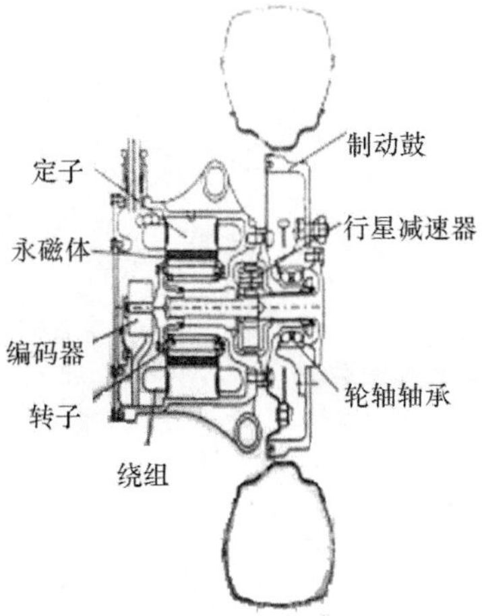

(a) 安装与轮内的驱动总成示意图

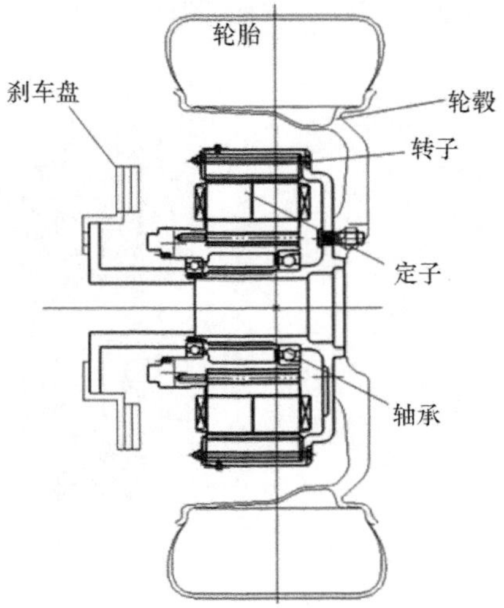

(b) 直接驱动总成示意图

图 2-41 轮毂驱动与总成示意图

② 电动轮的悬架结构。

直接驱动的四轮驱动车辆，基本采用独立悬架结构[28]。对于微型电动车，有时也采用后驱动桥结构，主要用在要求不高的低速电动车上。

如图 2-42 为德国宇航中心研制的 ROMO 电动汽车的悬架结构[29]。这种悬架结构可以用于驱动功率较大的场合。

图 2-42 电动轮悬架结构示意图

在微型电动车中，也常采用如图 2-43(a)所示的悬架结构，以电机壳体作为转向节，起到连接和受力的作用。如图 2-43(b)所示为日本 NTN 公司开发的微型车的独立悬架结构。

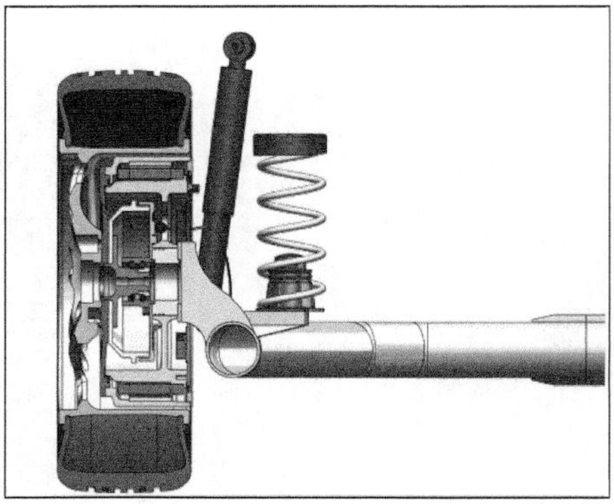

(a) 微型车电动轮匹配的独立悬架结构示意图

(b)日本NTN 公司开发的微型车及独立悬架结构

图 2-43　日本 NTN 公司开发的微型车及其独立悬架

③ 电驱动系统高密度集成。

为了满足高可靠性的特殊要求，轮毂电机内部应集成控制器。以德国舍夫勒(Schaeffler)公司研制的电驱动系统为例[30]，逆变器与驱动电机及制动部件集成在车轮内部(朝向车身侧)，如图 2-44 所示。

图 2-44 给出了环形电机和制动鼓的集成方式。环形电机配置在制动鼓和车轮之间的空隙内，通常后轮配鼓刹，其与车轮之间的空隙较大，便于布置电机，环形电机是目前电动轮驱动车辆最流行的方案。

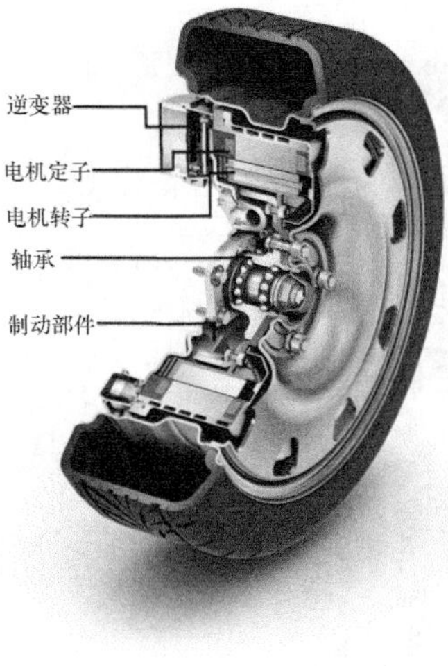

图 2-44　集成驱动电机、逆变器和制动部件的电动轮内部布置

(3) 四轮驱动全方位转向与操纵控制

轮毂电机四轮驱动系统有利于实现底盘电子化、轻量化、主动化，提高车辆稳定性和可控性，是未来电动车辆的发展趋势。

图 2-45(a)为独立驱动独立转向电动汽车，四个车轮各安装一个轮毂电机，各车轮由＋180 的伺服系统独立控制。通过车轮的转向伺服控制系统，可以得到如图 2-45(a)～图 2-45(d)的运动模式。

如图 2-46(a)为德国宇航中心研制的 ROMO 电动汽车及泊车路径，开发者将其命名为机器人电动汽车(the robotic electric vehicle)。

(4) 运动-驱动双闭环控制

在汽车的运动过程中，地面和轮胎的摩擦系数与摩擦运动(滑移率)呈非线性，在滑移率较小时，滑移率增大，摩擦系数增大，车辆处于稳定运行状态；当滑移率增加到一定值，摩擦系数达到最大，随着滑移率的增大，摩擦系数下降，车辆处于不稳定状态。不同的路面(干燥、湿润、积冰等)，最大摩擦系数不同。因此，当车辆两侧的车轮处于不同路面状态(如一边为干燥路面、一边为积水路面)，对于具有差速器的集中驱动车辆(包括内燃机汽车)，会出现一边车轮极速旋转(不稳定运行)，一边的车轮已经停止的现象。为此，必须把车轮的滑移率控制在较小的范围(适应摩擦系数较小的路面)，通过降低驱动转矩实现车辆和各

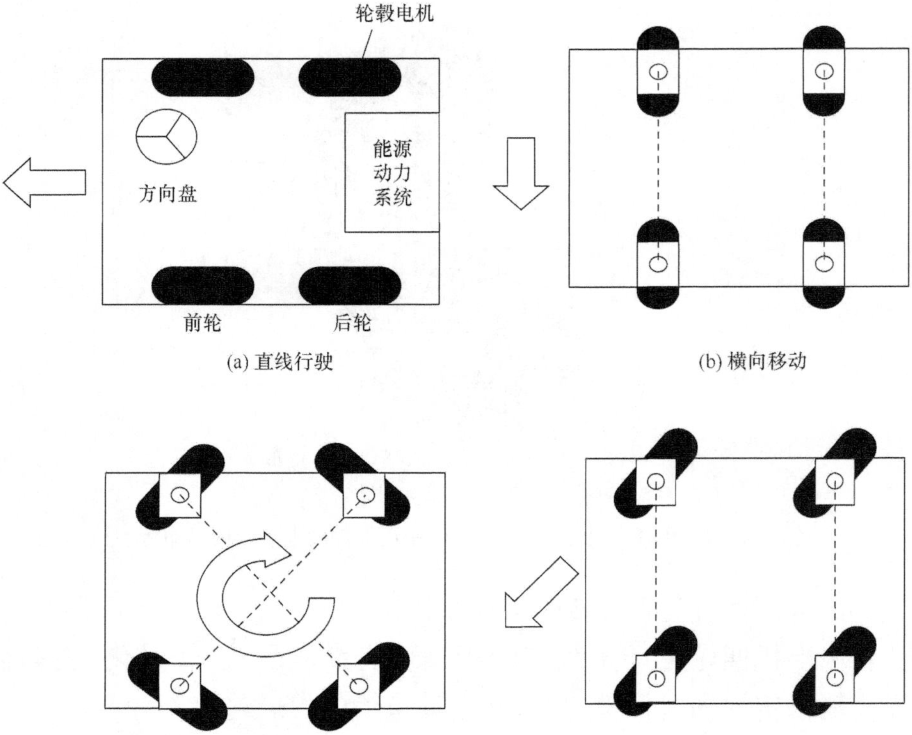

(a) 直线行驶　(b) 横向移动

(c) 旋转行驶　(d) 斜线行驶

图 2-45　四轮独立驱动独立转向汽车的运动模式

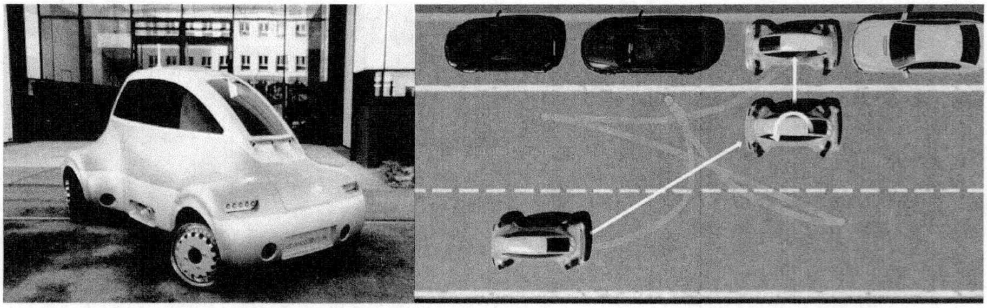

(a) ROMO电动汽车　(b) 简单高效的泊车路径

图 2-46　ROMO 电动汽车及泊车路径

车轮的稳定性。

如图 2-47 所示为控制车辆各车轮滑移率在适当范围的方法，其原理为将滑移率控制器的输出与驾驶员给定比较，确定适合车辆的转矩控制命令。这个控制结构也可以视为滑移率-转矩双闭环结构。

双闭环控制涉及两个问题，一是滑移率检测（包括地面状态推断）和最优滑移率确定，二是个车轮控制力的分配。

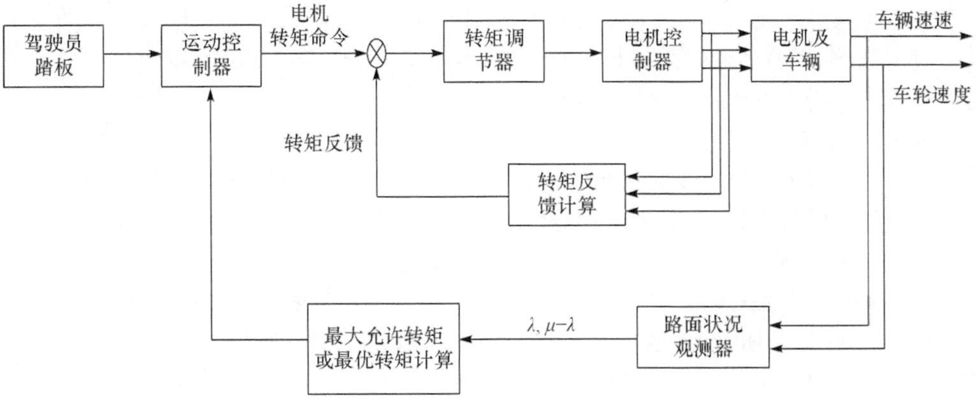

图 2-47　滑移率-转矩双闭环结构

如图 2-48 所示为控制滑移率后的车辆行驶结果，可以看出实现滑移率-转矩双闭环控制后，可以应对急剧变化的路面。关于进一步的分析和研究结果将在其他章节介绍。

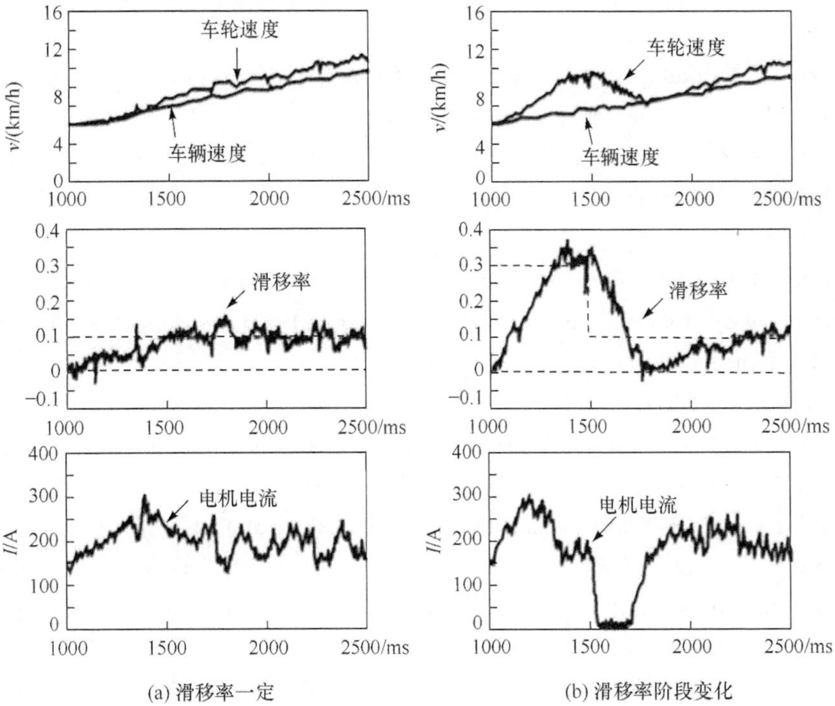

图 2-48　滑移率控制下的车辆相关参数变化

参考文献

[1] Walefield E H. 电动汽车发展史. 叶云屏，孙逢春，译. 北京：北京理工大学出版社，1998.

[2] 陈清泉，孙逢春，祝嘉光. 现代电动汽车技术. 北京：北京理工大学出版社，2002.

[3] 周苏. 电动汽车发展简史. 上海：同济大学出版社，2010.

[4] 陈全世. 先进电动汽车技术. 北京：化学工业出版社，2009.

[5] Ehsani M，Gao Y M，Emadi A. 现代电动汽车、混合动力汽车和燃料电池汽车———基本原理、理论和设计. 北京：机械工业出版社，2010.

[6] 徐国卿. 城市轨道车辆电力传动. 上海：上海科技出版社，2003.

[7] Krishnan R. 永磁无刷电机及其驱动技术. 柴凤等译. 北京：机械工业出版社，2013.

[8] 张舟云，贡俊. 新能源汽车电机及驱动控制技术. 上海：上海科学技术出版社，2013.

[9] Krause P，Wasynczuk O. 电机原理及驱动分析. 满永奎，边春元，译. 北京：清华大学出版社，2015.

[10] 刘钧，钟玉林，张瑾，等. 电动汽车用高功率密度电机控制器研发. 电力电子技术，2011，45(12)：12.

[11] Liu D，Zhu L，Kong L，et al. A novel electro-thermal simulation approach to inverter power modules for electric vehicle//ICIAFS，2012.

[12] Su W，Liu J，Wen X H，et al. A High Power Density Inverter with hybrid sic module//ITEC Asia-Pacific，2014.

[13] Siergiej R R，Clarke R C，et al. Advances in SiC materials and devices：an industrial point of view. Materials Science and Engineering，1999，B61262：9217.

[14] Zolper J C. Emerging silicon carbide power electronics components//APEC，2005.

[15] Montanari D，Saarinen K. Film capacitors for automotive and industrial applications//CARTS Europe，2008.

[16] Liang J，Jian L，Xu G，et al. Analysis of electromagnetic behavior in switched reluctance motor for the application of integrated air conditioner on-board charger system. Progress in Electromagnetics Research，2012，124：347-364.

[17] Liang J N，Xu G Q，Ahn J W. Analysis of passive boost power converter for three-phase SR drive. IEEE Transactions on Industrial Electronics，2010，57(9)：2961-2971.

[18] Liang J N，Xu G Q，et al，A novel integrated switched reluctance motor drive with bi-directional inverter. IEEE International Conference on Industrial Technology，2014.

[19] Wang B M，Liang J N，Xu G Q. A highly integrated converter topology in SRM drive system with battery charge and V2G function//IEEE International Conference on Information and Automation，2014.

[20] Liang J N，Chang M，Xu G Q. Development of integrated bi-directional inverter for switched reluctance motor drive//IEEE Energy Conversion Congress and Exposition，2014.

[21] 梁嘉宁,徐国卿,等. 一种集成开关磁阻电机驱动与低压电池充电的变换装置. PCT 公告号 WO,2014,026460A1.

[22] 日本电气学会电动汽车驱动系统调查专门委员会. 电动汽车最新技术. 康龙云,译. 北京:机械工业出版社,2008.

[23] Brembeck J, Ho L M, et al. ROMO-the robotic electric vehicle. Transactions of the American Philosophical Society, 1979, 84(2): 223-224.

[24] http://www.schaeffler.com/content.schaeffler.com/en/press_area/press_office/press_releases/press_releases_detail.jsp? id=72557380[2015-12-1].

[25] Xu Y S, Qian H H, Xu G Q, et al. An Independent Suspension Steering System. US Patent Application Pub. No. PCT, WO2008, 128421A1[2008-10-2].

[26] Xu Y S, Xu G Q, Wang Z C, et al. Energy management for hybrid electric vehicles. International Application, 2008, A1: 128416.

[27] Lam T L, Xu Y S, Xu G Q. Traction force distribution on omni-directional four wheel independent drive electric vehicle//IEEE International Conference on Robotics and Automation, 2009.

[28] Lam T L, Qian H H, Xu Y S, et al. Omni-directional steer-by-wire interface for four wheel independent steering vehicle//IEEE International Conference on Robotics and Automation, 2009.

[29] Qian H H, Yu J Y, Xu Y S, et al. Torque distribution for energy efficiency enhancement in a 4WID electric vehicle//IFAC Conference on Control Methodologies and Technology for Energy Efficiency, 2010.

[30] Qu K W, Xu G Q, Zhou Y M, et al. A novel standstill position detection method of PMSM for electric vehicles based on carrier phase-shifted PWM technology//Proceedings of the IEEE 23rd International Symposium on Industrial Electronics, 2014.

第3章　动力电池管理技术

3.1　前　　言

随着全球煤、石油、天然气等化石能源的枯竭，温室效应日益加剧，环境污染日益严重，能源问题成为人类所面临的共同问题。大力开发清洁能源已成为世界各国的共识。

风能、太阳能等间歇性能源具有空间分散和时间随机的固有特性，大规模风电和太阳能光伏其本身存在的间歇性和随机性问题日益突出，大规模随机性的可再生能源注入电网，将改变电力系统的潮流分布，进而影响输电网络的充裕度，将可能产生电力系统安全隐患。该特性是阻碍新能源并网过程中的关键问题，而电池储能系统恰好可以弥补间歇性能源的不足和紧急的部分能源补充。

对于电动汽车工业而言，电池储能系统的能量密度和功率密度可满足电动汽车行业的需要和发展。为充分适应复杂动态的储能环境，优良的电池管理系统是电池组的必要配备，但是电池组的能量供应系统需要上千个电池（特斯拉，Models 85kWh 接近 7000 个 18 650 电池）的串联和并联来完成，因此需要有电池管理系统。良好的电池管理是延长电池寿命、改善电池组性能和降低成本的关键。其中，荷电状态的准确估算和电池均衡技术是电池管理系统中的难点和重点。荷电状态表征电池可用的能量，并且是优化电池充电和放电过程中控制策略的基础。

3.2　电池管理系统架构

完整的电池管理系统包含数据采集系统、数据处理和控制单元。电池管理系统主要的数据采集量包括电压、电流和温度等三个参数。

数据处理和控制单元主要完成荷电状态估计、均衡控制、充放电控制、热管理、安全管理和信息通信等。

电池管理系统的架构形式主要有集中式和分布式两种。集中式一般适合于单体数目少，且结构紧凑的电池组，如图 3-1 所示。分布式相对适合于数目较多，需扩展的电池组，如图 3-2 所示。

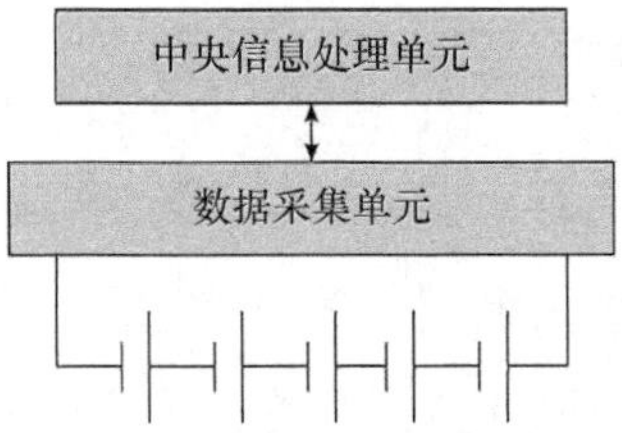

图 3-1　电池组集中式架构

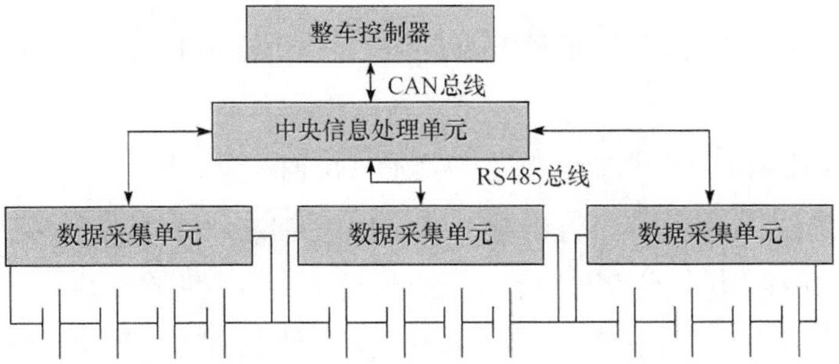

图 3-2　电池组分布式管理系统

分布式电池管理系统一般由若干个子数据采集模块和一个主控制模块构成。每个独立模块都与电池连接，且具有独立的电池数据信息采集、均衡，以及通信的功能。每个子模块与子模块之间，以及子模块和主控制模块之间通过总线通信。主控制模块要完成电池组荷电状态估算、故障诊断、热管理等功能。

完整的电池管理系统要具备以下功能，即过压和欠压保护保护、过流和短路保护、温度保护，以及故障诊断等功能，要尽可能提高管理系统的可靠性、灵活性；基于电池的主要检测参数，达到电池荷电状态和健康状态的估算和现实；实现电池间高效率的均衡管理，挖掘电池潜力，延长电池全生命周期；在保证电池使用安全的前提下，有效控制电池的使用温度，检测漏电。

装备电池管理系统的目的是确保电池充电和放电过程中的安全、控制电池组工作温度、均衡和保护每一个电池等。因此,电池管理系统作为电动汽车的主要部件,不但要完成电池本身的管理和保护,而且要挖掘电池潜力,延长电池使用寿命。电池管理系统是驾驶者和电池之间信息沟通的桥梁。

3.3 电池组均衡技术

在电池组的实际使用过程中,为了满足一定的电压和功率需求,需要大量的电池单体进行串联或者并联。电池组在制造过程中由于周围环境的湿度、生产工人技术水平,以及材料等不可控因素的影响,即使同一批次电池的容量和电阻也会存在一定的差异。在电池组运行过程汇总中,由于电池组内温度分布的不均匀和电路接触等原因也会造成容量的差异[1,2]。

为了有效解决这两个弊端,主要有两种措施。

① 电池成组前筛选,有效测量单体电池的开路电压有电阻,最终筛选得到具有相似电化学特性,组成具有良好一致性的电池组。

② 在电池组实际运行过程中,电池管理系统中增加必要的均衡电路,让电池组内单体之间的荷电状态和电压具有一致性。

均衡控制电路主要依靠电池单体的电压或荷电状态,利用数据采集得到的性能参数,采用对应的控制算法,给电池管理系统的执行机构发出控制命令,对相关的电池单体进行均衡。

在电池组安全的容量使用范围内,电池组内出现不平衡工况时整体的容量易受容量最大或最小电池单体的限制,从而降低电池组整体的运行性能。在电动汽车运行过程中,电池组要经受频繁充电和放电的转化而使得电池性能进一步恶化,减少电池组的使用寿命。

在目前的技术条件下,完全消除在电池组使用过程中的不一致性是不经济和现实的。但是,均衡技术可以进一步优化内部均衡和管理,降低电池组之间的不一致性,防止电池组进一步恶化。

按照在充电或放电均衡过程中对能量的消耗情况,电池组均衡控制技术可以分为能量耗散型和能量非耗散型[3]。能量耗散型是指将电池组内某高荷电状态的电池单体通过电阻将多余电量转化为热量消耗掉。非耗散型电路是指将多余电量转移到电量较小的电池，避免能量浪费。

3.3.1　能量耗散型均衡控制

该方式主要通过给电池组内每一个电池单体并联一个电阻进行分流，完成均衡的方式，是目前最为简单和经济的方法。主要的控制思想是将电压或荷电状态较高的单体电池的能量通过并联电阻的方式，进行能量消耗，但只适合小电流工况。主要有两种工作形式，即恒定分流电阻均衡电路和带开关控制的分流电阻均衡电路，如图 3-3 和图 3-4 所示。

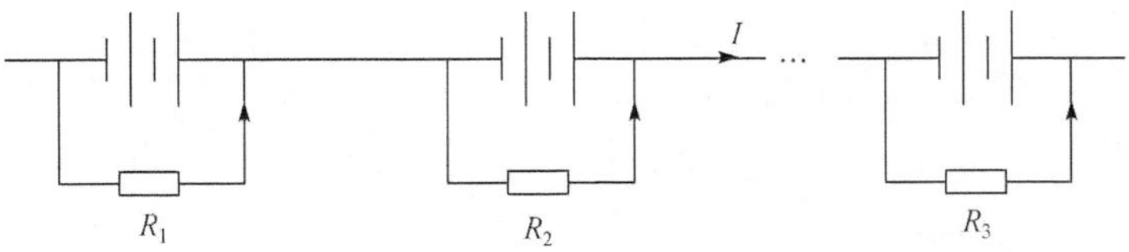

图 3-3　恒定分流电阻均衡电路

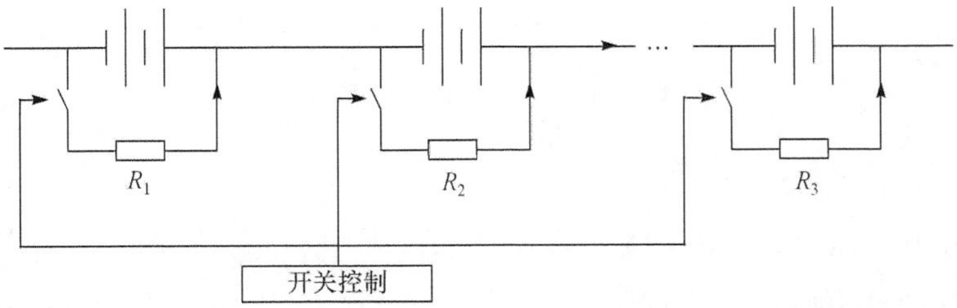

图 3-4　带开关控制的分流电阻均衡电路

3.3.2　能量非耗散型均衡控制

该方式主要是利用电容、电感等储能元器件或者 DC/DC 变流器等方式达到能量转移的目的。根据采用的能量转换器件不同，可分为能量非耗散转移均衡法和能量非耗散转化均衡法。

(1) 能量非耗散转移均衡法

均衡控制电路一般采用电容、电感等储能元器件完成能量的转移，采用该方式可以把电池组中容量高的单体电池的能量转移到容量较低的电池上。这种方式能量效率高，相邻电池间均衡速度快，突破了以往首尾均衡时间较长的弊端，但该种控制方式较复杂，需要优化控制策略和高处理芯片，如图 3-5 所示。

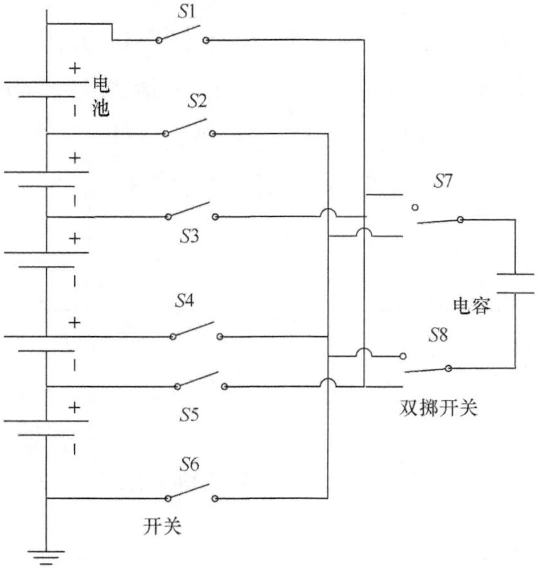

图 3-5　能量非耗散均衡框图

(2) 能量转换式均衡

通过开关信号，由电池组整体向单体电池进行补充，或者由单体电池向电池组通过同轴线圈进行能量转换。利用常见的电源变换电路作为拓扑基础，采取分散或集中的结构，实现单向或双向的充电方案，可以分为单向 DC/DC 变换器和双向 DC/DC 变换器，如图 3-6 所示。

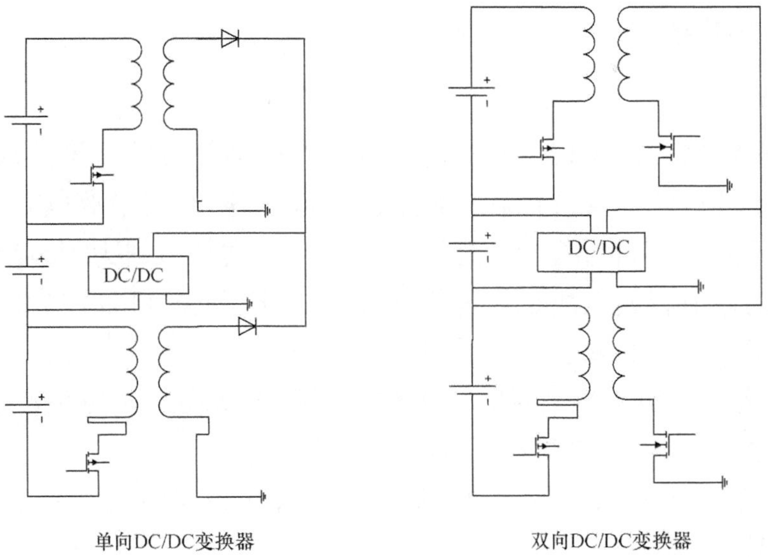

图 3-6　能量转换式变换器

3.4　SOC 估计技术

电池储能技术能够有效提高电能质量和新能源并网比重，同时逐步降低汽油等燃料在汽车领域中的应用。如何合理使用电池，充分利用电池中的能量，延长电池的使用寿命，是其进一步发展中所必须解决的问题。电池在使用过程中存在不可避免地存在容量的变化，为了更好地量化电池容量的变化，提出电池荷电状态的概念，荷电状态(state of charge)是电池储能系统控制与管理的基础[4,5]。荷电状态的准确估算不仅可以有效预防过充和过放，而且是电池储能系统能量平衡的基础[6,7]。如何准确估算电池荷电状态，提高电池利用率，达到延长寿命和增强安全性的目的，是长期困扰学术界和研究者的具有挑战性的问题[8]。

根据荷电状态估算模型主要的测量参数主要可以分为电压模型、电流模型、电阻模型、智能算法模型和混合模型。

3.4.1 电压模型

(1) 放电法

放电法通常用于校正所提出荷电状态的估算方法。该方法主要是使用较小的电流倍率进行放电直至截止电压,同时记录放电时间,电池容量等于放电时间与放电电流的乘积。SOC 估算值即为剩余容量与额定容量的比值。放电法是最可靠的 SOC 估算方法,可以作为评估各种 SOC 估算算法的标准,但也存在明显的缺陷。

① 大量的实验测量时间。无法实现荷电状态的实时估测,需待放电试验结束后,才可得到各时刻的 SOC 值。

② 若使用放电法估测荷电状态,必须停止原先的电池工况,且转入恒流工况。

因此,放电试验法并不适用于运动工况下的储能装置,但可用于电池储能装置的检修和电池模型参数的确定。

(2) 开路电压法

开路电压法的理论依据是电池长时间静置条件下,其端电压与 SOC 存在某种确定的函数关系。开路电压法通过测量电池端电压,结合查表法得到 SOC 估算值。这种方法的主要优点是简单方便,放电末期估测效果较好。由于极化效应的作用,电池两端电压在充电结束或放电结束后存在明显的不足。

① 松弛效应的影响。电池需要经过较长时间静置状态,才能准确测量得到电压稳定状态。

② 静置时间如何确定。由于锂离子电池的放电过程中大部分阶段是平缓的一条曲线,造成了估测难度,易导致 SOC 误差。尤其是,对于充电和放电状态下,两条曲线的差异尤其明显。在放电末期,开路电压法估算 SOC 的效果较好。

综合考虑,开路电压法只适合静置状态下电池,不适于动态估算 SOC。Roscher 和 Sauer[9,10]关注了众多的锂离子电池放电特性,主要包括动态滞回特性和特定的开路电压松弛效应,并且基于状态参数估算方法给出了评价细则。

(3) 负载电压法

在电池开始放电的初始状态,电池电压会迅速地从开路电压状态切换进入负载电压状态,在负载电流保持不变的情况下,负载电压随 SOC 变化的规律与开路电压法十分相似。

图 3-7 是电池零负载电压模型,当电流流过负载时,负载两端的电压即为开路电压。此种方法简便易用,同时也弥补了开路电压法需要等待较长时间的重大弊端。

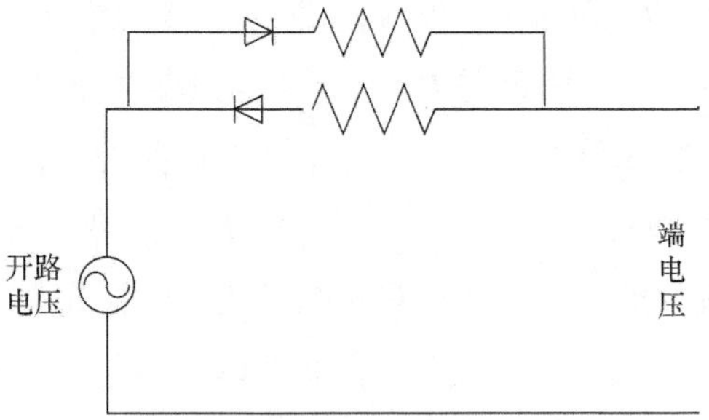

图 3-7　电池零负载电压模型

负载电压法适用于恒流工况下电池组 SOC 估测,一般用来作为电池充放电截止的判断依据[11]。在实际应用过程中,电流变倍率工况将导致端电压电压频繁波动,这将给负载电压法的实际工况应用带来艰巨的任务。

3.4.2　电流法

(1) 安时积分法

安时积分法是最常用的 SOC 估算方法[12-15]。基本计算方式是剩余电量与额定电量之间的比值。其中,剩余电量为初始电量与消耗电量之间的差值,消耗电量等于放电电流与放电时间的乘积。一般规定,放电为正值,充电为负值。在实际应用中,安时法用法简单,因此得到广泛应用,即

$$\mathrm{SOC} = \mathrm{SOC}_0 - \frac{1}{C_N}\int_0^t \eta I\,\mathrm{d}t \tag{3-1}$$

其中,C_N 为额定容量;η 为充放电效率;I 为电池电流。

安时积分法的主要缺点是,初始 SOC 无法准确估算;传感器精度不够,易引入电流误差,造成误差积累,导致较大误差出现,最终引起 SOC 估算值偏离真实值。

对于纯电动汽车而言,电池充电-放电工况会存在满充满放状态,充电过程大部分为恒流恒压充电。因此,当电池组恒流恒压充电达到一定能量状态时,会存在一个相对稳定的可允许的最大电压值,若充电效率较高,可以默认此值即为 SOC 100%。该方法的一个优点是,当一个充放电周期结束时,在周期内累计的误差会随着下一个充放电周期的初始值标定而清零。随着充放电工况次数的增加,电池老化特性不可避免,电池充放电效率和电池可承受的电流倍率将逐步降低。该方法在储能装置频繁使用过程中的误差会呈增大趋势。

对混合动力汽车而言,电池基本始终处于浅充浅放工况,即电池的荷电状态自始至终基本处于某一范围之内(一般在 30%~70%),这造成了初始荷电状态标定的困难,进一步加剧了误差修正的难度。该技术在日本本田公司和德国宝马股份有限公司的新能源汽车上均有应用[16,17]。

(2) Peukert 方程

1898 年,Peukert 为了解不同放电倍率下铅酸电池容量提出 Peukert 方程。该方法首先需要进行两个不同电流倍率工况下的放电实验,利用实验过程中的电流和时间,确定 Peukert 方程中的重要系数 k 和 n,然后根据常数 $C=K\times I^{(1-n)}$ 可以计算任意电流下电池的可用容量[18,19]。

3.4.3 电阻模型

电阻模型估算荷电状态主要有内阻法和电化学阻抗测试两种方法。1979 年,Gopikanth[20]首次提出基于电阻与荷电状态间的函数关系,建立 SOC 估算算法。随后,众多研究者和技术人员又逐步进行了改进[21-24]。电阻法是基于电池充放电中,电阻与其容量呈一定数学函数关系。

在接近于电池截止电压区域时,电阻模型具有很高的估算精度和电池适应性。但是，该方法只考虑放电电流和内阻两个方面，对环境温度等因素并没有涉及。另外，交流阻抗在测试中的主要目标是得到，不同反应频率下的阻抗值。但是，汽车在使用过程中存在频繁的启停，以及加速和减速，很难固定在某一恒定的工况频率下，因此这种方法很难适合电阻值波动较大工况下的电池组。在电化学阻抗谱中[25]，表明电池荷电状态与过程阻力特性（传输模型中的串联电阻和电容的比值（R_i/C_i）表征）有单调关系。

3.4.4　智能算法

（1）卡尔曼滤波算法

卡尔曼滤波算法主要是对系统的最小方差做最优估算，对系统的噪声信号进行自我修正。卡尔曼滤波在进行荷电状态估算时，将其看做电池的一个内部状态，利用滤波器和滤波增益构成的递推算法实现最小方差估算。递推算法根据系统输入变量的统计特性进行规则化的递推运算，得到滤波增益和估算误差，其状态空间表达式如式（3-2）和式（3-3）[26]，流程如图 3-8 所示。

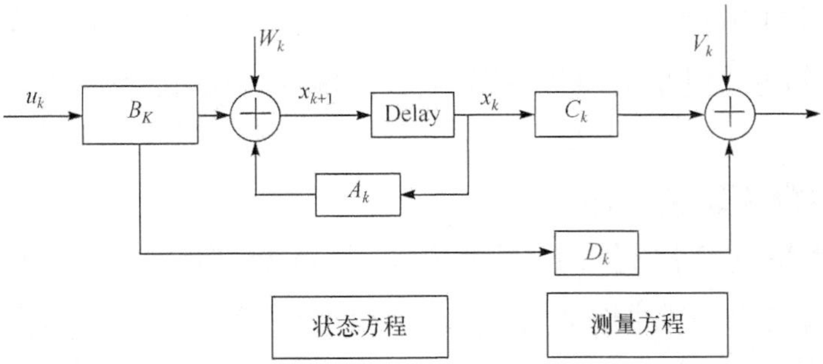

图 3-8　卡尔曼滤波框图

卡尔曼滤波算法用于电池荷电状态估算主要是结合电池模型及安时积分法。首先，通过实验方式确定电池模型的参数；然后，调整电池模型及安时积分法的权重，实现荷电状态的实时估算。在卡尔曼滤波的基础上，研究人员又提出扩展卡尔曼滤波的方法估算荷电状态[27,28]。

卡尔曼滤波算法在荷电状态估算应用中最大的难点是其估算精度

过度依赖电池模型。因此,如何有效选择并确定合适的电池模型是才是算法成功应用的关键,模型精度的高低将直接决定着两种滤波算法估算的精度。另外,卡尔曼滤波算法需要选择恰当地电池模型和处理器,来完成大量的数据运算的任务。

状态方程,即

$$x_{k+1}=A_k x_k+B_k u_k+w_k \tag{3-2}$$

测量方程,即

$$y_k=C_k x_k+D_k u_k+v_k \tag{3-3}$$

(2) 人工神经元网络算法

电池荷电状态是一个严重非线性的实时参数,目前尚未发现有准确反映其主要影响因素的数学模型,然而人工神经元网络的"黑盒子"特性恰好能准确反映电池上述特性。在电池的使用过程中,存在一定程度的信号干扰和外部参量的动态波动。该算法可以充分发挥其学习能力强和并行计算结构的优势,实时估算 SOC 值。

人工神经网络法适用于各种类型的电池,但是在该算法中需要恰当考虑输入变量和变量的数目,因为这些输入量都将直接影响到实时 SOC 估算的准确性。该算法往往选择工程应用中较易获得的参量,如开路电压、温度、电流倍率等关键参量,输出基本都是实时工况下的荷电状态[29]。

(3) 模糊逻辑估算法

模糊逻辑估算法是一种基于模糊逻辑推理的电池 SOC 估算的方法[30,31]。首先,将电池输入变量电压和温度等主要参数变量进行模糊化处理,即根据电池电压和温度适用范围划分成对应的模糊子集,并确定主要参数对应的隶属函数;然后,根据以往的大量历史实验数据设计对应的模糊规则,从而进行模糊推理,准确估算电池 SOC 值。模糊逻辑估算法的缺点是需要大量的历史实验数据。

3.4.5 混合算法

随着电子技术的不断发展,荷电状态混合算法逐渐成为现代方式的一种估算策略。YAN 等[32]认为储能元件电池在实际使用过程中要频繁的遭受非零平均噪声信号的干扰,因此传统电流积分法和卡尔曼滤波估算方法均不能达到理想的估算精度。于是,他们提出在电动汽车启动时,通过 OCV-SOC 曲线取得真实的初始荷电状态状态数值,随后利用数学公式计算出系统平均噪声,利用新型在线自适应算法改进安时积分法和卡尔曼滤波混合算法,以此提高在有噪声环境中电池荷电状态的估算精度。Plett[33]利用 Sigma 点卡尔曼滤波算法(SPKF)进行快速时变参数和慢速时变参数的预测,并且建立了基于预测误差的概率密度函数,分析了电流积分法局限性。Milocco 以镍氢电池为研究对象,建立包含 Ni 和 MH 电极扩散过程和电极反应动力学的电化学模型,并且把该模型简化为只包含线性时不变动态模型和静态非线性的级联。静态非线性逆变器和卡尔曼滤波器解决了 SOC 非线性估算的难点[34]。Tian[35]将电池的工作状况区分为静止、恢复、充放电三种状态,分别对三种状态进行 SOC 估算。在估算过程中,分散并消除影响 SOC 估算精度的主要影响因素。尤其是,在充放电状态下,使用以库仑效率因子为基础的动态恢复量对安时计量法进行改进,以此显著提高了估算精度。

Sun 等[36]采用自适应无损卡尔曼滤波(adaptive unscented Kalman filtering)实现荷电状态的估算,其中在荷电状态估算过程中采用协方差匹配的思想,实现噪声协方差的自适应调整。Feng[37]通过对电动汽车常用的铅酸动力电池高电流变流放电实验数据与特性的研究,建立以能动势和计算等效内阻为基本参数的电池动态模型,并得到当放电电流大于某一特定临界电流时电池等效内阻趋于稳定的规律。基于这一重要规律,建立了以能动势为主要参数依据的电池荷电状态估算方法。该方法在电池高电流放电时,可以仅仅根据放电电流和在线端电压来估算荷电状态。夏晴等[38]基于改进的 Thevenin 等效电路模型建立了电池的状态空间模型,设计了一种可以改善抖动问题的滑模状态观测器. 应用滑模观测器方法进行了荷电状态估算的研究。吴红杰[39]根据 Kalman 最优滤波理论,设计了电池荷电状态 Kalman 滤波递推算法,估算方法考虑电池电压、电流和电池温度,给出了递推计算公式。Wang 等在等效电路微分求解的基础上,建立了一个自适应多参数的电池状态方程，实现 SOC 预估。扩展卡尔曼滤波存在一系列问题，例如缺乏一个准确的模型和由于电池非线性模型中参数变化引起的误差等[40]。林成涛等[41]利用开路电压法、Kalman 滤波法和安时计量法的组合方法估算电池 SOC。

表 3-1 为主要的荷电状态方法在各个企业或高校的研究状况[42]。其中，汽车行业主要采用安时积分法作为荷电状态的估算方法。

表 3-1　国内外主要的荷电状态估算方法

单位	方法	措施
日本本田公司 韩国现代电机公司 美国通用公司 德国宝马公司	安时法	用额定容量减去放电容量、自放电容量及温度补偿之和
清华大学等	开路电压法结合安时法	使用开路电压法估算初始 SOC，使用安时法估算放电容量
日本日立 Maxell 司	安时法和查表法	首先利用查表法建立开路电压与 SOC 的历史数据库，确定初始 SOC，再通过安时法和开路电压法得到的数据进行权重分析，最终得到 SOC 估算值
新加坡电动车辆中心	Peukert 估算	以当前电池电压、电流数据及电池的历史放电曲线为依据对系数 n 进行自适应计算，实现实时的剩余电量估算
美国科罗拉多州大学	卡尔曼滤波法	以模型为基础，消除信号测量中的白噪声
美国普渡大学 香港大学 武汉理工大学	人工神经网络	设计了 SOC 估算器，该估算器以电池包电流、累计安时、电池包温度为输入变量，以 SOC 为输出变量

3.4.6　智能安时积分法

早期的电池荷电状态 SOC 主要使用电池工作过程中的工作电压，

表征电池所处的工作状态。随着现代集成电路技术的发展,仅考虑电压参数已经不能满足估算精度的要求。例如,电动汽车能量系统的良好的控制策略,电池组之间的不一致性,以及为后续能量管理控制策略和动力总成的控制等均需要有良好的荷电状态估算作为支撑。

安时积分法是电池储能领域荷电状态估算中应用最广的一种方式,但也同样面临初始荷电状态难以确定,误差累计等弊端。开路电压法是目前确定初始荷电状态最经济和最简单的方式,从而得到广泛的应用,但其缺乏高精度的初始荷电状态,以及未考虑温度影响等参数,限制了其荷电状态估算精度的进一步提高。

我们首先介绍磷酸铁锂电池充电和放电特性的不一致性。电池充电和放电的曲线不是简单的方向相反的问题,在同一荷电状态下和相同的静置时间工况下,开路电压的差异是较大的,即开路电压的动态滞回特性。从电池极化的角度分析,这是造成动态滞回特性的主要原因。

随后重点考虑开路电压松弛效应引起的静置时间问题,寻求探索提高动态滞回特性下 SOC 估算精度的方法。开路电压法是最早被广泛应用的一种荷电状态 SOC 估算方式,因其操作和应用简单,在工业中存在大量的应用。开路电压法最显著的缺点是需要较长的静置等待时间,等待极化特性消失,以获取稳定的开路电压,这加剧了电压测量的困难,而且静置等待时间如何确定也是一个关键的问题。我们将在双极化电池模型(double polarization model,DP)基础上分别用系统辨识和动态特性分析的方式,寻求解决如何确定静置时间的问题。

为进一步提高初始荷电状态估算精度,研究同一荷电状态下,开路电压随温度的变化状况,以及电流对端电压的影响,建立初始荷电状态与端电压、电流倍率、温度和静置时间的公式。

工业界通常认定荷电状态 SOC 为剩余电量 $Q_{\text{releasable}}$ 与额定容量 Q_{rated} 之间的百分比。磷酸铁锂电池剩余容量是指电池充电或放电过程中,电池的可用电量的百分比。额定容量一般指的是常温环境下电池的容量,即

$$\text{SOC}=\frac{Q_{\text{releasable}}}{Q_{\text{rated}}}\times 100\% \tag{3-4}$$

在电池充电和放电的过程中，通常认为电流的方向是，放电为正、充电为负。安时积分法认为电池使用过程中消耗的容量 $Q_{\mathrm{consumption}}$ 为电流与负载作用时间 t 的乘积，即

$$Q_{\mathrm{consumption}}=\int_{t_0}^{t_0+t} i\mathrm{d}t \tag{3-5}$$

因此，若不考虑电池充放电效率，以及电池老化等特性时，并且假定电池满容量时候放电，此时电池的荷电状态可以表征为

$$\mathrm{SOC}=\frac{Q_{\mathrm{releasable}}}{Q_{\mathrm{rated}}}\times 100\%=1-\frac{\int_{t_0}^{t_0+t} i\mathrm{d}t}{Q_{\mathrm{rated}}}\times 100\% \tag{3-6}$$

在实际使用过程中，电池并非经常从满容量或者无容量时候开始使用，而且电池容量也不可能具有百分之百的转化率。因此，就提出初始荷电状态SOC_0 和电池转化效率 η 的问题。电池转化效率通常是指电池放出的电量与电池被充进电量的百分比。荷电状态与初始荷电状态关系如图 3-9 所示。

$$\eta=\frac{Q_{放出}}{Q_{充入}}\times 100\% \tag{3-7}$$

$$\mathrm{SOC}=\mathrm{SOC}_0-\eta\frac{\int_{t_0+t}^{t_0+t} i\mathrm{d}t}{Q_{\mathrm{rated}}}\times 100\% \tag{3-8}$$

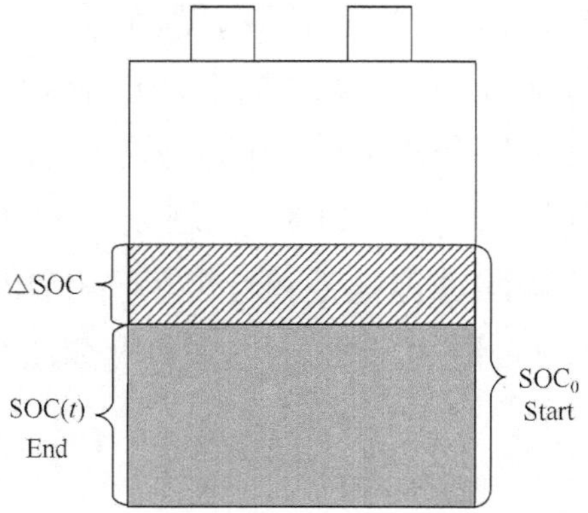

图 3-9　荷电状态与初始荷电状态关系

3.5　SOC 估算主要影响因素

3.5.1　电池开路电压动态滞回特性

电池开路电压受电化学反应过程中的电化学极化和浓度极化影响较大，导致电池处于开路状态时，相同的静置时间工况和相同 SOC 点下，充电结束后的开路电压显著高于放电结束后的开路电压，这就是电池的动态滞回特性。电池的动态滞回特性与欧姆极化（电阻极化）、电化学极化和浓差极化的存在有紧密联系，给电动汽车等储能系统使用开路电压法估算电池 SOC 带来了困难。极化内阻越大，动态滞回特性越明显，因此电动汽车或储能电站等在短暂电流中断情况下，若使用开路电压法估算荷电状态，需要仔细考虑动态滞回特性的影响。Lu 等[43]针对镍氢电池做了较多的滞回特性研究，为锂离子电池的动态滞回特性研究提供了指导。

3.5.2　温度

温度是荷电状态估算中不可回避的一个关键因素，直接影响着锂离子电池运行工况下的容量和材料活性[44]。适当的提高电池温度，可以增强其容量和材料的活性。温度与电解液黏稠度呈反比关系，与锂离子的扩散和迁移运动呈现正比例关系，因此适当的环境温度和电池温度可以提高电池实时容量。过高的温度会导致氧气析出，甚至发生电池膨胀的现象，因此在电池储能装置使用过程中，要注意电池的温度状况。在实际使用中，磷酸铁锂聚合物电池的充放电工作温度范围为 0～45℃。目前，科研工作者针对电池温度特性取得了一些显著的研究成果[45-47]，研究发现 －20℃ 时锂/石墨半电池的容量仅仅是 25℃ 的 10％，这一成果在 LiPF6 和 LiBF4 电池中仍然成立[48]。

以此来检验是否达到标准，即

$$C_{t_1}=\frac{C_{t_2}}{1+K(t_2-t_1)} \tag{3-9}$$

其中，C_{t_1} 为温度为 t_1 时的容量；C_{t_2} 为温度为 t_2 时的容量。

3.5.3 电池老化

电池在使用过程中不可避免地会存在老化的问题。在使用过程中，电池受到环境温度、湿度，以及充放电倍率等因素的影响，会呈现一定的老化问题，而且随着循环次数的增加，老化程度会呈现指数增加趋势，电池容量也会受到一定影响。在荷电状态估算中，若不能很好地考虑电池老化问题，仍按常规电池容量进行估算，会导致误差逐渐增大。

20 世纪 90 年代后期，人们开始逐渐关注锂离子电池老化的问题，但锂离子电池名目繁多，且不同类型的内部结构和组成成分差异较大，很难适用于普适性的研究理论。电池老化课题基本是围绕着容量衰退和电池内阻增大两个方面进行展开研究[49,50]。

电池老化机理复杂，材料参数、储存和循环条件等都会影响其循环寿命和工作性能。普遍认为，锂金属氧化物结构的变化、负极空隙变化，以及黏结剂的分解会造成容量的衰减，正极中非活性成分黏结剂分解、导电体氧化、集流体腐蚀，负极 SEI 增厚等会造成内阻的显著增加。

在工业应用中，通常把电池寿命定义为电池容量衰减到新电池容量 80%[51,52]。当电池老化以后，安时积分法的容量特性要做出相应的调整和改变，但影响不会很大。对于依靠模型算法的人工神经网络算法和卡尔曼滤波算法，因为其建立的电池模型的参数已经随着老化而改变，所以影响会较大，成组后电池不一致性导致老化轨迹的差异，会进一步降低模型的适用性。电池老化后的 SOC 实时修正对于完善电池管理系统和延长电池组的寿命具有重要意义。

3.5.4 电池自放电

电池自放电是指在一定的环境工况下，电荷的存储能力。锂离子电池自放电的主要影响因素包括负极主要是石墨性能影响；电解液方面主要受水分和酸度的影响；正极主要受杂质的影响。自放电损失的能量可以分为可逆和不可逆两类。前者主要是发生可逆的放电过程，主要的电子路径是电解液，反应速度缓慢，主要是因为负极驱使锂重新嵌入到正极中和电极的溶解。后者主要是因为正极与电解液、负极与电解液,以及电解液自身杂质所引起的不可逆反应,还存在因空气中粉尘或者制成时极片、隔膜上的金属粉末造成的内部微短路。

3.5.5　充放电倍率

电池在使用过程会存在一定的充放电电流倍率,电池内部构造决定了活性物质沿着电极厚度的作用深度。在不考虑其他工况的前提下,电池容量会随着放电电流倍率的增加而降低。当进行高电流倍率放电时,电池内部活性物质在电极厚度方向上的反应并不充分,活性物质并不能得到充分作用,因此工况环境下表现为容量减小。另外,电流倍率也将直接影响到瞬间充电或放电工况下的初始充电或放电电压。放电时,高电流倍率下的起始电压要远远低于低电流倍率,充电时刚好相反。在高电流倍率下,锂离子容易在电极表面形成枝晶,极化严重,并且 SEI 膜在大倍率下容易破碎并连续生长,锂离子在电解液及电极界面造成扩散的不平衡状态,极易造成锂沉淀,导致容量衰减[53]。

高倍率充放电下,有效提高电池性能的主要措施包括有效减小极片面密度有助于缩短锂离子活动路径;增高隔膜纸的孔洞有助于减小阻力;提高电解液中的离子电导率,适当增加添加剂等均有助于提高高倍率下电池性能[54]。这些措施只能保证在一定程度上提高电池高倍率放电下的性能,寻求突破性的电池负极材料可能是真正的解决方案。

3.6　初始荷电状态估算

3.6.1　荷电状态与端电压之间的关系

荷电状态在线估测是储能装置功率分配的重要依据。开路电压法是利用荷电状态和稳态端电压之间的固有关系的一种策略[55,56],主要依据是电路电压与能量消耗成一定的比例。开路电压主要是表征电极处于稳态下,正极和负极之间的稳定电位差。电极的平衡电位主要依赖于温度和电解质中活性材料的比重,活化能通常利用 Nernst 方程计算得到[57]。在电流切断瞬间并不能表征电池本身所处的工况,因为此时电化学极化、浓度极化的消失仍然需要一定的时间，这主要是因为固相粒子的松弛效应。事实上，短暂的放电结束后，由于超电势和电池内部浓度梯度的存在，端电压会逐渐攀升一段时间，并最终趋近于稳定。

电池脉冲放电实验过程如下。

① 将电池按照恒流 0.3C 充电模式，充电至饱和电压 3.65V。

② 恒压 3.65V 模式充电，直至电流小于 0.02C，以保证实验电池处于完全的容量饱和状态。

③ 电池按照 0.3C 恒流放电倍率放电，每次只放掉容量的 10%。

④ 停歇半小时以上，让电化学极化和浓度极化充分消失。

⑤ 重复步骤③和④，直至达到截止电压。

较小的电流倍率有助于消除滞回特性和电阻的影响，可以最大限度地减小电压的动态波动[58]。图 3-10 描述了室温下开路电压与荷电状态之间的函数关系，精度试验也验证了此种方式的高精度。

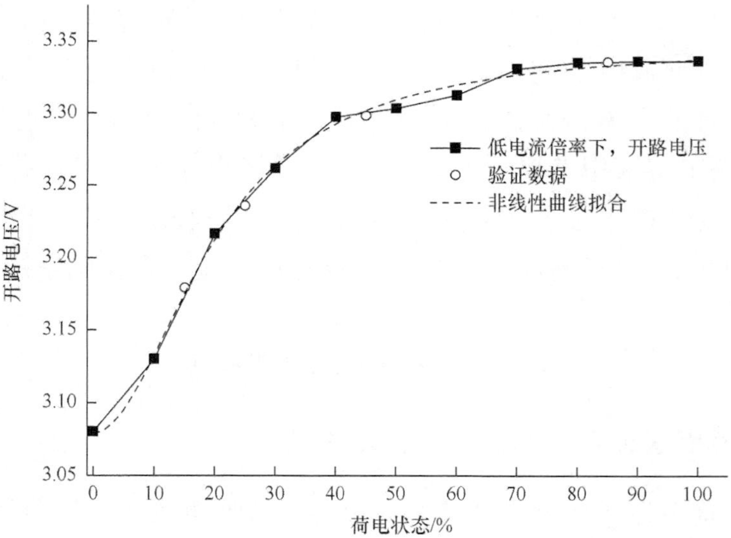

图 3-10 放电工况下，开路电压与荷电状态关系图

在研究过程中，我们提供了荷电状态 SOC 与电池开路电压之间的 Logistic 函数关系。Logistic 函数恰当的表征了两者之间的数学关系，如式(3-6)所示。在式(3-10)的表征公式中，b 表征了拐点因子，功率因

子 p 表征过拐点处 b 做一条斜率曲线后的面积。在放电实验过程中，开路电压与 SOC Logistic 函数关系式中，数值 b 和 p 分别为 20.1215 和 1.9703。非线性拟合曲线的拟合度高达 99.7%。

$$U=\frac{U(\mathrm{SOC}0\%)-U(\mathrm{SOC}100\%)}{1+\left(\frac{\mathrm{SOC}_0}{b}\right)^p}+U(\mathrm{SOC}100\%) \tag{3-10}$$

3.6.2　初始荷电状态与静置时间关系

电池开路电压是一种有效的且经济的初始荷电状态估算方式，但是利用电池开路电压估算初始荷电状态时，需要面对两个主要问题。

① 开路电压需要多长时间可以达到稳定状态。

② 达到稳定后，开路电压的动态滞后效应如何考虑加入到 SOC 估算。

这两个难点也是影响开路电压法应用过程中需要面对的。

1. 磷酸铁锂的二阶双极化电池模型

SOC 估算的电池模型主要有电路模型和电化学模型。电路模型主要分为 Rint 模型、RC 模型、Thevenin 模型和双极化模型等。电化学模型主要分为稳态特性模型和动态特性模型。这些模型基本都是针对电池电化学特性或浓度极化特性的反应，采用不同电路元器件之间的组合，目的是达到较高精度的稳态和暂态电压工况，以及容量变化特性的估算。如何准确的估算电池的开路何时达到稳定状态，引起了众多科研工作者和工程师的关注。传统的电池模型虽然基本都是由电阻、电容，以及恒压源等构成，但不同的结构表征的参数差异也很大。

我们选用可体现电池本身电化学特性和浓度特性的二阶双极化电池模型，相比 Rint 和 Thevenin 模型，它本身能较好的模拟和分析电池的瞬态和稳态响应，与 PNGV 等模型相比，又具有结构形式简单，结构参数少且易于辨识的优点。因此，在电池的响应分析中，二阶双极化模型得到了广泛的应用

二阶双极化电池模型如图 3-11 所示，反映电池充放电过程中的电

化学极化和浓度极化特性对电池开路电压的影响。R_o表征电池的欧姆电阻，即电流切换瞬间即可有响应的部分；电化学极化电容 C_k 和电化学极化电阻 R_k 的并联支路表征电池的电化学极化过程，V_k 为两者构成的回路电压；浓差极化电容 C_d 和浓差极化电容 R_d 的并联支路表征电池的浓差极化过程，V_d 为两者构成的回路电压；V_{oc} 表征电池电动势，即电池正极和负极处于平衡状态时两者之间的电位差；V_t 为电池端电压，I 为电池放电电流方向，规定放电为正值，充电为负值。

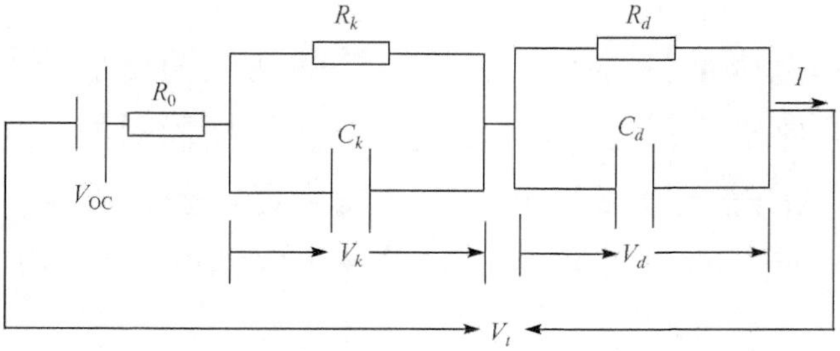

图 3-11　二阶双极化电池模型

2. 松弛效应时间的确定

二阶双极化电池模型可以恰当地表征充电和放电过程中的极化行为。为了更好的理论估测电池的电化学极化和浓度极化消失的时间，外在表征是电池的开路电压在放电静置阶段或者充电静置阶段随时间的推移基本保持稳定。

根据自动控制理论中的二阶系统时域分析理论分析可知，二阶双极化模型图 3-5 的输出与输入之间的关系可以表征为

$$V_t(s)-V_{oc}(s)=-I(s)\left(R_o+\frac{R_k}{1+R_kC_ks}+\frac{R_d}{1+R_dC_ds}\right) \tag{3-11}$$

定义电压 E 为开路电压与端电压之差，即

$$E=V_{oc}-V_t \tag{3-12}$$

那么，式(3-8)的开环传递函数可以表述为

$$G(s)=\frac{R_os^2+b_1s+b_2}{s^2+b_3s+b_4} \tag{3-13}$$

其中，式(3-13)中的主要参数描述如下，即

$$\begin{cases} b_1=\dfrac{1}{\tau_k\tau_d}(R_o\tau_k+R_o\tau_d+R_d\tau_k+R_k\tau_d) \\ b_2=\dfrac{R_o+R_k+R_d}{\tau_k\tau_d} \\ b_3=\dfrac{\tau_k+\tau_d}{\tau_k\tau_d} \\ b_4=\dfrac{1}{\tau_k\tau_d} \\ \tau_k=R_kC_k \\ \tau_d=R_dC_d \end{cases} \tag{3-14}$$

在开环传递函数确定的情况下，二阶双极化电池模型的闭环传递函数可以表征为

$$\Phi(s)=\frac{G(s)}{1+G(s)}=\frac{\dfrac{1}{1+R_o}(R_os^2+b_1s+b_2)}{s^2+\dfrac{b_1+b_3}{1+R_o}s+\dfrac{2b_4}{1+R_o}} \tag{3-15}$$

假设在上述二阶双极化电池模型的闭环传递函数的零点和极点没有公约数，只有实数零点，并且假定电池充电和放电结束时为单纯的阶跃响应。将上述闭环传递函数进行拉普拉斯变化，可得其输出为

$$C(s)=\Phi(s)\cdot\frac{1}{s}=\frac{\Phi(0)}{s}+\frac{B_0s+C_0}{s^2+\dfrac{b_1+b_3}{1+R_o}s+\dfrac{2b_4}{1+R_o}} \tag{3-16}$$

将上述方程式进行拉普拉斯反变化，可得其时域表达式，即

$$\begin{aligned} c(t) = \Phi(0) &+ \sum_{k=1}^{r} B_0\exp\left[-\frac{b_1+b_3}{2(1+R_o)}t\right]\cos(D_0t) \\ &+ \sum_{k=1}^{r}\frac{C_0-B_0(b_1+b_3)/2(1+R_o)}{D_0}\exp\left[-\frac{2b_4}{1+R_0}t\right]\sin D_0t \end{aligned} \tag{3-17}$$

$$D_0=\sqrt{\frac{2b_4}{1+R_o}\left[1-\left[(b_1+b_3)\sqrt{\frac{1}{8b_4(1+R_o)}}\right]^2\right]},\quad t\geqslant 0 \tag{3-18}$$

分析上述的二阶双极化电池模型的时间响应可知，该系统主要由一系列的指数函数或模态因子构成，模态因子决定了各个响应部分所占的比重。但是，模态因子也是由该系统的零点和极点共同所决定的。这里主要研究磷酸铁锂电池的松弛效应的瞬态响应，而极点是决定系统动态响应的主要因子，因此重点关注点是闭环传递函数分母的解，即极点。

由二阶双极化电池模型的闭环传递函数知，该系统的阻尼比 ζ 可以表征为

$$\zeta=\frac{\tau_1+\tau_2}{2}\sqrt{\frac{1}{\tau_1\cdot\tau_2}} \tag{3-19}$$

由电池响应曲线可知，二阶双极化电池系统的阻尼比显著大于 1。但是，二阶过阻尼系统的调节时间主要由极点决定，假设二阶双极化电池系统的极点分别为 $-1/T_1$ 和 $-1/T_2$，如式(3-20)。假设 $T_1 \geqslant T_2$，则

$$s^2+\frac{b_1+b_3}{1+R_o}s+\frac{2b_4}{1+R_o}=(s+T_2)(s+1/T_1) \tag{3-20}$$

此时，根据闭环传递函数(3-16)解析出相应的无因次的调节时间 t_s/T_1。为更好地了解磷酸铁锂电池在不同阻尼比下，t_s/T_1 与 T_1/T_2 之间的函数关系，建立了如图 3-12 所示的函数关系图。由此可知，在阻尼比刚刚大于 1 的时候，t_s/T_1 与 T_1/T_2 的比值为 4.75，然而到阻尼比为 1.5 时候，这个比值就迅速下降到 3.2 左右了。因此，阻尼比是影响调节时间的重要因素。拟合结果显示了 t_s/T_1 与 T_1/T_2 的曲线符合 Expassoc 函数，即

$$\begin{aligned} t_s/T_1 =& 11.956-0.52333(1-\exp(-5.56T_1/T_2)) \\ & -8.3974(1-\exp(-0.531T_1/T_2)) \end{aligned} \tag{3-21}$$

为更好地了解调节时间对开路电压静置工况下的特性，我们选择阻尼比为 1 时候，t_s/T_1 与 T_1/T_2 的比值 4.75 为关联系数，为后续说明方便，式(3-19)标识为 t_{s1}。在工程试验中，根据电路学相关知识和时间常数的物理意义，也可以采用另外一种简单的方式，即

$$t_{s1}=4.75\,\frac{\sqrt{\tau_1\cdot\tau_2}}{\zeta-\sqrt{\zeta^2-1}} \tag{3-22}$$

$$t_{s2}=(4\sim5)\tau \tag{3-23}$$

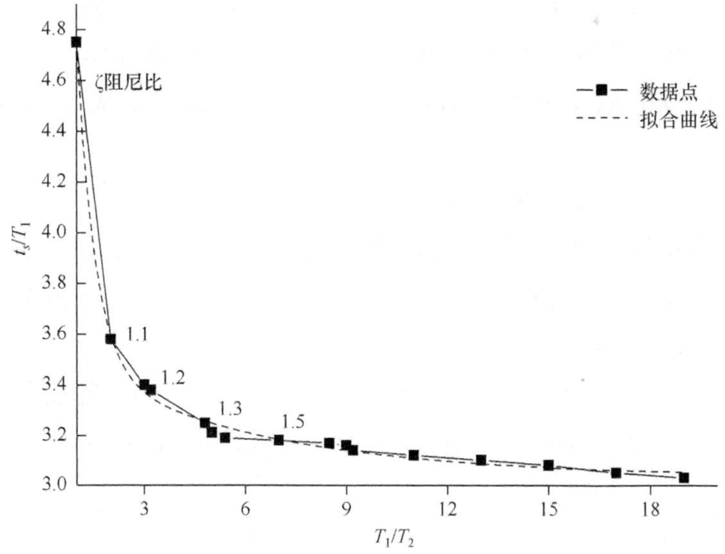

图 3-12　过阻尼系统调节时间特性

3. 电池模型系统参数辨识

磷酸铁锂电池的充放电过程中夹杂着复杂的电化学动力学等，而且其具备非线性时变特性[59]。这些特点进一步加剧了模型参数获取的困难，我们采用脉冲充电和脉冲放电的激励响应特性进行研究。计算出所需要的关键性参数 R_0，R_k，R_d，C_k，C_d 的数值，随后根据相关的数据估算电池所处的工况，完善相关参数对电池的影响。由于充电和放电工况下的参数辨识方法基本相同，下面以脉冲放电过程为例进行参数辨析。

在电池正极和负极两端无电流流过时，电池端电压呈现缓慢上升的趋势，随着时间的延长，其电压逐渐稳定于某一数值。这段电压逐渐攀升的电压线是因为储能元器件通过各自的回路对电阻的放电的一个过程。在此放电停歇过程中的零输入响应可表达为

$$V_t=V_{oc}-V_{k_0}e^{-t/\tau k}-V_{d_0}^{-t/\tau k} \tag{3-24}$$

放电静置阶段的电压逐渐攀升曲线，储能元器件依靠存储的电量进行释放，导致端电压的不断攀升。辨识过程中把需要求取的数值

V_{k0}、V_{d0}、τ_k、τ_d 当做待定系数，结合最小二乘算法求取上述待定系数。

上述方法可以求取得到 V_{k0}、V_{d0}、τ_k、τ_d，但得不到我们需要的电池模型关键参数，即两个电阻电容并联支路的参数 R_k、R_d、C_k、C_d。这些参数的求取也类似于放电静置阶段部分，此时属于零状态响应，电压变化形式为

$$V_t = V_{oc} - IR_0 - IR_k(1-e^{-t/\tau_k}) - IR_d(1-e^{-t/\tau_d}) \tag{3-25}$$

根据前面放电静置阶段的两个时间常数，以及实验的实测值再结合最小二乘算法，即可得到所需要的 R_k 和 R_d，根据时间常数与电阻之间的关系，即可得到所需的电容部分数值 C_k 和 C_d。

主电路中的 R_0 只需要计算电压突变时候电压降与加载电流的比值，即可得到欧姆电阻 R_0。电池模型参数辨识流程如图 3-13 所示。

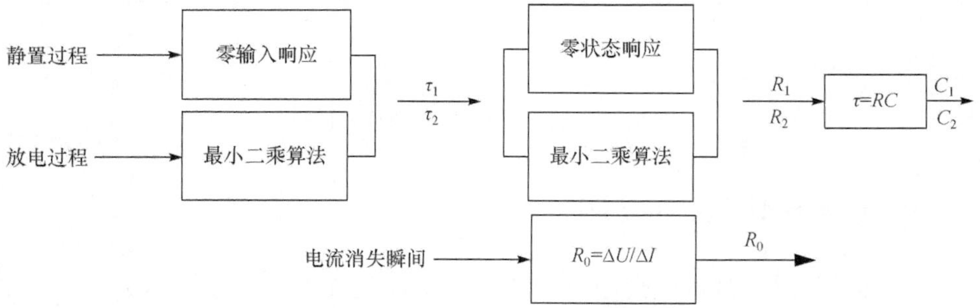

图 3-13 电池模型中的参数辨识流程

3.6.3 初始荷电状态与开路电压关系

为充分研究荷电状态 SOC 与开路电压、静置时间的相互关系，可以采用额定容量 20Ah，额定电压 3.20V 的磷酸铁锂电池单体进行如下实验。

在常温环境 25℃条件下，磷酸铁锂电池以 0.3C 电流倍率进行脉冲放电实验，每次放出容量 2Ah，即对应 SOC 减少 10%，然后停歇 30 分钟，共 10 次，并采用数据采集器记录 SOC 数值从 90%～10%九个点处，开路电压随静置时间的延长下的变化。

图 3-14 为脉冲放电工况下，分别停歇时间为静置 5s、1min、5min、15min 和 30min 状态下，电池端电压与荷电状态 SOC 之间的关系曲线。

从图 3-14 可以清晰地看到，电池两端无电流流过，即切断电流 5s 后的电池端电压与荷电状态 SOC 之间的函数关系曲线在最下方，而停歇 30min 下的电池端电压与荷电状态 SOC 之间的关系曲线在最上方。由此可以根据二阶双极化电池模型估算，在电池内部的电化学极化和浓度极化未完全消失的工况下，电池的端电压将随着静置时间的延长而逐渐上升，并在某一时间点达到平衡状态。因此，在磷酸铁锂电池在远远未达到稳态工况下，需充分考虑静置时间对电池端电压的影响。对于不同静置时间的工况，应该使用不同的关系曲线进行恰当地估算。

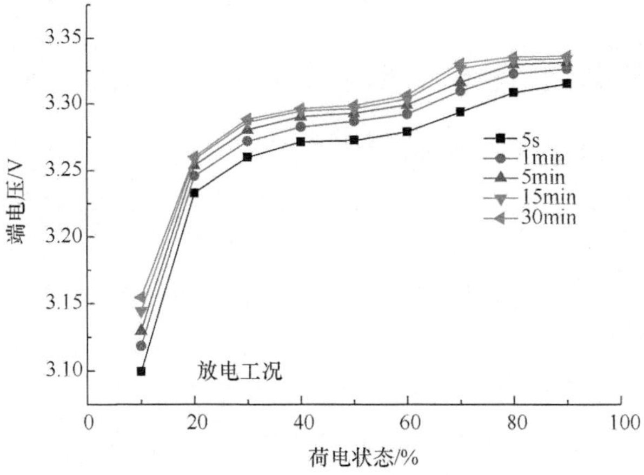

图 3-14　放电工况下电池端电压与荷电状态之间关系

由图 3-14 可知，磷酸铁锂电池在静置时间为 5min、15min 和 30min 工况下的端电压波动不大，因此三者之间的拟合曲线参数相差也不大。拟选取 5s、1min、5min 和 30min 工况下的曲线进行拟合，可以得到四个时间段下，电池荷电状态 SOC 与电池开路电压之间的工程经验公式，并且根据电池静置阶段的电压来准确估算电池荷电状态 SOC。

针对其他静置时间段时，将无法利用上述的四个时间段进行准确的荷电状态 SOC 估算。因此，需要建立任意静置时间内电池端电压与 SOC 之间的关联式，实现无级的荷电状态估算。为实现这一目标，根据本实验的相关数据，采用最小二乘算法进行公式拟合。

通过最小二乘算法的数学拟合，建立含荷电状态 SOC，静置时间 t

和端电压 u 之间的数学关系式，在 5s、1min、5min 和 30min 下的荷电状态与其余参数间的数学关系式如式(3-27)～式(3-30)所示。

荷电状态 SOC，静置时间 t 和端电压 u 之间的数学关系为

$$\mathrm{SOC}=A-B\frac{1}{1+\exp\left(\dfrac{\mathrm{SOC}-C}{D}\right)} \tag{3-26}$$

静置时间 5s 放电工况下，开路电压估算荷电状态 SOC 经验公式为

$$\mathrm{SOC}=96.94-85.79\frac{1}{1+\exp\left(\dfrac{\mathrm{SOC}-3.27}{0.01771}\right)} \tag{3-27}$$

静置时间 1min 放电工况下，开路电压估算荷电状态 SOC 经验公式为

$$\mathrm{SOC}=97-86.002\frac{1}{1+\exp\left(\dfrac{\mathrm{SOC}-3.29337}{0.01936}\right)} \tag{3-28}$$

静置时间 5min 放电工况下，开路电压估算荷电状态 SOC 经验公式为

$$\mathrm{SOC}=96.654-85.656\frac{1}{1+\exp\left(\dfrac{\mathrm{SOC}-3.29889}{0.01763}\right)} \tag{3-29}$$

静置时间 30min 放电工况下，开路电压估算荷电状态 SOC 经验公式为

$$\mathrm{SOC}=93.32456-84.656\frac{1}{1+\exp\left(\dfrac{\mathrm{SOC}-3.304}{0.01517}\right)} \tag{3-30}$$

通过对静置时间为 5s、1min、5min 和 30min 下的荷电状态的数学关系式可以得到关键性参数 A、B、C、D 与时间参量 t 的数学表达式，即

$$\begin{aligned} A&=-0.1252t+97.109 \\ B&=-0.0416t+85.901 \\ C&=0.0007t+3.2827 \\ D&=-0.0001t+0.0187 \end{aligned} \tag{3-31}$$

3.6.4 初始荷电状态与电流倍率之间的关系

磷酸铁锂电池的正负极材料、结构和尺寸均会影响电池充放电工况下的电流特性。其中，电池的正极材料，负极材料，电解液的电导率、热稳定性和离子导电性是需要考虑的问题[60]。当电池高倍率放电时，在相同截止电压的情况下，磷酸铁锂电池的容量会较低电流倍率时候的小，这主要是因为正极电位偏离标准电势的速度会较快，即锂离子从电极活性材料内部扩散到电极表面延迟造成的，因此锂离子的浓度扩散和离子扩散是影响磷酸铁锂电池高倍率电流响应的一个重要因素[61]。电流倍率影响电池容量的另一个主要原因就是电荷保持能力的负极材料。在电池的充电和放电过程中，内阻的大小往往是决定电池超电势的一个重要因素。同时，大的电阻值也会引起电解质的热稳定性问题，高温易造成电解质分解和破坏电极表面固体电解质相界面膜的结构，而固体电解质相面膜是锂离子嵌入到负极的第一步，进而影响电池的容量和安全性。

内阻的大小会随着荷电状态的改变而发生改变在放电过程中，随着荷电状态的降低，内阻值会逐渐的增大。这主要是因子负极表面固体电解质相界面膜在循环充放电过程的漂浮在电解质中的碎片造成的，并可能在电压的作用下产生电泳现象[62]。电泳现象会造成电极表面离子的大量积聚，从而使电阻增大。在荷电状态估测中会造成相同电流下，表现出较大的端电压，因此电流倍率对荷电状态的影响也有进一步研究的必要性。

电动势是为负载提供能量的一种内在驱动力[63]。开路电压在没有电流流过负载而且静置较长时间过后才等于电动势。因此，为了进一步探讨电流倍率对初始荷电状态的影响，进行了相应的实验。

图 3-15 给出了不同放电倍率和时间工况下，开路电压与 SOC 的关系。由此可以看出，在磷酸铁锂电池静置阶段，在不同放电倍率下，电压随静置时间的延长不断上升，并最终会趋近于稳定状态。图 3-15 主要描述了静置时间为 1min 和静置时间为 20min 时，不同放电电流倍率(0.1～1C)下，开路电压随荷电状态的改变。

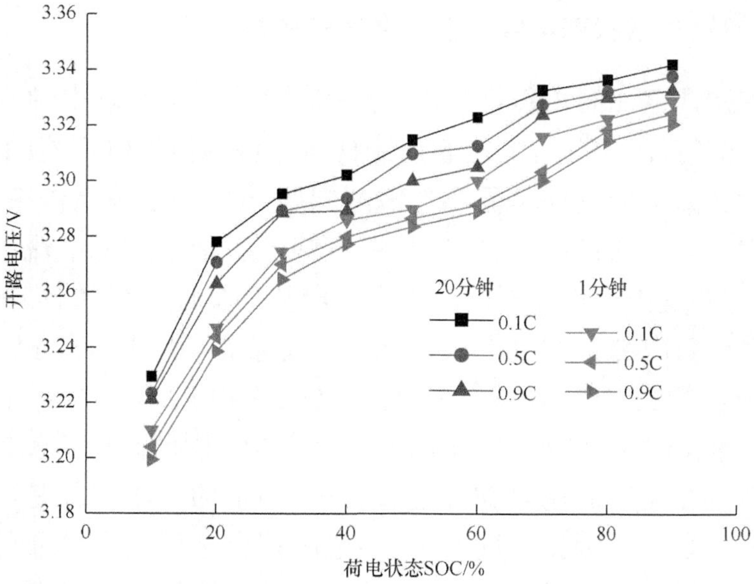

图 3-15　不同放电电流和静置时间下开路电压-SOC 的关系

在电流恒定的工况下，无论是 0.1C，还是 1C 倍率下，磷酸铁锂电池停歇 5s 左右时间的开路电压与 SOC 的关系曲线在最下方，停歇 20min 的开路电压与 SOC 关系曲线在最上方，即随着静置时间的延长，电池放电结束后静置阶段开路电压与 SOC 的关系曲线逐渐上移，即使用开路电压法估算初始荷电状态时，由于电化学极化和浓差极化消失时间的不确定性，进一步造成了开路电压始终处于波动状态。以静置时间为 1min 和静置时间为 20min 的各个电流倍率为例，脉冲放电实验中静置时间为 1min 时候的曲线疏密度远低于静置时间为 20min 的，说明随着静置时间的延长，在相同的荷电状态 SOC 下，各个电流倍率下的开路电压值会趋近于稳定，但也会有一定差异。例如，在荷电状态为 30%左右时，静置时间为 1min 时，不同电流倍率下的差值最大为 10mV 左右；在静置时间 20min 时，仅仅 3mV 左右。在静置时间为 20min 时候，电流倍率为 1C 的开路电压仍高于其他倍率的。在高的电流倍率下的，电池的超电势和滞回现象要明显高于低的电流倍率。

根据上面论述的磷酸铁锂电池的电池端电压、静置时间，以及电流倍率对初始荷电状态的影响。建立一种有效的实时初始荷电状态方法需要充分考虑到不同放电倍率下的静置时间，以及随着静置时间的变化而改变的电池端电压。随着初始荷电状态估算参数的增加，多参数的初始荷电状态估算方法将极大地提高初始荷电状态估算的精度和速度。

图 3-16 为荷电状态 SOC 与静置时间和开路电压之间的三维图像，数据主要来自于脉冲放电实验过程。由图 3-16 可知，静置时间和开路电压都是影响初始荷电状态的关键性因素。在图中可以清晰地看到，磷酸铁锂电池在放电结束后，静置时间从 0～30min 的荷电状态变化工况，为进一步建立三者之间的联系奠定了基础。由于在电池放电过程中，电池开路电压与静置时间并非简单的线性关系，因此造成了初始荷电状态与静置时间和开路电压的三维图像的凹凸性，但这也恰恰反映了荷电状态与开路电压的严重非线性关系。

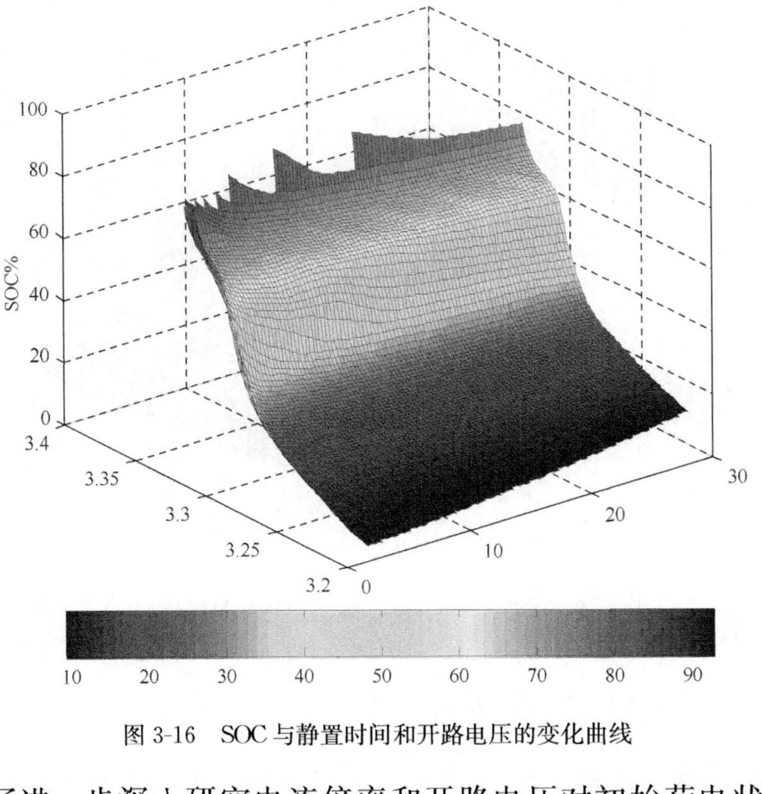

图 3-16 SOC 与静置时间和开路电压的变化曲线

为了进一步深入研究电流倍率和开路电压对初始荷电状态的影响，可以建立图 3-17。图 3-17 为荷电状态 SOC 与开路电压和电流倍率之间的相互关系。由于在相同荷电状态下,不同放电倍率将会引起开路电压的巨大差异。通常高倍率下的开路电压会较小于低电流倍率下的,因此会造成曲面的凹凸性。由图 3-17 可知,电流倍率与开路电压和初始荷电状态的关系呈非线性关系,而且由于不同的电流倍率工况下,电池的电化学反应速度和浓度极化反应速度存在一定的差异,在较高倍率的电流作用下,锂离子从活性材料内部迁移到表面将需要更多的能量,这也是造成高倍率工况下,电池容量显著下降的原因,同时也会造成电势的降低。上述特性可以在图 3-17 中得到反映,且造成开路电压电势凹点的形成,形成三维图像的波浪状。因此,在初始荷电状态估算中,电流倍率与开路电压的关联性也需要仔细的研究。

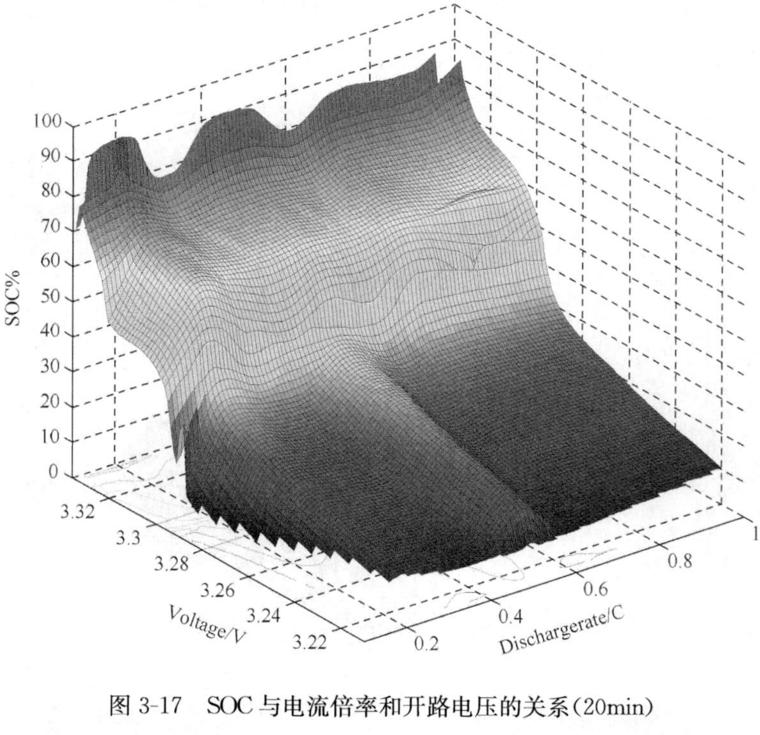

图 3-17 SOC 与电流倍率和开路电压的关系(20min)

3.6.5 初始荷电状态与温度的关系

电池在放电过程中所做的功一定是正值,而热力学中通常将体系对环境所做功定义为负值。因此,存在如下的基本关系式,即

$$\Delta G=-nFE_0 \tag{3-32}$$

其中，G 为吉布斯自由能（J）；n 为 物质的量（mol）；E_0为标准电极电势（V）；F 为法拉第恒量 9.65×10^4（C/mol），即

$$\Delta G=\Delta H-T\Delta S \tag{3-33}$$

其中，ΔH 为焓变（kJ/mol）；S 为熵变（J/mol · K）。

由式（3-39）和式（3-40）可知下式，即

$$E_0=\frac{\Delta H-T\Delta S}{nF} \tag{3-34}$$

由式（3-34）可知，电池的开路电压要受到温度的影响，因此温度是初始荷电状态估算中不可回避的一个关键因素，显然温度直观影响是锂离子电池的实际可用容量[64]。在适宜的温度范围内，电池材料的活性和离子扩散和迁移的能力呈现正比关系，因此适当的提高电池温度可使得活性物质利用率得到提高。温度将影响锂离子在主晶格中的排列顺序[65]。因此，温度对电池开路电压的影响要视具体的电池正极、负极材料和结构，以及电解液组分才可确定，这里主要研究磷酸铁锂电池。

为方便说明，此处以 SOC 50%为例，实验步骤如下。

① 选取磷酸铁锂采用恒流恒压模式充电至饱和状态。

② 采用恒定电流 0.3C 放电至指定的荷电状态 SOC 点，静置放置 20h 左右，尽可能让电池极化现象完全消失。

③ 将电池放入恒温水域 3℃左右，观察此时开路电压的变化趋势，直至开路电压稳定。

④ 待开路电压稳定后，逐渐升温水域至 15℃，观察开路电压的状态变化，直至电压稳定，并维持半小时左右。

⑤ 水域温度继续升高至 25℃、35℃ 和 45℃，观察方法类似于 3℃和 15℃。

磷酸铁锂电池的工作范围一般限定在 －20～60℃，但因为具备电池热管理系统，其常工作在适宜的工作环境 30℃左右。在低温环境下，电池容量低且会造成电池损失，在使用过程中需要事先预热，以求达到启动的目的，因此主要研究 3～45℃工况下，电池开路电压和温度之间

的关系。在实验过程中,在某一温度下电池开路电压应该在稳定值附近维持一段时间,以方便尽可能地让温度影响电池内部的工况[66]。在此实验过程中,磷酸铁锂电池在不同荷电状态下会表现出不同的开路电压状态变化。开路电压的温度系数在 SOC 30%～SOC 100%成正值,而在 SOC 0%～SOC 30%成负值。在 SOC 30%左右,由负变正,主要是因晶相变化或锂离子的嵌入/脱嵌造成。在选取 SOC 20%和 SOC 70%工况下,磷酸铁锂电池开路电压随温度的变化趋势为例,如图 3-18 和图 3-19 所示。

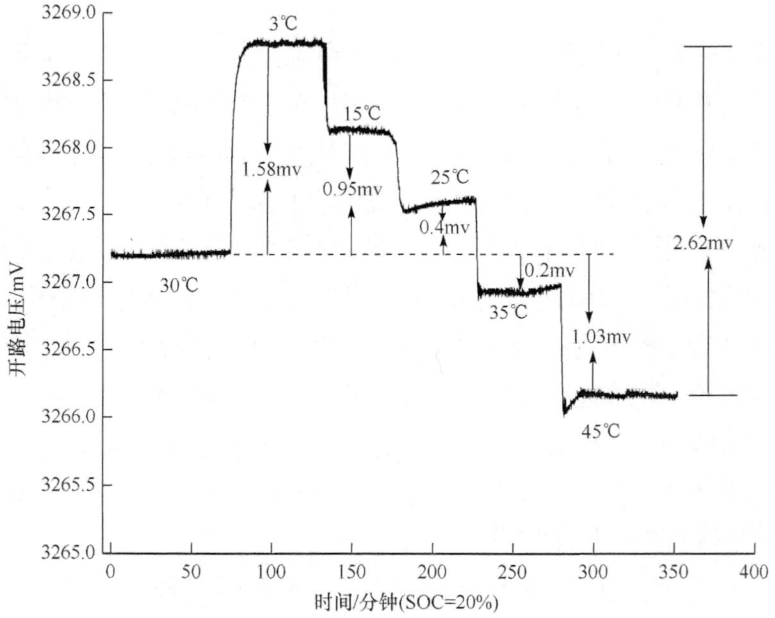

图 3-18　SOC 20%工况下开路电压与温度的关系

实验结果如图 3-18 和图 3-19 所示,电池的开路电压受到环境温度的影响,而且相互之间的呈现严重的非线性特性,在不同荷电状态下,有的呈正比关系,而有的呈反比关系,这一特性又进一步加剧了估测的难度。例如,在荷电状态 SOC 为 70%,开路电压与温度呈正比例关系,而且随着温度的上升,开路电压的上升速率变化较大,从 15～25℃,开路电压的上升速度为 1.31×10^{-1} mV/℃,而从 25～35℃,开路电压的上升速率却高于上一阶段,速度为 1.9×10^{-1} mV/℃左右,从 35～45℃

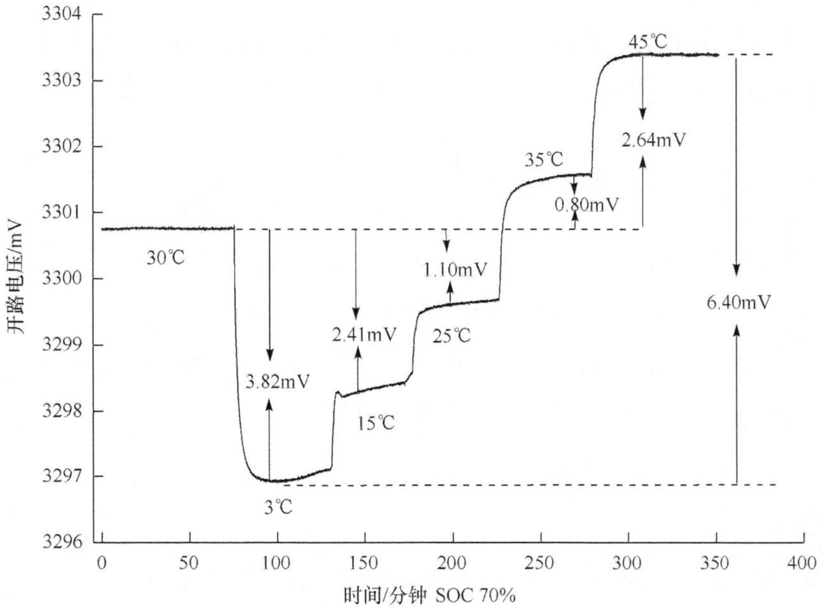

图 3-19　SOC 70%工况下开路电压与温度的关系

过程中，开路电压的上升速度却下降为 1.64×10^{-1}mV/℃。在荷电状态为 20%工况下，随着温度的上升，开路电压却逐渐下降，而且下降的速度也差异较大。从 15～25℃过程中，开路电压的下降速度为 0.55×10^{-1}mV/℃；从 25～35℃区间，开路电压的上升速率基本持平于上一阶段，速度为 0.6×10^{-1}mV/℃左右，然而，从 35～45℃过程中，开路电压的下降速度却突变为 1.64×10^{-1}mV/℃。

磷酸铁锂电池活性物质在 30～40℃时活性最强，锂离子嵌入或者嵌出正极的阻力要远远小于其他温度段，但是这也不能由此判断电池两端的静态电动势，即开路电压会一定上升。因此，在研究温度对初始荷电状态的影响过程中，需要针对某一具体的荷电状态进行特定研究。

通过以上分析，可以发现温度对磷酸铁锂电池的开路电压具有重要的影响，为进一步提高初始荷电状态的估算精度，选用常温 25℃时的电压为基准电压，统一各个温度点下电池的开路电压。虽然并未发现有专门文献研究温度对磷酸铁锂电池初始荷电状态的影响，但其却确实影响着荷电状态估算的精度。为显著提高初始荷电状态的估算精度和提高估算的动态特性，采用非线性拟合的方式，将静置时间、开路电压和温度作为自变量，初始荷电状态 SOC_0 作为因变量，即

$$SOC_0=f_3(\Delta t)\exp\frac{1}{f_4(\Delta t)}\left(\frac{f_2(\Delta t)}{u-f_1(\Delta t)-\Delta u(T)}-1\right) \tag{3-35}$$

$$\begin{cases} f_1(\Delta t)=0.27514-0.07079\Delta t+0.00679\Delta^2 t \\ \qquad -2.53447\times 10^{-4}\Delta^3 t+3.31081\times 0^{-6}\Delta^4 t \\ f_2(\Delta t)=0.26447+3.47694\times 10^{-4}\Delta t+2.20474\times 10^{-4}\Delta^2 t \\ f_3(\Delta t)=-0.03535(\Delta t+38.89469) \\ f_4(\Delta t)=-0.00383(\Delta t-925.20757) \end{cases} \tag{3-36}$$

其中，参数 $\Delta u(T)$ 为开路电压随温度变化的函数关系式。

该方法在开路电压法基础上，增加了静置时间、温度对开路电压的影响等因子，将显著提高初始荷状态的估算精度，而且提高了电池荷电状态和功率输出的自由度。

3.7 非平衡态电池传热特性分析

3.7.1 电池生热速率模型

锂离子电池充放电过程中产生的热量主要来自活化作用（界面反应动力学）、浓度变化（组分传输）和欧姆电阻（带电粒子运动产生的焦耳热）。Bernardi 等[67]提出一个电池的通用能量平衡模型，包含电化学反应、混合焓和相变。Rao 和 Newman[68]发现，通用能量模型中采用电极的平均开路电压预测生热速率将产生较大的预测误差，由此提出一种基于能量平衡和焓差法为基础的锂离子电池生热速率计算方法，用局部平均浓度去估算每个阶段的焓变，忽略相变、电解质浓度梯度和锂离子扩散热效应，使得预测精度得到一定的提高。但是，用平均局部浓度推断有效开路电位，具有一定的局限性，导致特定锂离子聚合物电池设计中过电位预测效果较差[69]。Sato[70]认为电池热量主要来源于电化

学反应热、极化热和焦耳热，并用索尼 18650(1.25Ah)圆柱形锂离子电池针对充电和放电过程做了大量实验。Gomez 利用等效电路模型研究了索尼商用锂离子聚合物电池(UP393562，800mAh)在不同荷电状态下，电池工作温度和荷电状态对电池性能的影响，结果证明电池转移电阻(the solution and charge transfer resistances)和 Warbug 阻抗与荷电状态成正比而与电池工作温度成反比[71]。Giuliano[72]概述了在实验室条件下进行热实验的分析方法，并且用热色液晶法测量了瞬间实验过程中钛酸锂电池外表面的温度分布。Jeon 等[73]针对 $LiCoO_2$/C 电池分别就不同热源在不同充放电倍率下的温度分布进行了研究，认为在高放电倍率下焦耳热具有显著性，而低放电倍率下熵变起主要作用。Zhang[74]发现磷酸铁锂电池在放电过程中欧姆热占 54%，而电化学反应热占 30%，并指出主要影响因素是电解液中锂离子浓度和梯度，电池放电过程中温度升高与隔膜和电极厚度呈强相关性。Fleckenstein[75]发现电流密度和荷电状态之间的差异是由于温度梯度的存在。

以单组分可极化液流体动力学为基础，但也可适用于溶解盐和溶剂和锂电池中的电解质[76]。在锂离子电池正常操作工况下，对流传质是不存在的。磷酸铁锂电池主要由正极、负极和电解质三部分组成，但可以外加限制条件，完成方程的求解。为了排除中性溶剂作为独立变量，假设流体动力体积元中心是静止的，下面主要介绍 Latz 基于非平衡热力学的生热速率关系式[77]，即

$$M_0 dc_o + M_+ dc_+ + M_- dc\_ = 0 \tag{3-37}$$

在体积元中，强加电荷分离的磁场强度要远大于电池内部的场强。电荷分离易于在双电子层观察到，大约级别在 10～20nm。因此，尺度严格限制在 100nm[78,79]。在存在外电场的工况下，极化介质系统的基本热力学关系为

$$de = Tds + u_+ dc_+ + u_- dc_- + u_0 dc_0 + \vec{E} \cdot d\vec{D} + \vec{H} \cdot d\vec{B} \tag{3-38}$$

其中，e 为能量密度(J/m^3)；s 为熵密度(J/m^3)；u 为组分化学电位；E 为变化磁场所激发的有旋电场的场强(N/C)；D 为电位移(C/m^2)；H 为变化电场所激发的磁场强度(A/m)；B 为磁感应强度(T)；c 为浓度(mol/m^3)。

$$de = Tds + udc + \vec{E} \cdot d\vec{D} + \vec{H} \cdot d\vec{B} \tag{3-39}$$

通用的熵方程可以表征为

$$\partial_t s = -\vec{\nabla} \cdot \left(\frac{\vec{q}}{T}\right) + \frac{s_g}{T} \tag{3-40}$$

其中，q 为热流密度 (w/m^2)；s_g 为熵产(w/m^3)。

根据 Maxwell 方程，可以得到下式，即

$$\vec{E} \cdot \partial_t \vec{D} + \vec{H} \cdot \partial_t \vec{B} = -\vec{\nabla} \cdot (\vec{E} \times \vec{H}) - \vec{j} \cdot \vec{E} \tag{3-41}$$

根据离子连续方程，可得下式，即

$$\frac{\partial c}{\partial t} = -\nabla \cdot \vec{N} \tag{3-42}$$

其中，N 是正极锂离子或负极离子的单位时间和单位面积的摩尔数($mon/m^2 s$)。

对式(3-39)，求关于时间的偏导数，可得下式，即

$$\partial_t e = T\partial_t s + u\partial_t c + \vec{E} \cdot \partial_t \vec{D} + \vec{H} \cdot \partial_t \vec{B} \tag{3-43}$$

将式(3-42)代入式(3-43)可得下式，即

$$\partial_t e = -\nabla \cdot (\vec{q} + \vec{N}_+ u + \vec{E} \times \vec{H}) + s_g + \vec{q} \cdot \frac{\vec{\nabla} T}{T} - \vec{j} \cdot \vec{E} + \vec{N}_+ \vec{\nabla} u \tag{3-44}$$

由于在总的过程中能量是守恒的，因此局部的能量变化要满足连续方程，即

$$\partial_t e = -\vec{\nabla} \cdot \vec{J}_e \tag{3-45}$$

比较式(3-44)和式(3-45)，我们可以得到下式，即

$$s_g = -\vec{q} \cdot \frac{\vec{\nabla} T}{T} + \vec{j} \cdot \vec{E} - \vec{N}_+ \vec{\nabla} u \tag{3-46}$$

由于在实际过程中，熵产必须要大于等于 0。这一要求就使得主要的电流密度和热流通量等的取值有关了。因为化学电位 u 难以准确测定，而且其主要和温度，以及离子浓度有关。

$$s_g=-\vec{Q}\cdot\frac{\vec{\nabla}T}{T}-\left(\frac{\partial u}{\partial c}\right)\vec{N}_+\cdot\vec{\nabla}c+\vec{j}\cdot\vec{E} \tag{3-47}$$

$$\vec{Q}=\vec{q}+T\left(\frac{\partial u}{\partial T}\right)\vec{N}_+ \tag{3-48}$$

在式(3-47)中主要存在三个独立热力学变量$\frac{Q}{T}$、$\frac{\partial u}{\partial c}N_+$和 j。为了充分保证熵产的非负性，需要考虑三个主要决定量构成的本构方程，即

$$\begin{pmatrix}-\frac{\partial u}{\partial c}\vec{N}_+\\ \vec{j}\\ -\frac{\vec{Q}}{T}\end{pmatrix}=\begin{pmatrix}\frac{\partial u}{\partial c}a & -\frac{\partial u}{\partial c}\frac{kt_+}{Fz_+} & \frac{\partial u}{\partial c}v\\ -\frac{\partial u}{\partial c}\frac{kt_+}{Fz_+} & k & -\beta k\\ \frac{\partial u}{\partial c}v & -\beta k & \frac{\gamma}{T}\end{pmatrix}\times\begin{pmatrix}\vec{\nabla}c\\ \vec{E}\\ \vec{\nabla}T\end{pmatrix} \tag{3-49}$$

其中，a 为正极和负极之间的电荷传递系数；k 为离子电导率；β 为塞贝克系数，(V/K)；v 为正极电荷或负极电荷的化学计量数；t_+ 为锂离子迁移量；k_T 为索雷特系数。

式(3-49)是对称的翁萨格矩阵，可充分保证的熵产是某一正值[80]，将上述方程式整理后，主要的三个参量可以表述为

$$\vec{N}_+=-D\vec{\nabla}c+\frac{t_+}{z_+F}\vec{j}-\frac{Dck_T}{T}\vec{\nabla}T \tag{3-50}$$

$$\vec{j}=k\vec{E}-k\frac{t_+}{z_+F}\left(\frac{\partial u}{\partial c}\right)\vec{\nabla}c-\beta k\vec{\nabla}T \tag{3-51}$$

$$\vec{Q}=-\lambda\vec{\nabla}T+\beta T\vec{j}+k_Tc\frac{\partial u}{\partial c}\left(\vec{N}_+-\frac{t_+}{z_+F}\vec{j}\right) \tag{3-52}$$

将方程式(3-50)～式(3-52)代入式(3-47)，可以得到下式，即

$$s_g=\lambda\frac{(\vec{\nabla}T)^2}{T}+\frac{\vec{j}^2}{k}+\frac{\partial u}{\partial c}\frac{(\vec{N}_+-(t_+/Fz_+)\vec{j})^2}{D} \tag{3-53}$$

为了保证熵产始终为正值,式(3-53)应保证其中的某一项均是正值,热导率 λ,电导率 k 和相互扩散系数 D 等。

3.7.2 电池传热特性

关于温度的方程,可以从熵平衡方程(3-40)和熵产方程(3-47)得到,即

$$T\partial_t s = c_p \rho \partial_t T + T \left.\frac{\partial s}{\partial c}\right|_T \partial_t c \tag{3-54}$$

其中,c_p 为比热容(J/(kg · K));ρ 为密度(kg/m^3)。

根据热力学相互关系,即

$$\left.\frac{\partial s}{\partial c}\right|_T = -\left.\left(\frac{\partial u}{\partial T}\right)\right|_c \tag{3-55}$$

由式(3-55)和式(3-42),式(3-54)可以表述为

$$c_p \rho \partial_t T = -\vec{\nabla} \cdot \vec{q} - \vec{N}_+ \cdot \vec{\nabla} u + \vec{j} \cdot \vec{E} - T \frac{\partial u}{\partial T} \vec{\nabla} \cdot \vec{N}_+ \tag{3-56}$$

将式(3-48)代入式(4-20),可得下式,即

$$\begin{aligned} c_p \rho \partial_t T = & -\vec{\nabla} \cdot \left(\vec{Q} - T\vec{N}_+ \frac{\partial u}{\partial T}\right) - \frac{\partial u}{\partial c} \vec{N}_+ \cdot \vec{\nabla} c - \frac{\partial u}{\partial T} \cdot \vec{N}_+ \\ & \cdot \vec{\nabla} T + \vec{j} \cdot \vec{E} - T \frac{\partial u}{\partial T} \vec{\nabla} \cdot \vec{N}_+ \end{aligned} \tag{3-57}$$

式(3-57)中第三项和最后一项,以及第一项中的 $T\boldsymbol{N}_+ \frac{\partial u}{\partial T}$的散度可相互抵消,此时式(3-57)可以表述为

$$c_p \rho \partial_t T = -\nabla \cdot \boldsymbol{Q} - \frac{\partial u}{\partial c} \boldsymbol{N}_+ \cdot \nabla c + \boldsymbol{j} \cdot \boldsymbol{E} \tag{3-58}$$

将式(3-50)～式(3-52)代入式(3-58),可得下式,即

$$\begin{aligned} c_p \rho \partial_t T = & \vec{\nabla} \cdot (\lambda \vec{\nabla} T) + \frac{\vec{j}^2}{k} - T \vec{\nabla} \cdot (\beta \vec{j}) + \frac{\partial u}{\partial c} \frac{(\vec{N}_+ - (t_+ / z_+ F) \vec{j})^2}{D} \\ & - T \vec{\nabla} \cdot \left(c \frac{\partial u}{\partial c}\right) \frac{k_T}{T} (\vec{N}_+ - (t_+ / z_+ F) \vec{j} \cdot) \end{aligned} \tag{3-59}$$

由式(3-59)可知,影响电池生热速率的主要影响因素第一项是电解

液，集电体和电极等部分的电导率；第二项是焦耳热，主要是由于欧姆电阻、电化学极化电阻，以及浓度差极化电阻等引起的热量；第三项是汤普森效应引起的热，主要由电流密度，以及电池内部温度差等所决定；第四项是混合热，是指锂离子在正极、电解液和负极之间的迁移和扩散引起的热量，以及夹杂的其他热量的混合；第五部分为索雷特效应引起的热，主要是由于在电池内部温度梯度存在的工况下，材料扩散引起的生热速率。

电流倍率 1C 工况下的电池表面温度分布如图 3-20 所示。在实验过程中，正极集流体表面温度明显高于负极集流体，而且电池表面温度非常不均匀，从上而下逐渐降低。并且，对电池放电终点时刻的温度分布，进行了数值模拟，模拟结果如图 3-21 所示[81]。

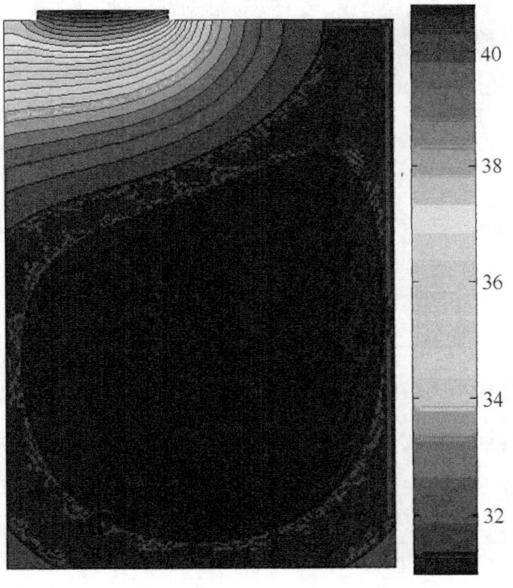

图 3-20　电池温度分布图

温度直接影响着电池内部材料的活性成分，锂离子在电解液中的的扩散和迁移，电解液的黏度，以及锂离子在主晶格中的排列顺序等，而这些因素又反过来电池内部的电势分布，最终影响到电池内部的荷电状态分布。因此，电池内温的分布不均匀性将直接到达电池内部荷电状态分布的差异性，如图 3-21 所示。

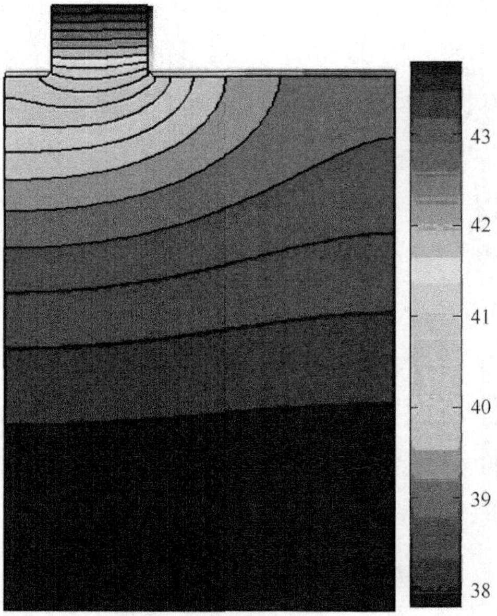

图 3-21 放电过程中某时刻的荷电状态分布

3.8 电池组热管理系统

3.8.1 冷却方式

按冷却介质划分，电池热管理系统的冷却方式主要有空气冷却、液体冷却和相变材料(phase change materials，PCM)冷却。

(1) 空气冷却

空气冷却又可分为自然对流冷却和强制对流冷却。自然对流冷却结构简单、无需动力元件、没有额外功耗，但冷却效果较差，仅适用于小功率场所，难以满足动力电池组大负荷的散热需求。强制对流冷却一般是在电池组进风口或出风口加装冷却风机，可以根据电池工作状况和环境温度控制风机的开关和转速进行电池冷却。强制对流冷却结构简单、易于维护、实用性强，目前在动力电池热管理应用中最为广泛[82-87]。

(2) 液体冷却

液体冷却根据冷却液是否与电池直接接触又可分为间接式和直

接式。

直接接触式冷却方式是将电池(单体或模块)液体直接浸泡在冷却液中进行散热。为了避免电池漏电或短路,需要用电介质(如矿物油)作为冷却液。由于液体导热系数比空气高得多,且液体边界层更薄,因此传热效果优于空气,但这类液体黏性较大,需要尽量降低流速以减少泵的功耗,限制了其冷却能力。丰田为电动汽车设计了一套直接液冷式热管理系统,采用绝缘油作为冷却液。

间接式冷却即冷却液通过管道(可以是板状或管状)与电池进行间接热交换,对冷却液要求没有那么严格,可选用水或者乙二醇溶液等,黏性比油低、导热率比油高,传热性能更好。日本康奈可的技术人员设计了一种车用热管式电池冷却系统,电池发热时,工质在热管蒸发段吸热蒸发,之后蒸汽在车外的冷凝段放热冷凝,继续循环[88]。三洋电机发明了一种间接液冷的电池组热管理系统,既可以实现电池冷却,也可以加热电池[89],如图 3-22 所示。

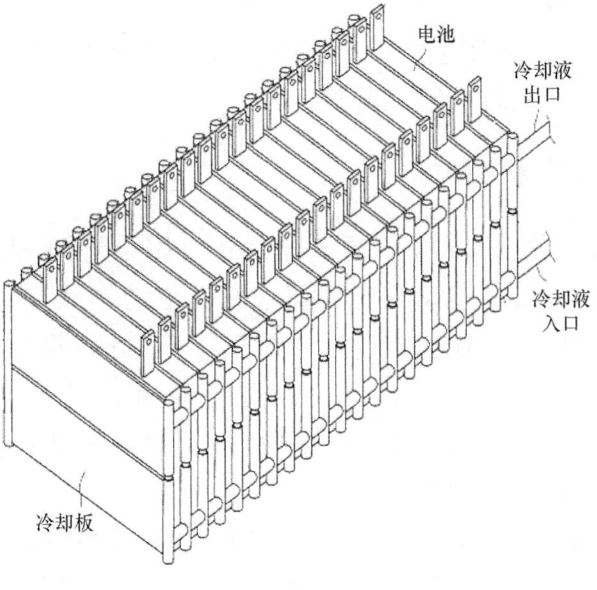

图 3-22　三洋液冷电池组[89]

当电池热负荷过大时,空气冷却无法满足散热要求,液冷的优势就能体现出来。当然,液冷除了要防止电池漏电,还要防止漏液,因此需要严格密封。大型储能系统电池数量大，若采用液冷，所需冷却液的量也是相当大的，可能还需要额外消耗较为可观的能量。

(3) 相变材料冷却

相变材料冷却是在电池单体或模块之间填充相变材料，电池散热时，固态相变材料吸热熔化，抑制电池温度上升，目前的研究多采用石蜡作为相变材料。相变材料存在导热性能差的问题，许多研究者开展了旨在克服这一缺陷的实验研究，采用添加金属填料、金属翅片管、铝切削片、碳纤维等材料来提高冷却介质整体导热系数。早在 1997 年，Marongiu 等[90]就提出将相变材料引入到电池热管理。Siddique 等[91]采用相变材料包裹泡沫铝的方式，实验结果电池温升只有自然冷却时温升的三分之一，而且温度场更加均匀。Mills 等[92]在 PCM 中混入膨胀石墨改善 PCM 的导热性能，将电池最高温度限制在 328K 以下。

尽管相变材料冷却具有很有优点，但目前还限于理论和实验研究，尚未见工程应用的报道，可能是由于相变材料冷却的方式除了导热性能的缺陷外，电池组封装及检修不便、成本昂贵。

这里优先考虑强制空气冷却的形式，在安全可靠的前提下尽可能使热管理系统结构简单、能耗降低。

3.8.2 电池组散热结构

在散热结构设计方面，空气冷却方式有串行通风和并行通风两种(图 3-23)。串行通风，冷却空气先与上游的电池换热，之后再与下游电池接触换热，冷却空气在前进过程中温度不断升高，将导致下游电池温度高于上游电池，温度场不均匀。在并行通风形式下，与各电池单体(模块)接触的冷却空气是相互独立的，可以保证电池包温度场具有较好的均匀性，越来越受到青睐。

日立设计了一种方型电池组，FRP 材质的特制隔板形成电池之间的风道，采用下进上出的并行通风的形式[93]。本田的设计与此类似，采用上进下出的通风形式，且考虑了冷却风道入风道的渐缩结构，有利于流场的均匀化，从而电池温度场可以更加均匀[94]。

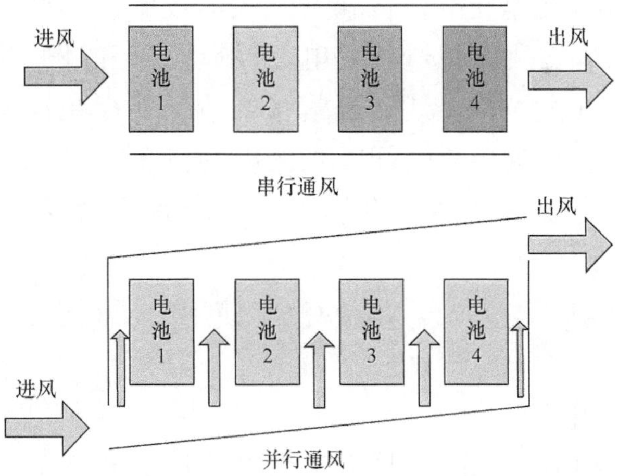

图 3-23　串行通风和并行通风流路示意图

3.9　电动汽车充电技术

目前可行的电动汽车充电服务模式包括整车充电和机械充电(换电)模式。下面主要介绍整车充电模式。整车模式模式是指在车辆停靠期间为电动汽车进行直接充电,完成能量补给。根据充电时间的不同,整车充电又可分为常规充电和快速充电两种方式。

(1) 常规充电

在常规充电方式下,充电电流通常较低,约为 16A 和 32A。根据电池容量的大小,充电时间一般为 5～8h,较长的甚至达到 10h。充电用的充电机可以是车载也可由外部基础设施提供。使用车载充电机时,基础设施建设的成本较低,设备相对简单,也称为交流充电,一般适用于电池容量较小的纯电动乘用车。非车载充电机通过交直流转换装置为车辆提供直流电源。

常规充电方式对汽车来讲,由于只需要充电接口和车载充电机等主要设备,便于对汽车的设计,对电池封装较为方便。同时,由于充电电流和充电功率都比较低,对电池寿命影响较小。对电网来讲,交流充电电流和充电功率不大,对电网的冲击也较小,但存在充电时间和充电地点的不确定性因素,要求配电网的支撑能力较高。对充电设施建设和社会资源来讲，交流充电设备和安装成本较低，同时由于充电时间过长，需要较长时间占用车位进行充电，对电动汽车的停靠时间和停靠地点有严格要求，在大城市土地资源紧张的情况下存在较大的限制，适宜于在固定停车场所，为停靠时间较长的电动汽车充电；直流充电建设的充电站存在着建设土地资源紧张、利用效率低、盈利模式不确定的问题。

因此，在常规充电方式下，电动汽车使用的便利性受到一定程度的限制。

(2) 快速充电

快速充电又称应急充电，是以较大电流在电动汽车临时停靠时，为其提供短时充电服务，充电电流为 150～400A。一般采用直流充电，利用非车载充电机实现大电流充电，充电功率可以做得较大，实现在 20～30min 内，为电池充电 50%～80%。

快速充电的最大优势在于充电时间短，可以满足电动汽车紧急充电的需求。但是，充电电流越大，充电时间越短，对电池寿命的影响越大，对电网的冲击也越大，还会引起公共电网电压波动，产生谐波危害。快速充电对充电的可靠性和安全性也有较高要求，在当前技术水平下，快速充电难以大范围推广应用，只适用于专用的充电站，可作为电动汽车充电的应急补充。

电动汽车交流充电桩(简称充电桩)是指采用传导方式为具有车载充电机的电动汽车提供交流电源的专用供电装置。充电桩是电动汽车充换电设施的一种。充电桩的最大额定功率为 7kW，主要适用于为小型乘用车(纯电动汽车或可插电混合动力电动汽车)充电。根据车辆配置电池容量，充满电的时间一般需要 3～8 个小时。

一般来说，由于直流充电可以产生较高的功率，充电时间较短，多用于快速充电。交流充电一般采用民用的电压为 220V 或 110V 的电力系统，充电时间较长，多用于慢速充电。

未来可能有更智能、更集成、更加通用化和快速化的充电方式，但无论哪种模式都应充分考虑电动汽车电池组充放电时刻的初始荷电状态、功率、充放电时间，以及电池容量等因素[95]。

参 考 文 献

[1] Windarko N A, Choi J, Chung G B. SOC estimation of LiPB batteries using Extended Kalman Filter based on high accuracy electrical model//Power Electronics and ECCE Asia, 2011: 2015-2022.

[2] 徐顺刚，王金平，许建平. 一种延长电动汽车蓄电池寿命的均衡充电控制策略. 中国电机工程学报，2012，32(3)：43-48.

[3] 雷娟，蒋新华，解晶莹. 锂离子电池组均衡电路的发展现状. 电池，2007，37(1)：62-63.

[4] Meissner E, Richter G. Battery monitoring B and electrical energy management precondition for future vehicle electric power systems. Journal of Power Sources, 2003, 116(1,2): 79-98.

[5] Park K B, Kim C E, Moon G W, et al. A new high efficiency PWM single-switch isolated converter. Journal of Power Electronics, 2007, 7(4): 301-309.

[6] Garche J, Jossen A, Döring H. The influence of different operating conditions, especially over-discharge, on the lifetime and performance of lead/acid batteries for photovoltaic systems. Journal of Power Sources, 1997, 67(1,2): 201-212.

[7] Ball R J, Kurian R, Evans R, et al. Failure mechanisms in valve regulated lead/acid batteries for cyclic applications . Journal of Power Sources, 2002, 109(1): 189-202.

[8] Piller S, Perrin M, Jossen A. Methods for state-of-charge determination and their applications. Journal of Power Sources, 2001, 96: 113-120.

[9] Roscher M A, Sauer D U. Dynamic electric behavior and open circuit voltage modeling of LiFePO4 based lithium ion secondary batteries. Journal of Power Sources, 2011, 196(1): 331-336.

[10] Plett G L. Sigma-point Kalman filtering for battery management systems of LiPB-based HEV battery packs: part 1: introduction and state estimation. Journal of Power Sources, 2006, 161(2): 1356-1368.

[11] 于良杰，乔昕，张许峰，等. 电池管理系统在电动汽车中的应用. 山东科学，2010，23(3)：87-90.

[12] Moigne C P L, Rombau C T, Muneret X, et al. Energy gauge for lead-acid batteries in electric vehicles. IEEE Transactions on Energy Conversion, 2000, 15(3): 354-360.

[13] Giglioli R, Pelacchi P, Raugi M, et al. A state of charge observer for lead-acid batteries. Energia Elettrica, 1988 65: 27-33.

[14] Alzieua J, Smimiteb H, Glaizeb C. Improvement of intelligent battery controller: state-of-charge indicator and associated functions. Journal of Power Sources, 1997, 67 (1, 2): 157-161.

[15] Vasebi A, Partovibakhsh M, Bathaee S M T. A novel combined battery model for state-of-charge estimation in lead-acid batteries based on extended Kalman filter for hybrid electric

vehicle applications. Journal of Power Sources, 2007, 174 (1): 30-40.

[16] Kayano M, Hara K, Paryani A. Proceedings of Electric Vehicle Symposium (EVS-14), 1997.

[17] Koehler U, Schmitz C//Proceedings of Electric Vehicle Symposium (EVS-18), 2001.

[18] Doerffel D, Sharkh S A. A critical review of using the Peukert equation fordetermining the remaining capacity of lead-acid and lithium-ion battery. Journal of Power Sources, 2006, 155(2): 395-400.

[19] Peukert W. An equation for relating capacity to discharge rate. Electrotech, 1897, 2(18): 287-2882.

[20] Gopikanth M, Sathyanarayana S. Impedance parameters and the state-of-charge. III. zinc-manganese dioxide and magnesium-manganese dioxide dry batteries. Journal of Applied Electrochemistry, 1979, 9(5): 581-585.

[21] Hammouche A, Karden E, de Doncker R W. Monitoring state of charge of Ni-MH and Ni-Cd batteries using impedance spectroscopy. Journal of Power Sources, 2004, 127(1, 2): 105-111.

[22] Deperneta D, Bab O, Berthonc A. Online impedance spectroscopy of lead acid batteries for storage management of a standalone power plant. Journal of Power Sources, 2012, 219(1): 65-74.

[23] Andrea D, Meilera M, Steinera K, et al. Characterization of high-power lithium-ion batteries by electrochemical impedance spectroscopy. I. experimental investigation. Journal of Power Sources, 2011, 196(12): 5334-5341.

[24] Eddahech A, Briat O, Bertrand N, et al. Behavior and state-of-health monitoring of Li-ion batteries using impedance spectroscopy and recurrent neural networks. International Journal of Electrical Power & Energy System, 2012, 42(1):

[25] Blanke H, Bohlen O, Buller S, et al. Impedance measurements on lead-acid batteries for state-of-charge, state-of-health and cranking capability prognosis in electric and hybrid electric vehicles. Journal of Power Sources, 2005, 144(2): 418-425.

[26] Yan J Y, LiC G, Xu G Q, et al. A novel on-line self-learning state-of-charge estimation of battery management system for hybrid electric vehicle//IEEE Intelligent Vehicles Symposium, 2009: 1161-1166.

[27] Dai H F, Wei X Z, Sun Z C. State and parameter estimation of a HEV Li ion battery pack using adaptive Kalman filter with a new SOC-OCV concept//International Conference on Measuring Technology and Mechatronics Automation, 2009: 375-380

[28] Vasebi A, Bathaee S M T, Partovibakhsh M. Predicting state of charge of lead-acid batteries for hybrid electric vehicles by extended Kalman filter. Energy Conversion and Management, 2008, 49(1): 75-82

[29] Shen W X, C. C. Chan, E. W. C. Lo, et al. A new battery available capacity indicator for electric vehicles using neural network. Energy Conversion and Management, 2002, 43(6): 817-826.

[30] Singh P, Jr. C F, Reisner D. Fuzzy logic modelling of state-of-charge and available capacity of nickel/metal hydride batteries. Journal of Power Sources. 2004, 136 (2): 322-333

[31] Cai C H, Du D, Liu Z Y. Battery State of Charge(SOC) Estimation Using Adaptive Neuro-FuzzyInference System//The IEEE international Conference on Fuzzy Systems, 2003 May, (2): 1068-1073.

[32] Yan J, Li C, Xu G, et al. IEEE Intelligent Vehicles Symposium, Xi an, June 2009.

[33] Gregory L. Plett. Sigma-point Kalman filtering for battery management systems of LiPB-based HEV battery packs: Part 2: Simultaneous state and parameter estimation. Journal of Power Sources, 2006, 161(2): 1369-1384.

[34] Miloccoa R H, Castro B E. State of charge estimation in Ni-MH rechargeable batteries. Journal of Power Sources, 2009, 194(1): 558-567.

[35] 田晓辉,刁海南,范波,等. 车用锂离子动力电池 SOC 的预测研究. 电源技术, 2010, 34(1): 51-54.

[36] Sun F C, Hu X S, Zou Y, et al. Adaptive unscented Kalman filtering for state of charge estimation of a lithium-ion battery for electric vehicles. Energy, 2011, 36(5): 3531-3540

[37] 裴锋,黄向东,罗玉涛,等. 电动汽车动力电池变流放电特性与荷电状态实时估算. 中国电机工程学报, 2005, (9): 164-168.

[38] 夏晴,刘志远. 电动汽车动力电池荷电状态的滑模估算方法. 东南大学学报(自然科学版), 2011, (41): 97-101.

[39] 吴红杰,齐铂金,郑敏信,等. 基于 Kalman 滤波的镍氢动力电池 SOC 估算方法. 北京航空航天大学学报, 2007, 33(8): 945-948.

[40] Wang H Q, Verbrugge M, Wang J S, et al. Multi-parameter battery state estimator based on the adaptive and direct solution of the governing differential equations. Journal of Power Sources, 2011, 4(3): 8735-8741.

[41] 林成涛,陈全世,王燕超,等. 用改进的安时计量法估算电动汽车动力电池 SOC. 清华大学学报(自然科学版), 2006, 46(2): 247-251.

[42] 武国良. 电动汽车用镍氢电池剩余电量估算方法研究. 哈尔滨: 哈尔滨工业大学博士学位论文, 2010.

[43] Lu R G, Wang T S, Feng F, et al. SOC Estimation Based on the Model of Ni-MH Battery Dynamic Hysteresis Characteristic//The 25th World Battery, Hybrid and Fuel Cell Electric Vehicle Symposium & Exhibition, 2010

[44] Maleki H, Hallaj S, Selman J R, et al. Thermal Properties of Lithium-ion Battery and Components . Journal of the Electrochemical Society, 1999, 146(3): 947-954.

[45] Zhang S S, Xu K, Allen J L, et al. Effect of propylene carbonate on the low temperature performance of Li-ion cells. Journal of Power Sources, 2002, 110(1): 216-221.

[46] Huang C K, Sakamoto J S, Wolfenstine J, et al. The limits of low temperature performance of Li-Ion cells. Internation Journal of The Electrochemical Society, 2000, 147 (8): 2893-2896.

[47] Jansen A N, Dees D W, Abraham D P, et al. Low-temperature study of lithium-ion cells using a LiySn micro-reference electrode. Journal of Power Sources, 2007, 174(2): 373-379.

[48] Li J, Yuan C F, Guo Z H, et al. Limiting factors for low-temperature performance of electrolytes in $LiFePO_4$/Li and graphite/Li half cells. Electrochimica Acta, 2012, (59): 69-74.

[49] Calabek M, Micka K, Baca P, et al. Resistance changes and premature capacity loss in lead battery plates . Journal of Power Sources, 1996, 62(2): 161-166

[50] Fan J, Fedkiw P S. Electrochemical impedance spectra of full cells: relation to capacity and capacity-rate of rechargeable Li cells using $LiCoO_2$, $LiMn_2O_4$, and $LiNiO_2$ cathodes. Journal of Power Sources, 1998, 72(2): 165-173

[51] Wenzl H, Baring-Gould I, Kaiser R, et al. Life prediction of batteries for selecting the technically most suitable and cost effective battery. Journal of Power Sources, 2005, 144(2): 373-384.

[52] Spotnitz R. Simulation of capacity fade in Lithium-ion batteries. Journal of Power Sources, 2003, 13(1): 72-80.

[53] 贺艳兵. 高功率锂离子电池电化学性能和安全性能的研究. 天津：天津大学博士学位论文，2009.

[54] 朴金丹，罗新耀，李秀琴. 锂离子电池高倍率放电性能的影响因素. 华南师范大学学报（自然科学版），2009，11：120-121.

[55] Hongwen H, Rui X, Guo H Q. Online estimation of model parameters and state-of-charge of LiFePO4 batteries in electric vehicles. Applied Energy. 2012, 89(1): 413-420.

[56] Lee S, Kim J, Lee J, et al. State-of-charge and capacity estimation of lithium-ion battery using a new open-circuit voltage versus state-of-charge. Journal of Power Sources, 2008, 185(2): 1367-1373.

[57] He H W, Xiong R, Guo H Q. Online estimation of model parameters and state of charge of LiFePO4 batteries in electric vehicles. Applied Energy, 2012, 89(1): 413-420.

[58] Gregory L. Plett. Extended Kalman filtering for battery management systems of LiPB-based HEV battery packs: Part 1. Background. Journal of Power Sources, 2004, 134(2): 252-261.

[59] Abu-Sharkh S, Doerffel D. Rapid test and non-linear model characterisation of solid-state lithium-ion batteries. Journal of Power Sources, 2004, 130(1-2): 266-274.

[60] 宋怀河，杨树斌，陈晓红. 影响锂离子电池高倍率充放电性能的因素. 电源技术，2009，6：443-448.

[61] Wu M S, Chiang P C J, Lin J C. Electrochemical investigations on advanced Lithium-Ion batteries by three-electrode measurements. Journal of Electrochemica Society, 2005, 152 (1): A47-A52.

[62] Avery N R, Black K J. Kinetic analysis of capacity fade in lithium/coke half-cells. Journal of Power Sources, 1997, 68(2): 191-194.

[63] He H W, He C W, Zhang X W, et al. Online model-based estimation of state-of-charge and open-circuit voltage of lithium-ion batteries in electric vehicles. Energy, 2012, 39 (1): 310-318.

[64] Hossein M, Said A H, J. Robert S, et al. Thermal properties of Lithium-ion battery and components. Journal of the Electrochemical Society, 1999, 146(3): 947-954.

[65] Karen E T, Christian B, John N. Measurement of the entropy of reaction as a function of state of charge in doped and undoped Lithium manganese oxide. Journal of the Electrochemical Society, 2001, 148(6): A570-A575.

[66] Kazuo O, Hisashi K, Takeshi H, et al. Experimental study on heat generation behavior of small Lithium-ion secondary batteries. Journal of the Electrochemical Society, 2003 , 150 (3): A285-A291.

[67] Bernardi D, Pawlikowski E, Newman J. A general energy balance for battery systems. Journal of the Electrochemical Society. 1985, 132(1): 5-12.

[68] Lin R, Newman J. Heat-generation rate and general energy balance for insertion battery systems. Journal of the Electrochemical Society, 1997, 144(8): 2697-2704.

[69] Newman J, Thomas K E, Hafezi H, et al. Modeling of lithium-ion batteriesJournal of Power Sources, 2003, 119-121: 838-843.

[70] Sato N. Thermal behavior analysis of lithium-ion batteries for electric and hybrid vehicles. Journal of Power Sources, 2001, 99(1,2): 70-77.

[71] Waag W, Käbitz S, Sauer D U. Experimental investigation of the lithium-ion battery impedance characteristic at various conditions and aging states and its influence on the application. Applied Energy, 2013, 102: 885-897.

[72] Giuliano M R, Advani S G, Prasad A K. Thermal analysis and management of lithium-titanate batteries. Journal of Power Sources, 2011, 196(15): 6517-6524.

[73] Jeon D H, Baek S M. Thermal modeling of cylindrical lithium ion battery during discharge cycle. Energy Conversion and Management, 2011, 52 (8,9): 2973-298.

[74] Zhang X W. Thermal analysis of a cylindrical lithium-ion battery. Electrochimica Acta, 2011, 56(3): 1246-1255.

[75] Fleckensteina A, Bohlena O, Roscherb M A. Current density and state of charge inhomogeneities in Li-ion battery cells with LiFePO4 as cathode material due to temperature gradients. Journal of Power Source, 2011, 196(10): 1769-4778.

[76] Henjes K, Liu M. Hydrodynamics of polarizable liquids. Annals of Physics, 1993, 223(2): 243-276.

[77] Latz A, Zausch J. Thermodynamic consistent transport theory of Li-ion batteries. Journal of Power Sources, 2011, 196(6): 3296-3302.

[78] Bazant M Z, Thornton K, Ajdari A. Diffuse-charge dynamics in electrochemical systems. Physical Review, 2004, E70: 021506.

[79] Chu K T, Bazant M Z. Nonlinear electrochemical relaxation around conductors. Physical Review, 2006, E74: 011501.

[80] de Groot S, Mazur P, Non-Equilibrium Thermodynamics. New York: Dover, 1984.

[81] Kim U S, Shin C B, Kim C S. Modeling for the scale up of a lithium-ion polymer battery. Journal of Power Sources, 2009, 189(1): 841-846.

[82] 日立ビークルエナジー株式会社. 蓄電モジュール. 日本，特開 2011-222202. 2011-11-4.

[83] 本田技研工業株式会社. 組電池. 日本，特開 2011-76967. 2011-4-14.

[84] 比亚迪比亚迪股份有限公司. 一种储能电池模组. 中国，CN201838686U. 2011-05-18.

[85] 三菱重工業株式会社. 電池パック. 日本，特開 2011-138730. 2011-7-14.

[86] 陈磊涛，许思传，常国峰. 混合动力汽车动力电池热管理系统流场特性研究. 汽车工程，2009，31(3)：224-227.

[87] 朱晖，张逸成，朱昌平，等. 电动汽车电池组热管理系统的研究. 实验室研究与探索，2011，30(6)：8-10.

[88] カルソニックカンセイ株式会社. 車両用バッテリ冷却システム. 日本，特開 2008-62875. 2008-3-21.

[89] 三洋電機株式会社. 組電池. 日本，特開 2011-49137. 2011-3-10.

[90] Marongiu M J, Clarksean R L. Thermal management of battery compartments of outdoor telecommunication cabinets using phase change materials//Intelec 19th International Telecommunications Energy Conference, Proceedings: Power and Energy Systems in Conevrging Markets. 1997: 29-34.

[91] Khateeb S A, Amiruddin S, Farid M, et al. Thermal management of Li-ion battery with phase change material for electric scooters: experimental validation. Journal of Power Sources, 2005, 142(1): 345-353.

[92] Mills A, Al-Hallaj S. Simulation of passive thermal management system for lithium-ion battery packs. Journal of Power Sources, 2005, 141(2): 307-315.

[93] 日立ビークルエナジー株式会社. 蓄電モジュール. 日本，特開 2011-222202. 2011-11-4.

[94]本田技研工業株式会社. 組電池. 日本，特開 2011-76967. 2011-4-14.

[95]罗卓伟，胡泽春，宋永华，等. 电动汽车充电负荷计算方法. 电力系统自动化，2011，35(14)：36-42.

第 4 章　电动汽车能量管理技术

4.1　概　　述

面对全球范围的环境污染问题和资源短缺问题，国外很多科研机构、高校和汽车公司正努力开发、研制，以及量产新能源汽车。面临着更加严峻情形的中国政府也把目光投向了新能源汽车，包括电动汽车。国内有些大城市已经在某些线路上投入了电动公交及其他新能源城市公交。电动汽车作为新能源汽车的一种是目前中国要加强研究的一个领域。

作为电动汽车的一种，混合动力汽车使用多个动力源，因此在车辆的行驶过程中需要对这些动力源进行动力分配。这就涉及能量管理策略问题。能量管理策略在混合动力汽车中起着非常关键的作用，用好能量管理策略才能使混合动力汽车的优点得到实际体现。在过去的几十年里，人们研究开发了几种混合动力汽车的能量管理策略。这些能量管理策略可大致分为基于启发式概念(heuristic-concept-based)的策略和基于最优控制理论(optimal control theory-based)的策略。前者包括基于规则的能量管理策略和基于模糊逻辑的能量管理策略[1,2]等。这类能量管理策略出现在混合动力汽车早期的研究中，而且目前上市的混合动力汽车也普遍采用这类策略。这类策略在其实现上相对简单，但需要丰富的经验知识去制定相关的控制规则。应用这类策略时，混合动力汽车的燃油经济性很难达到最优化的目标。为了弥补上述缺点，人们后来开始研究基于最优控制理论的能量管理策略。应用于混合动力汽车能量管理策略的最优控制理论包括动态规划算法(dynamic programming)[3]和庞特里亚金最小值原理(Pontryagin's minimum principle)[3]。其中，动态规划算法[4]可以在未来行驶工况预先给定的情况下保证混合动力汽车能量管理的全局优化结果，使混合动力汽车的燃油经济性达到全局最优值。由于一般采用后向算法，再加上计算时间过长，动态规划算法不能直接应用于实际。庞特里亚金最小值原理[5-7]以实时提供最优化的必要条件的方式对混合动力汽车的动力源进行能量管理，从而使混合动力汽车的燃油经济性达到最优值。由于实时性，基于庞特里亚金最小值原理的能量管理策略可以应用于实际车辆，即便车辆的未来行驶工况未知，而且在车辆的行驶过程中一般只需调整一个控制参数即可。此外，有关研究[7]已证明在电池的某些假设成立的情况下，应用基于庞特里亚金最小值原理的能量管理策略可以得出与动态规划算法同样的全局优化结果。由于上述优点，基于庞特里亚金最小值原理的能量管理策略可以说是目前最具有应用前途的策略之一。还有一种与基于庞特里亚金最小值原理的能量管理策略相似的策略，叫等效燃油最小化策略（equivalent consumption minimization strategy）[8,9]。这一策略虽然能在特定情况下得出与基于庞特里亚金最小值原理的能量管理策略同样的结果，但在其应用中确定控制参数时没有充分的理论依据，尤其对多状态变量多控制目标的情况。庞特里亚金最小值原理来源于最优控制理论，因此即使系统的状态变量和控制目标增加，也能根据其必要条件来确定控制参数。表 4-1 综合比较了上述几种混合动力汽车的能量管理策略。

表 4-1 混合动力汽车能量管理策略的比较

能量管理策略	特点	优点	缺点
启发式能量管理策略	基于规则	易于实现	1. 制定规则需要丰富的经验知识 2. 很难达到最优控制的目标
动态规划算法	最优控制理论	全局优化	1. 采用后向算法 2. 计算时间过长 3. 不能应用于实际
等效燃油最小化策略	电池的等效燃油消耗概念	可以应用于实际	1. 局域优化 2. 控制参数的确定缺乏理论依据

续表

能量管理策略	特点	优点	缺点
庞特里亚金最小值原理	最优控制理论	1. 在一定条件下可以得到全局优化的结果 2. 可以应用于实际 3. 控制参数的确定有理论依据	

本章的创新点如下。

① 提出基于庞特里亚金最小值原理的混合动力汽车能量管理策略,并将此策略的结果与基于规则的策略和动态规划算法的结果进行了比较。

② 根据在实际运行中车辆的工况不确定的特点,提出基于未来工况预测的电动汽车能量管理与优化控制技术。

③ 针对再生制动系统的多目标和复杂约束问题,提出一种基于模糊策略的混合制动系统控制策略,可以有效提升制动的安全和节能性。

4.2　基于规则的能量管理策略

在这里,燃料电池混合动力汽车作为电动汽车的一种被选为研究对象。我们首先介绍燃料电池混合动力汽车的模型以及所选用的车辆参数,之后针对该燃料电池混合动力汽车提出一种基于规则的能量管理策略。

4.2.1　车辆的模型

燃料电池混合动力汽车的结构如图4-1所示。该图同时表示燃料电池混合动力汽车内部的能量流。在这一结构中,燃料电池系统为主动力源,电池为辅助动力源。燃料电池系统和电池的电能通过电动机转换成机械能推动车辆。同时,电池也可以通过电动机(电动机工作成发电机)回收车辆的制动能量。

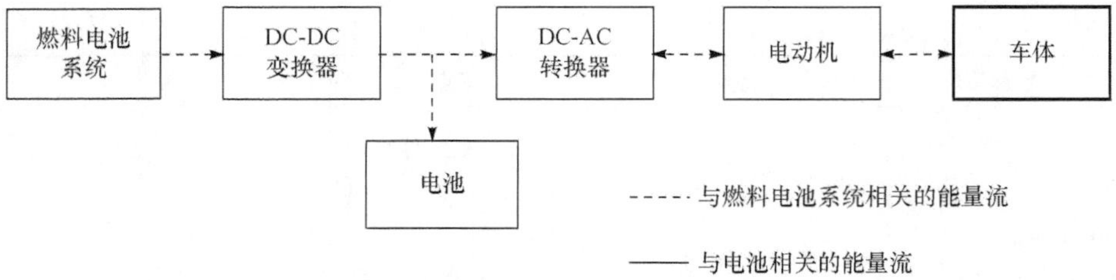

图 4-1　燃料电池混合动力汽车的结构以及能量流

这里用到的与车辆动力学有关的参数如表 4-2 所示；用到的燃料电池混合动力汽车的动力系统信息如表 4-3 所示。

表 4-2　车辆参数

参数	值
车辆总重/kg	1700
质量系数	1.1
终端齿轮效率/%	95
轮胎半径/m	0.29
空气动力阻力系数	0.37
车辆最大截面面积/m^2	2.59
空气密度 /(kg/m^3)	1.21
滚动阻力系数	0.014

针对燃料电池采用了稳态模型(steady-state model)[10]。图 4-2 表示由该模型得出的 62 kW 的燃料电池系统的功率特性。燃料电池系统的净功率(FCS net power)等于燃料电池组产生的功率(stack power)减去压缩机和其他附件所消耗的功率(compressor power and other auxiliary power)。

表 4-3　燃料电池混合动力汽车的动力系统信息

参数	值
电动机功率/kW	75
变换器效率/%	95
燃料电池系统净功率/kW	62
电池容量/Ah	6.5

对于一个燃料电池组，其燃油消耗率$\dot{m}_{h_2}$与电池组的电流 I_{stack}有着以下的关系，即

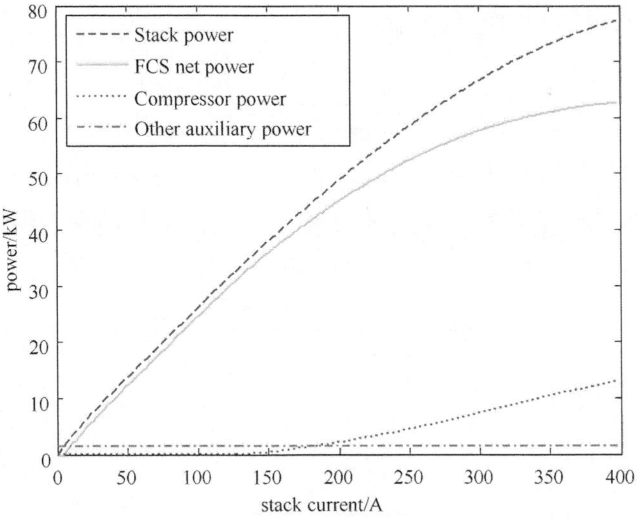

图 4-2　燃料电池系统的功率特性

$$\dot{m}_{h_2}=\frac{N_{cell}\cdot M_{h_2}}{n\cdot F}\cdot I_{stack}\cdot\lambda \tag{4-1}$$

其中，M_{h_2}表示氢的摩尔质量；n 表示反映中移动的电子数；F 是法拉第常数；λ 是氢气过量比。

如图 4-2 和式(4-1)所示，燃料电池系统的净功率 P_{fcs}和燃油消耗率 $\dot{m}_{h_2}$都与电池组的电流 I_{stack}有关，因此这两者之间也存在一定的关系，如图 4-3 所示。

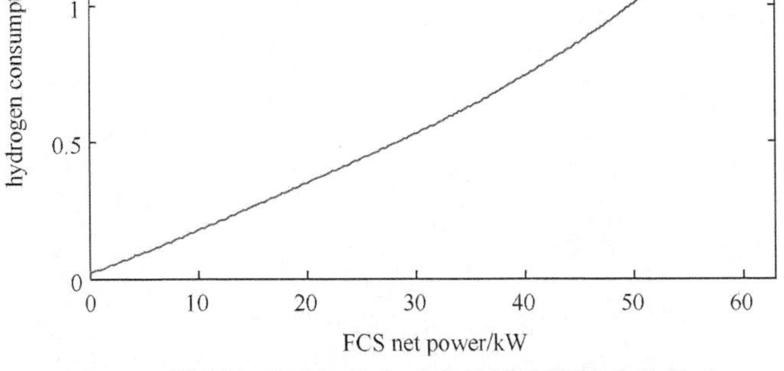

图 4-3　燃料电池系统的净功率与燃油消耗率的关系

燃料电池系统的效率 η_{fcs} 为

$$\eta_{fcs}=\frac{P_{fcs}}{\dot{m}_{h_2}\cdot \mathrm{LHV}} \tag{4-2}$$

其中,LHV=120 000kJ/kg 是氢的低热值(lower heating value)。

燃料电池系统的效率如图 4-4 所示。针对电池采用如图 4-5 所示的内阻模型(internal resistance model)。

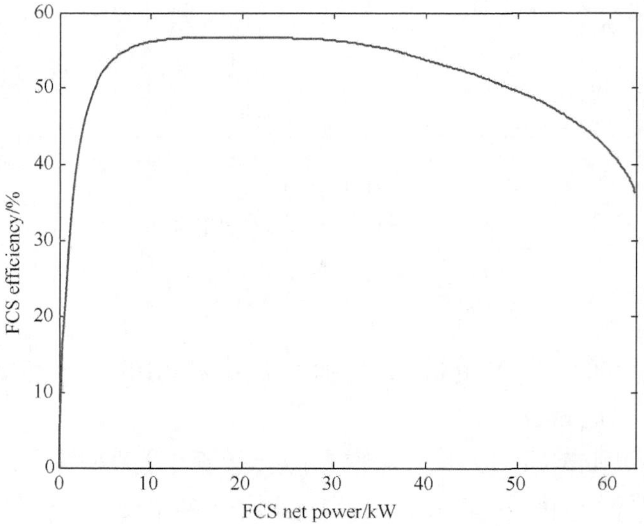

图 4-4　燃料电池系统的净功率与效率的关系

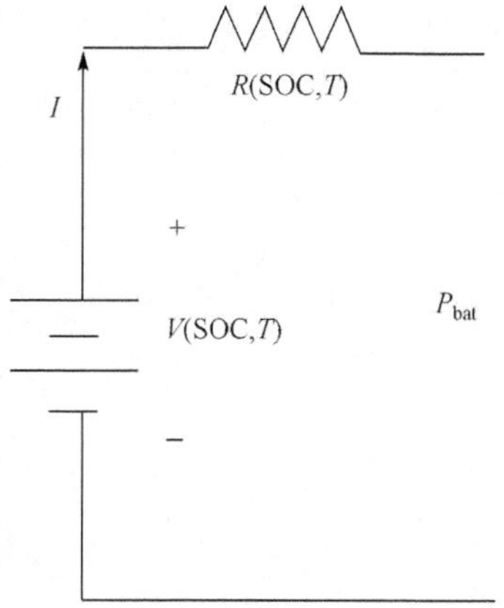

图 4-5　电池的内阻模型

在该模型中，各参数之间存在以下关系，即

$$\dot{SOC} = -\frac{I}{Q_{bat}}$$

$$I = \frac{V(SOC) - \sqrt{V(SOC)^2 - 4R(SOC) \cdot P_{bat}}}{2R(SOC)} \tag{4-3}$$

其中，SOC 表示电池的电荷状态；I 表示电池的电流；Q_{bat} 表示电池容量；V 是电池的开路电压；R 是电池的内阻；P_{bat} 是电池的功率。

我们采用 6.5Ah 的电池，图 4-6 和图 4-7 分别表示该电池的开路电压和内阻。可以看出，这两个量都与电池的 SOC 有关，而且充电时和放电时的电池内阻是不一样的。

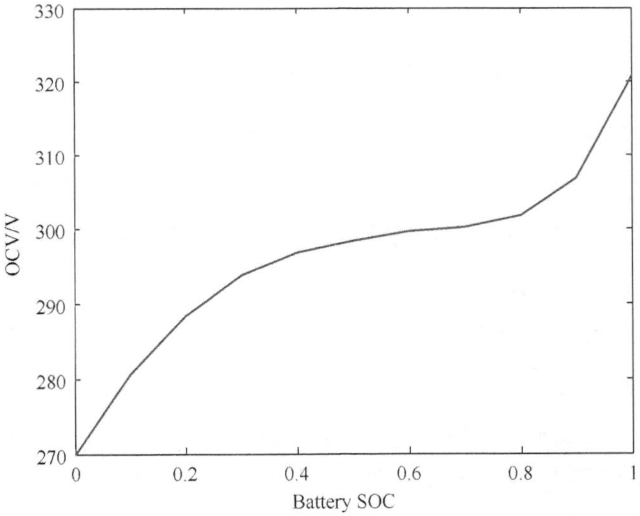

图 4-6　电池的开路电压

4.2.2　基于规则的能量管理策略

我们针对 4.2.1 介绍的燃料电池混合动力汽车提出一种基于规则的能量管理策略。该策略以提高燃料电池系统的效率为管理目标。图 4-8 是我们针对 4.2.1 节的燃料电池系统提出的基于规则的能量管理策略。该图表示，在燃料电池系统的低效率区域，尽量使用电池来驱动车辆，而在高效率区域尽量使用燃料电池来驱动车辆。车辆所需动力大于某设定值时(这里是 25kW)进入混合驱动模式，燃料电池系统提供

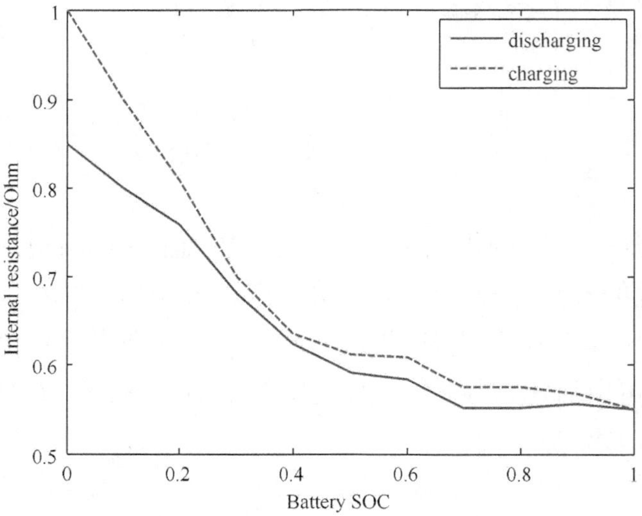

图 4-7　电池的内阻

恒定动力，电池提供剩余所需动力。同时，上述每个模式都要满足电池 SOC 使用限制的条件。该能量管理策略的仿真结果如图 4-9 所示。这里对 4.2.1 的车辆模型应用图 4-8 的能量管理策略，星号表示燃料电池系统的工作点，柱形表示上述工作点的分布率。可以看出，燃料电池系统效率最高的区域的工作点分布率是最高的。

基于规则的能量管理策略虽然实现比较简单，但是很难达到最优控制的目标，而且制定规则需要丰富的经验知识。表 4-4 列出了上述基于规则的能量管理策略与基于庞特里亚金最小值原理（最优控制理论）的能量管理策略的仿真结果。这里应用三个典型的行驶工况。可以看出，基于规则的能量管理策略达不到最优控制理论的能量管理结果。其原因可从图 4-10 看出。该图表示在与图 4-9 完全相同的仿真条件下，燃料电池系统的工作点的分布情况。表 4-4 中的燃油消耗差异就是由图 4-9 和图 4-10 的差异引起的。

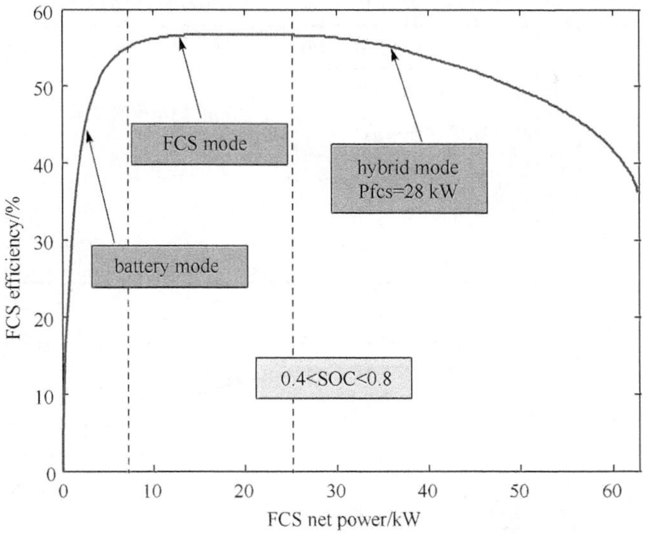

图 4-8　基于规则的能量管理策略

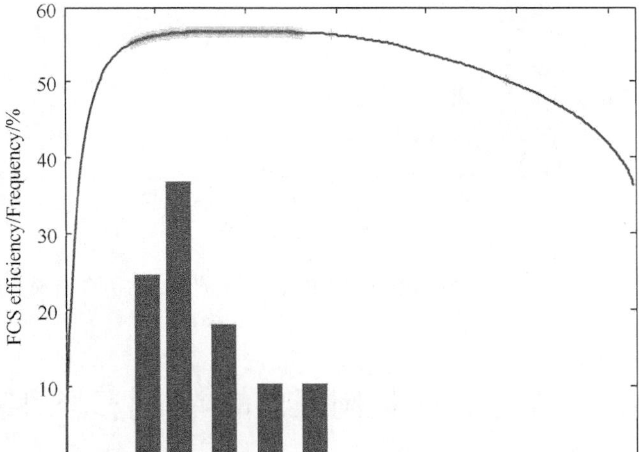

图 4-9　基于规则的能量管理策略的仿真结果

表 4-4 基于规则的和基于最优控制理论的能量管理策略的比较

行驶工况	燃油消耗/(kg/100km)		差异/%
	基于庞特里亚金最小值原理的能量管理策略	基于规则的能量管理策略	
FTP72 urban	1.127	1.166	3.46
NEDC 2000	1.269	1.325	4.44
Japan 1015	1.119	1.166	4.23

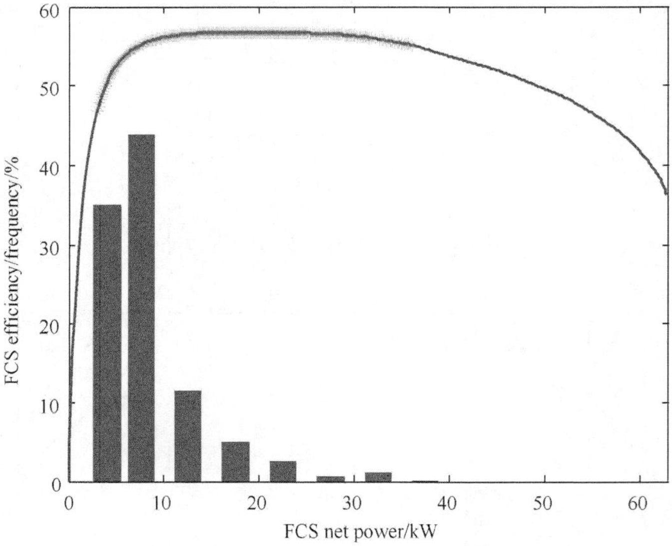

图 4-10 基于最优控制理论的能量管理策略的仿真结果

4.3 基于最优控制理论的能量管理策略

我们将两种最优控制理论应用到上述燃料电池混合动力汽车的能量管理策略,一种是动态规划(DP),另一种是庞特里亚金最小值原理(PMP)。

4.3.1 基于动态规划的能量管理策略

动态规划是来自汉密尔顿-雅可比-贝尔曼方程(HJB equation)的计算方法,这一方法在每个状态检测所有可能的控制量,从而判断每个状态的最优控制量[11]。因此,通过动态规划算法可以获得从每个状态到所指定的最终状态的最优控制路径。基于上述计算特征,动态规划算法所需的计算时间很长。

对于一个燃料电池混合动力汽车而言,最优控制的目标是在满足系统约束的条件下获得最优动力分配路径,从而使车辆的燃油消耗量最低。这里以电池 SOC 为状态变量,以电池功率 P_{bat} 为控制变量。系统的状态方程是式(4-3)。这一方程表示电池的动态行为,我们可以用以下的简化形式来替代该状态方程,即

$$\dot{SOC}=f(P_{bat},SOC) \tag{4-4}$$

将状态方程(4-4)重新写成以下的离散形式,即

$$x(k+1)=x(k)+\Delta t\cdot f(u,x),\quad k=0,1,\cdots,N-1 \tag{4-5}$$

其中,x 表示状态变量;u 表示控制变量;N 为总的计算步骤数;Δt 为每个计算步骤之间的时间间隔;f 与式(4-4)的函数相同。

控制目标 J 为燃油消耗量的最小化。从每个计算步骤的每个可行的状态到指定最终状态的最小燃油消耗量可由以下方程表示,即

$$\begin{aligned}J^*_{N-k,N}(x(N-k))=&\min_{u(N-K)}(\Delta t\cdot \dot{m}_{h_2}(x(N-k),u(N-k))\\&+J^*_{N-(k-1),N}(x(N-(k-1))))\\x(N-(k-1))=&x(N-k)+\Delta t\cdot f(u(N-k),x(N-k)),\\&k=0,1,\cdots,N-1\end{aligned} \tag{4-6}$$

其中,$J^*_{N-k,N}$表示从 $N-k$ 计算步骤的所有可行的状态到指定的最终状态的最小燃油消耗量,通过对每个状态都检测所有可能的控制量来选出来的;$J^*_{N-(k-1),N}$表示从 $N-(k-1)$计算步骤的所有可行的状态到指定的最终状态的最小燃油消耗量。

图 4-11 表示动态规划算法的解算过程。数字表示计算步骤,从 4 步开始往 0 步算;圆圈表示每个计算步骤上可行的状态,1、2、3 步各有 3 个可行的状态,0 和 4 步各有一个状态;实线表示在各计算步骤对每个状态算出的至最终状态的最优状态轨迹。可以看出,动态规划算法的解算结果只有在整个计算完全结束时才能知道。

动态规划算法的计算结果可形成一个最优领域,该最优领域不仅包括图 4-11 的最优状态(电池 SOC)轨迹信息,而且包括控制目标(燃

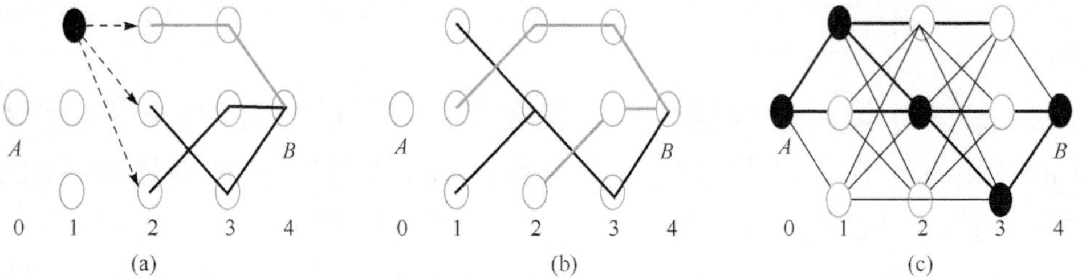

图 4-11　动态规划算法的结算过程

油消耗量)的信息。图 4-12表示动态规划算法的最优领域一例。该图是针对 4.2.1 节的车辆行驶在 FTP72 urban 工况的情况,包含从所有可行的状态到最终状态的燃油消耗量信息。实线表示计算出的最优电池 SOC 轨迹,同时对应初始电池 SOC 值($t=0$ 时的 SOC 值,这里为 0.6)的 Z 轴数据显示对应该最优轨迹的最小燃油消耗量值。

我们在下一节介绍庞特里亚金最小值原理时,对 4.2.1 节的燃料电池混合动力汽车分别应用动态规划算法和庞特里亚金最小值原理,并对其仿真结果进行比较。

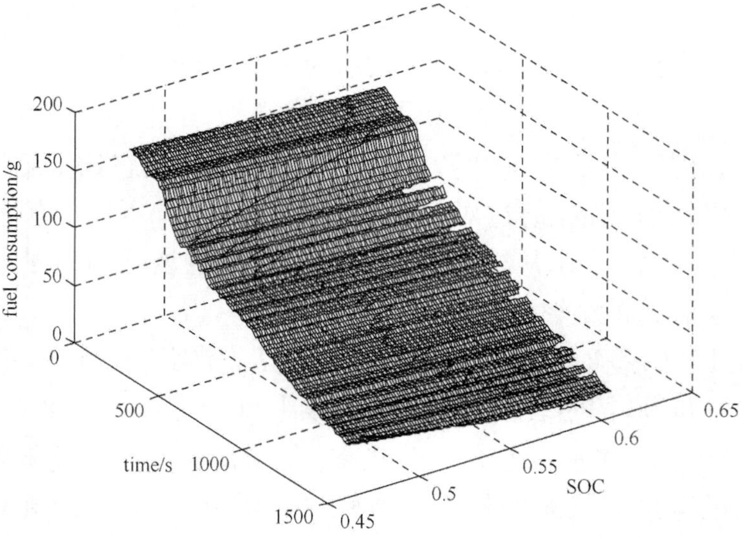

图 4-12　动态规划算法的最优领域结果

4.3.2 基于庞特里亚金最小值原理的能量管理策略

基于庞特里亚金最小值原理(PMP)以实时提供最优化的必要条件的方式解决混合动力汽车的动力分配问题。在这个控制问题中,状态变量同样是电池 SOC,状态方程同样是式(4-4)。在 4.3.1 节的控制问题阐述中,控制变量是电池的功率 P_{bat}。在车辆行驶工况给定的情况下,可获取整车所需的总动力,因此电池功率 P_{bat} 可用燃料电池系统净功率 P_{fcs} 描述。在这里,我们以燃料电池系统净功率 P_{fcs} 为控制变量,状态方程(4-4)采用不同于 f 的函数 F,变形为如下,即

$$\dot{\mathrm{SOC}}=F(P_{fcs},\mathrm{SOC}) \tag{4-7}$$

控制目标仍然是燃油消耗量的最小化。考虑系统的状态方程(4-7)和图 4-3 的关系,控制目标可以表示为

$$J=\int_{t_0}^{t_f}\{\dot{m}_{h_2}(P_{fcs})+p\cdot(F-\dot{\mathrm{SOC}})\}\mathrm{d}t \tag{4-8}$$

其中,p 为拉格朗日乘子,在庞特里亚金最小值原理也叫共同状态变量,这里 p 是燃油消耗和电消耗之间的等价参数。

根据最优控制理论,上述最优控制问题的必要条件是当 $\delta J=0$ 时给出的[3]。当我们定义汉密尔顿函数 H 为

$$H=\dot{m}_{h_2}(P_{fcs})+p\cdot F(P_{fcs},\mathrm{SOC}) \tag{4-9}$$

根据 $\delta J=0$ 给出的使整个行驶工况的燃油消耗量最小的必要条件如下,即

$$\begin{aligned}\frac{\partial H}{\partial p}&=\dot{\mathrm{SOC}}\\ \frac{\partial H}{\partial \mathrm{SOC}}&=-\dot{p}\\ \frac{\partial H}{\partial P_{fcs}}&=0\end{aligned} \tag{4-10}$$

其中,第一个必要条件是状态方程,上述最优控制问题的解首先必须要满足系统的状态方程;第二个必要条件叫共同状态方程,这一必要条件给出了共同状态 p 要满足的条件;第三个必要条件给出了决定最优控制变量 P_{fcs} 的条件,也就是最优控制变量是使汉密尔顿函数 H 最小的

P_{fcs}值。上述必要条件需要在整个行驶工况始终满足。

PMP 是上述必要条件的更广泛的形式，第三个必要条件将采取以下形式，即

$$H(P_{fcs}^*, SOC^*, p^*, t) \leqslant H(P_{fcs}, SOC^*, p^*, t) \tag{4-11}$$

其优点是降低了对 H 的要求，可适用于非线性的或不可微的或非凹形的等各种 H[11]。图 4-13 为 PMP 解算上述最优控制问题的一例，是一个计算时刻的情况。每一个计算时刻都会存在可行的控制变量 P_{fcs} 的范围，PMP 根据式(4-11)的条件从所有可行的控制变量中选取最优控制变量 P_{fcs}^*。第一个子图表示汉密尔顿函数 H 的第一项；第二个子图表示汉密尔顿函数的第二项去除 p 的部分；第三个子图是汉密尔顿函数。从第三个子图的形状可以看出，这一计算时刻的最优控制变量是对应于抛物线顶点的 P_{fcs} 值。PMP 在整个行驶工况的每个计算时刻都进行如图 4-13 的处理，最终获取最优控制轨迹。

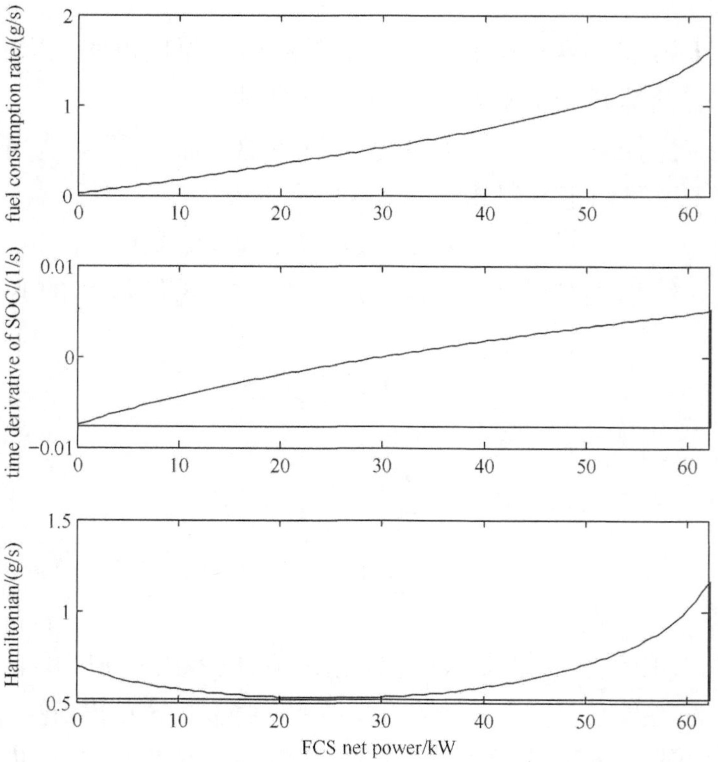

图 4-13　PMP 的解算一例

由上述内容可知，PMP是一种瞬时优化理论，每一时刻计算当前时刻的最优解。因此，PMP的计算时间相对动态规划很短。动态规划是一种全局优化理论，而PMP是一种局域优化理论，因此这两种方法的结果有多少差别是人们关注的问题。动态规划算法和基于PMP的能量管理策略的比较结果如图4-14所示。在这里，针对4.2.1节的燃料电池混合动力汽车行驶在FTP72 urban工况的情况分别应用了上述两种能量管理方法。图4-14(a)是燃料电池系统净功率的比较；图4-14(b)是电池功率的比较；图4-14(c)是电池SOC的比较。由三个子图的比较可以看出，应用两种能量管理策略得到的结果十分接近。图4-15和图4-16分别是针对NEDC2000和Japan1015工况的比较结果。

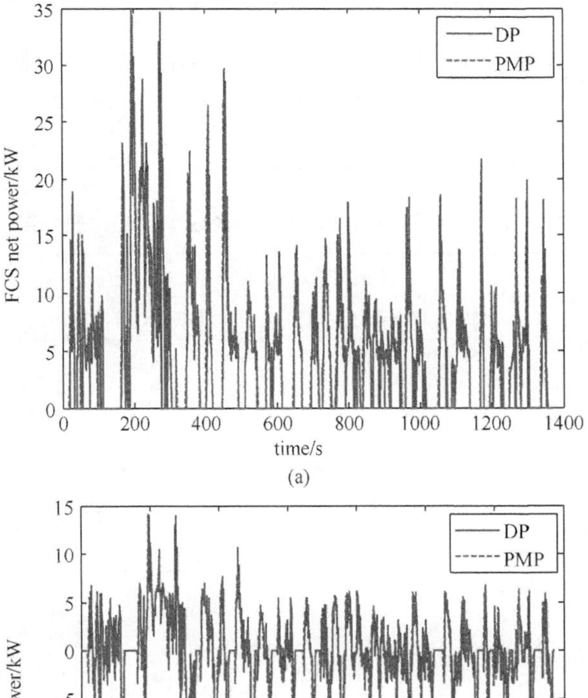

(a)

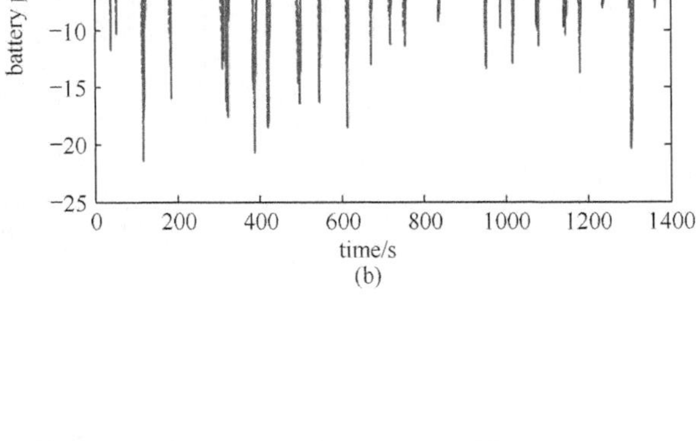

(b)

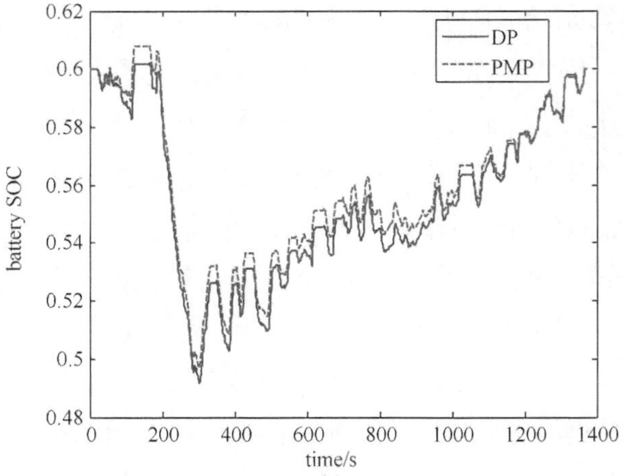

(c)

图 4-14 动态规划算法和基于 PMP 的能量管理策略的比较(FTP72 urban 工况)

表 4-5 显示对应图 4-14、图 4-15,以及图 4-16 的具体的燃油消耗量数据。同时,还给出了另外两个行驶工况的比较情况。可以看出,两种方法的结果差异能保持在 0.5%以内。

表 4-5 PMP 和动态规划算法的燃油消耗的比较结果

行驶工况	燃油消耗/(kg/100km)		差异/%
	基于 PMP 的能量管理策略	动态规划算法	
FTP72 urban	1.154	1.149	0.44
NEDC2000	1.282	1.279	0.23
Japan1015	1.137	1.133	0.35

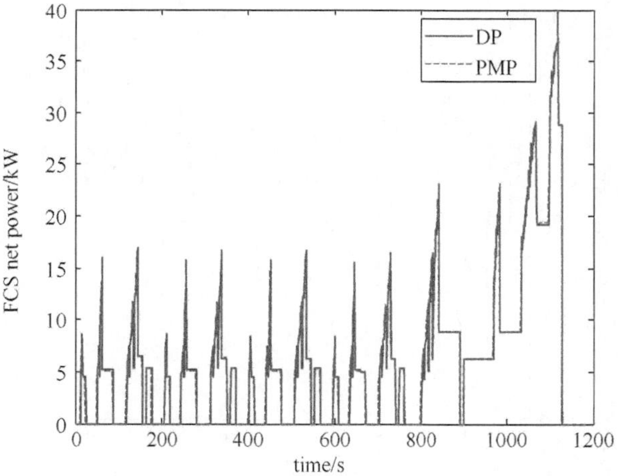

(a)

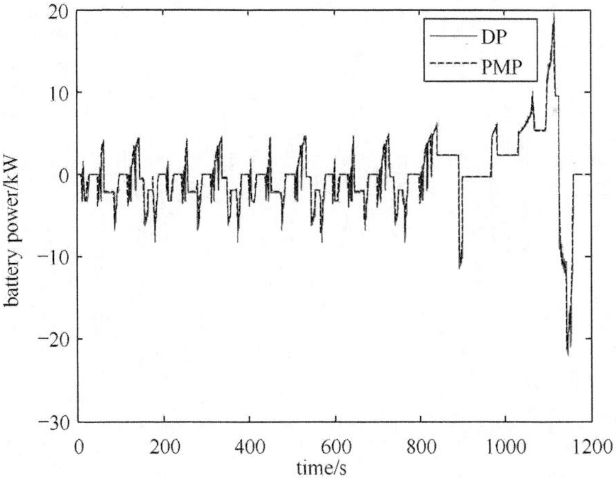

(b)

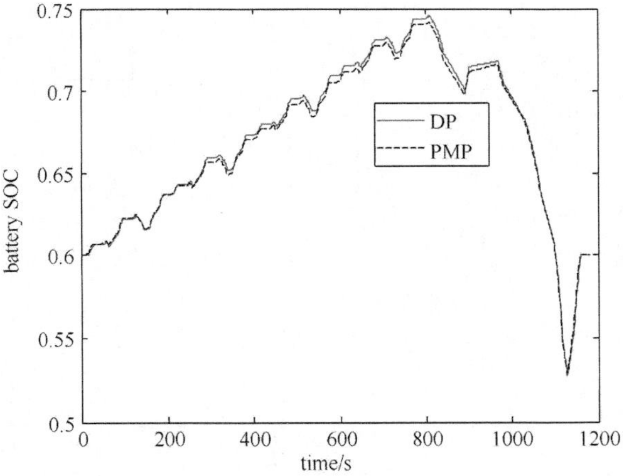

(c)

图 4-15　动态规划算法和基于 PMP 的能量管理策略的比较(NEDC2000 工况)

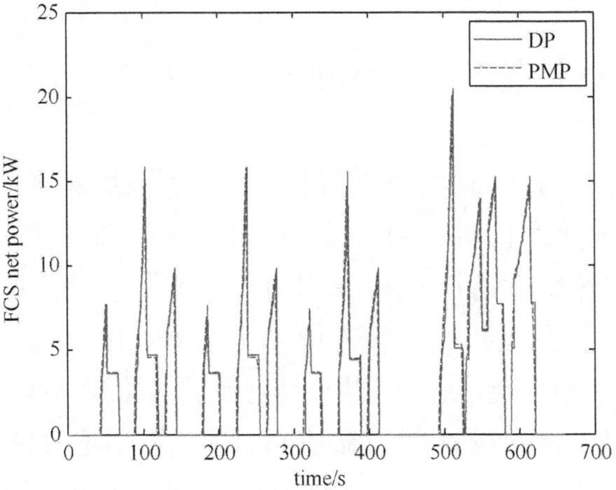

(a)

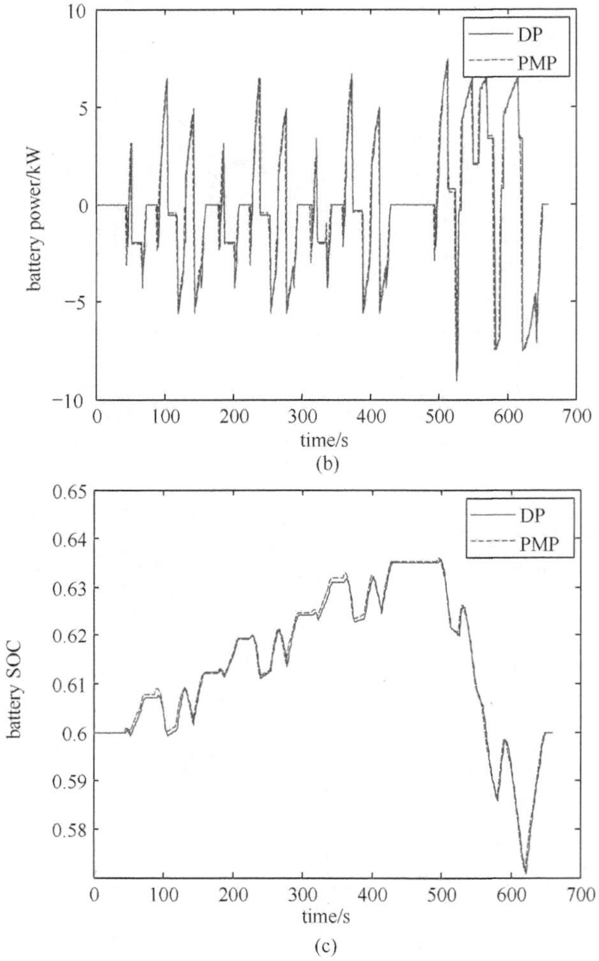

图 4-16　动态规划算法和基于 PMP 的能量管理策略的比较(Japan1015 工况)

4.4　基于未来工况预测的能量管理与优化控制技术

在 4.3 介绍的基于最优控制理论的能量管理策略都是在某一指定的行驶工况下进行评价的。在实际车辆的运行中,行驶工况不是事先确定的,而是根据实际情况随时变化的。如果可以获取前方道路及交通信息,可有效对混合动力汽车进行动力分配,并且也可以根据这些信息调整车辆的行驶路径,从而可进一步减少燃油消耗量。在这一部分,我们对基于 PMP 的能量管理策略进行了扩展,其目的是根据预测到的未来工况信息对混合动力汽车的动力分配进行优化,同时也对该车辆的行驶路径进行优化。

4.4.1　概念与原理

首先对根据未来工况预测对混合动力汽车的动力分配,以及行驶路径进行优化的控制问题进行描述,并介绍其概念与原理。目前,预测未来工况信息的方法大致分为统计学方法、基于马尔可夫链的预测方法、借助遥感技术的方法。统计学方法是根据历史工况数据及当前数据预测未来工况的一种方法,包含的工况数据有平均速度、平均加速度或减速度、最大加速度、最大速度、最小减速度、加速度标准偏差等,还需要结合神经网络、模糊逻辑等各种分析数据的方法。基于马尔可夫链的预测方法是通过分析未来工况各定义参数的分布概率,并根据当前工况的对应参数,判断未来工况的一种随机方法。前两种方法可以总结为根据过去和当前信息预测未来信息的方法,这类方法虽然在其实现方面较简便,但需要大量的历史数据和参数,且其可靠性和准确度还需要进一步完善。最后一种预测未来工况信息的方法是借助遥感技术的方法。目前,对全球定位系统(global positioning system)、地理信息系统(geographical information system)、智能交通系统(intelligent transportation system)技术,以及车车通信 (V2V communication)技术的研究非常活跃。这些技术可应用于预测车辆前方指定范围内的状况,并把预测到的信息实时传送给驾驶员供参考。这类方法相对准确直观。这两类方法的相关信息如表 4-6 所示。随着传感技术和通信技术的发展,第二类方法逐渐成为这一领域的发展趋势,我们采用后者。

表 4-6　预测车辆前方信息的两种方法

预测车辆前方信息的方法	特征	备注
利用过去和当前信息的方法	定义代表工况、工况参数并通过分析过去和当前的这些信息来预测未来的工况信息	1. 依赖于代表工况以及工况参数的数量 2. 虽然简便,但是可靠性和准确度还需要进一步完善
借助遥感技术和通信技术的方法	从 GPS、GIS、ITS 等获取信息并利用车车通信	1. 依赖于当前的传感技术和通信技术 2. 相对准确、直观

图 4-17 描述这一部分介绍的混合动力汽车能量管理策略的原理。从 GPS 和 ITS 等装置获取的未来工况信息可包括前方一定距离范围内的路段地形信息和交通流量信息，包括最大车速限制和最小车速限制等信息。在这里，我们假设上述信息已通过 GPS 和 ITS 等装置获取。混合动力汽车根据这些信息从最大和最小车速范围内搜寻最优行驶路径，同时也对混合动力汽车的动力分配进行优化。

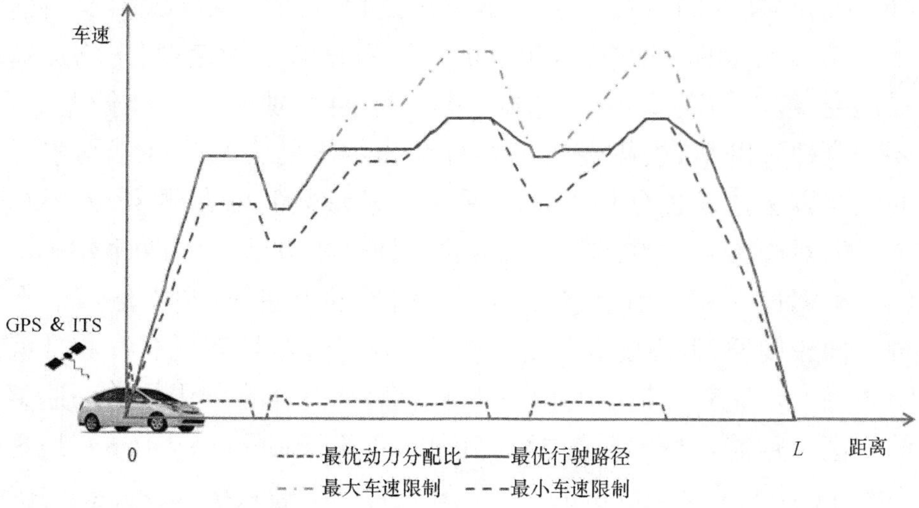

图 4-17　基于未来工况预测对混合动力汽车的动力分配以及行驶路径进行优化

4.4.2　预测控制方法

在这里，我们针对燃料电池混合动力汽车，对上述控制问题进行数学描述，并给出其解决方法。上述控制问题有两个状态方程，即

$$\dot{\mathrm{SOC}} = f(\mathrm{SOC}, P_{\mathrm{fcs}}, v_{\mathrm{veh}}, a_{\mathrm{veh}})$$

$$\dot{v}_{\mathrm{veh}} = a_{\mathrm{veh}} \tag{4-12}$$

其中，电池 SOC 和车辆速度 v_{veh} 是两个状态变量；燃料电池系统净功率 P_{fcs} 和车辆加速度 a_{veh} 是两个控制变量，第一个状态方程描述电池的动态变化，第二个状态方程描述车辆的动态变化。

该控制问题的目的是在预测范围内找出 P_{fcs} 和 a_{veh} 的最优轨迹，使得燃料电池混合动力汽车发生相应的动力分配轨迹和行驶路径，从而使燃油消耗量最小。

对上述状态变量和控制变量的约束如下，即

$$\mathrm{SOC}_{\min} \leqslant \mathrm{SOC}(t) \leqslant \mathrm{SOC}_{\max}$$
$$v_{\min}(t) \leqslant v_{\mathrm{veh}}(t) \leqslant v_{\max}(t)$$
$$P_{\mathrm{fcs,min}}(t) \leqslant P_{\mathrm{fcs}}(t) \leqslant P_{\mathrm{fcs,max}}(t)$$
$$a_{\min}(t) \leqslant a_{\mathrm{veh}}(t) \leqslant a_{\max}(t)$$
$$\int_{t_0}^{t_f} v_{\mathrm{veh}}(t)\mathrm{d}t = L \tag{4-13}$$

其中，L 是前方预测距离（图 4-17）；t_0 和 t_f 分别是预测距离开始和截止的时刻。

上述三个量是从 GPS 和 ITS 等装置获取的；电池 SOC 的最大约束值和最小约束值是在整个预测范围内恒定的，其他三个最大约束值和最小约束值是 $t_0 \sim t_f$ 随时间变化的。最后一个约束要在整个预测范围内的控制结束时满足。

将基于 PMP 的能量管理策略进行扩展，使其解决上述控制问题。当汉密尔顿函数 H 定义为下式时，即

$$H(\mathrm{SOC},P_{\mathrm{fcs}},v_{\mathrm{veh}},a_{\mathrm{veh}})=\dot{m}_{h_2}(P_{\mathrm{fcs}})+p_1\cdot f(\mathrm{SOC},P_{\mathrm{fcs}},v_{\mathrm{veh}},a_{\mathrm{veh}})+p_2\cdot a_{\mathrm{veh}} \tag{4-14}$$

上述控制问题的必要条件为

$$\dot{\mathrm{SOC}}^* = \frac{\partial H}{\partial p_1}(\mathrm{SOC}^*,P_{\mathrm{fcs}}^*,v_{\mathrm{veh}}^*,a_{\mathrm{veh}}^*)$$
$$\dot{v}_{\mathrm{veh}}^* = \frac{\partial H}{\partial p_2}(\mathrm{SOC}^*,P_{\mathrm{fcs}}^*,v_{\mathrm{veh}}^*,a_{\mathrm{veh}}^*)$$
$$\dot{p}_1^* = -\frac{\partial H}{\partial \mathrm{SOC}}(\mathrm{SOC}^*,P_{\mathrm{fcs}}^*,v_{\mathrm{veh}}^*,a_{\mathrm{veh}}^*)$$
$$\dot{p}_2^* = -\frac{\partial H}{\partial v_{\mathrm{veh}}}(\mathrm{SOC}^*,P_{\mathrm{fcs}}^*,v_{\mathrm{veh}}^*,a_{\mathrm{veh}}^*)$$
$$H(\mathrm{SOC}^*,P_{\mathrm{fcs}}^*,v_{\mathrm{veh}}^*,a_{\mathrm{veh}}^*,p_1^*,p_2^*)\leqslant H(\mathrm{SOC}^*,P_{\mathrm{fcs}},v_{\mathrm{veh}}^*,a_{\mathrm{veh}},p_1^*,p_2^*) \tag{4-15}$$

其中，前两个必要条件分别为系统的两个状态方程，上述最优控制问题的解首先必须要满足这两个状态方程；p_1 和 p_2 是两个共同状态变量，

分别由第三个和第四个必要条件决定；第五个必要条件决定两个控制变量 P_{fcs} 和 a_{veh} 的最优值，也就是使汉密尔顿函数 H 最小的 P_{fcs} 和 a_{veh} 的组合。必要条件式(4-15)需要在整个预测范围内的每个计算时刻都要满足。图 4-18 表示某一时刻汉密尔顿函数对 P_{fcs} 和 a_{veh} 的几何形状。由汉密尔顿函数的凹形可以看出，在这一时刻可以找出最优的 P_{fcs} 和 a_{veh} 的值。

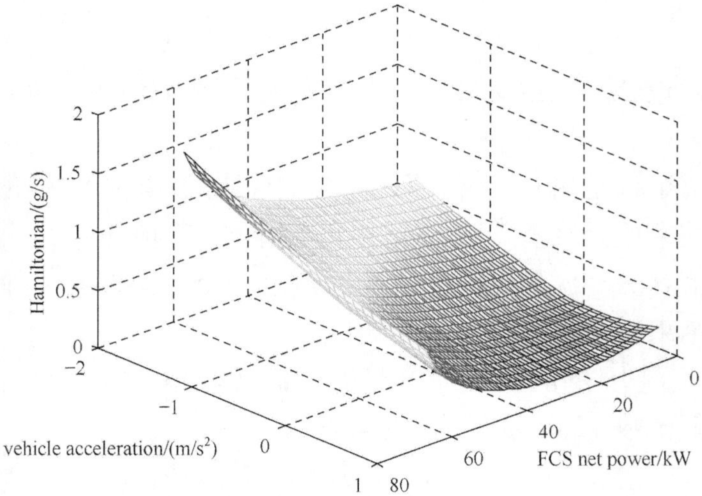

图 4-18　汉密尔顿函数的几何形状

图 4-19 表示对 4.2.1 节的燃料电池混合动力汽车应用上述必要条件(4-15)的结果一例。在这里，假设通过 GPS 和 ITS 等装置获取的前方 2173m 预测范围以内的最大车速约束轨迹和最小车速约束轨迹如图所示，那么通过上述必要条件获取的车辆最优行驶路径如图 4-19 所示。为了与 4.3.2 的基于 PMP 的能量管理策略进行比较，图 4-19 还给出了一个基准工况。该基准工况位于上述最大车速约束轨迹和最小车速约束轨迹之间，并且其工况距离与上述预测范围一样。

表 4-7 给出了图 4-19 中最优行驶路径和基准行驶工况的燃油消耗量，以及行驶距离的比较结果。可以看出，两者行驶距离只差 3m，可以认为是相同的，而通过本节的控制方法，燃料电池混合动力汽车的燃油消耗改善了大约 10.4%。

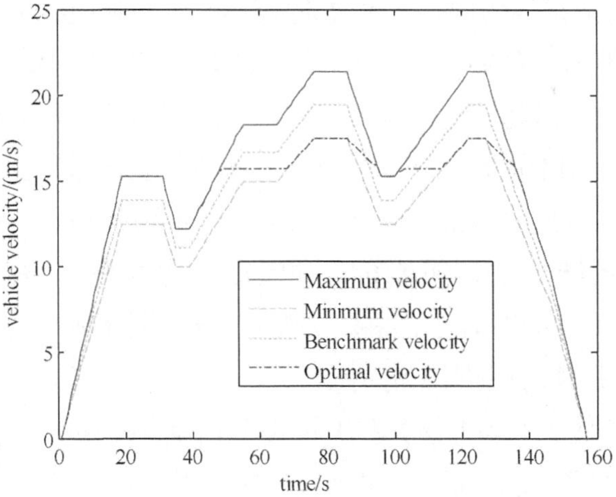

图 4-19　最优行驶路径以及基准行驶工况

表 4-7　最优行驶路径和基准行驶工况的比较

	燃油消耗/(kg/100km)	行驶距离/m
基准行驶工况	1.030	2173
最优行驶路径	0.923	2170

4.5　能量回馈制动控制技术

4.5.1　再生制动系统概述

传统汽车的制动是通过摩擦制动作用将车辆动能转换成热能耗散掉，因此造成大量的能量浪费，整车能效低。再生制动技术则研究如何将这部分动能回收到车载储能系统再次利用的新技术。在再生制动系统中，电机工作在发电机状态，产生电制动转矩，同时将动能经能量变换装置转换为电能，再储能在车载储能系统中，如功率电池、超级电容或混合型储能系统。因此，再生制动是提高整车能效、延长续驶里程的有效方法[12]。已有研究表明，回收的能量随行驶工况和再生制动策略的不同，可以占到整车能量消耗的 8%～25%左右[13-15]。

虽然再生制动在能量回收方面具有突出优势，但受到储能系统荷电状态、温度等因素的影响，并非任何时候的制动能量都可以实现回收。例如,当电池的荷电状态太高时,就不能对电池再进行充电,此时不能应用再生制动,而必须依赖传统的液压制动来提供制动力。此外,尽管电机制动有很多优点,考虑到电子系统可能失效,仍保留传统的液压制动系统,因此目前的大多数电动车,仍同时采用了液压制动和再生制动两个制动系统,称为混合制动系统(hybrid brake system,HBS)[16]。依据两种制动系统的协调机制的不同,又分为并联式、串联式两种混合制动系统。并联制动时,除了摩擦力矩,电机回馈制动力矩直接施加在驱动轴上。串联制动根据回馈制动力矩允许每个车轴上的液压制动力矩独立调节,相对于并联制动有更多的潜在动能被回收。

如何对两种制动系统进行协调,也成为混合制动系统的关键技术。协调机制可以建模为一个多目标的优化控制问题。除了提高能效的目标,还必须考虑制动的安全性、舒适性等目标。其中,安全性是制动系统控制的首要任务,要求在制动过程中,车轮不发生抱死,从而避免车辆的转向能力和操纵性变差,保证车辆的制动安全。幸运的是,与传统液压制动系统产生的摩擦制动力相比,再生制动的电制动力矩有许多突出的优势,包括转矩响应更快、测量更方便、控制精度更高,这减少了传统液压制动系统的延迟对控制系统带来的影响,提高了安全裕量[17]。此外,从提高能效的角度看,在满足制动安全的前提下,尽可能地采用再生制动有利于回收更多的能量。近年来,为了解决混合制动系统的协调控制问题,相继提出多种制动控制策略,包括基于规则的策略[18,19]、模糊控制策略[20,21]、H_∞鲁棒控制策略[22],以及神经网络方法[23]等。由于系统的不确定性、非线性的参数扰动、外部扰动等因素的影响,混合制动系统的协调控制问题仍然是一个难题。已有方法大多仅仅考虑了常见的因素,且很少从节能、安全、舒适、可靠性、易于实施性等多个目标,同时进行考虑混合制动系统的协调控制难题[24]。

4.5.2 复合制动系统的模糊控制

本节介绍一种基于模糊逻辑的制动策略,以提高节能性和车辆驾驶的安全性。在正常的制动条件下,该策略可以实现几乎最优的回馈效率,并且可以根据行驶路况,合理分配前后车轮之间的制动转矩,防止在制动时发生的抱死和侧滑现象。实验结果验证该控制策略可保证制动的安全性和稳定性,并提高能源利用效率。

混合制动控制系统的结构如图 4-20 所示。制动力分配单元主要基于制动安全,实时分配前后轴的制动力,避免前后轴车轮同时抱死。模糊逻辑主要根据当前的系统状态和参数,确定再生制动力矩的大小

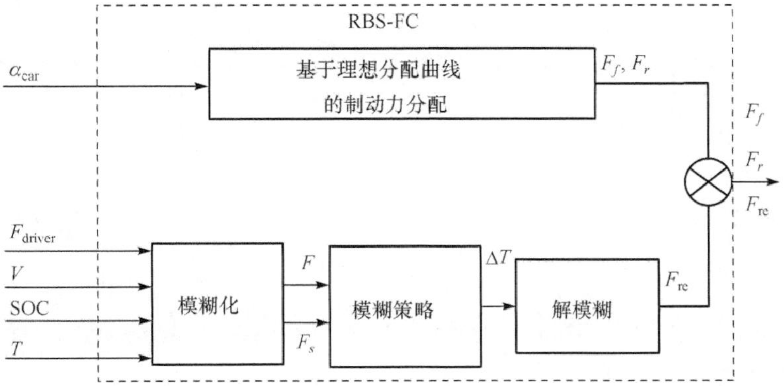

图 4-20　混合制动系统的控制策略图

(1) 前后轴制动力分配

车辆在平坦路面制动时,存在前后轴载荷转移现象(图 4-21),因此前后制动力必须合理分配,保证前后车轮不同时发生打滑。根据制动时的动力学模型,整车制动力 F_{car}与前轴制动力 F_f 和后轴制动力 F_r 之间的关系为

$$F_{car}=M\cdot\alpha_{car}=F_f+F_r \tag{4-16}$$

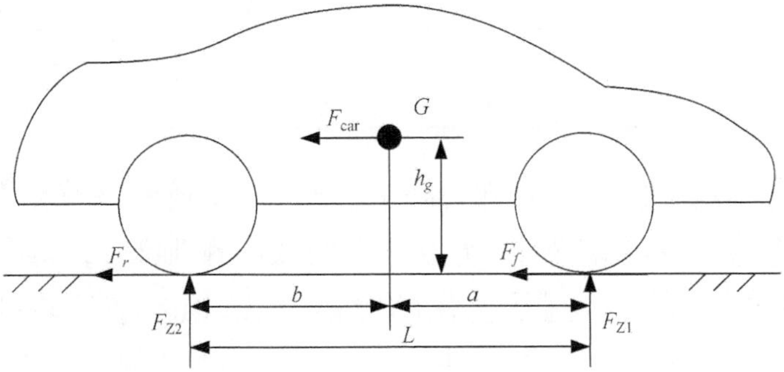

图 4-21　制动发生在平坦路面车辆的负荷运动

为了估算制动时负载运动的影响，定义制动强度 Z 为

$$z=\frac{\alpha_{car}}{g} \tag{4-17}$$

相应地，产生在前后车轮的最大制动力 F_f 和 F_r 通过式(4-3)～式(4-5)给出，即

$$F_f=\varphi \cdot F_{z1}=\varphi \cdot \frac{G(b+z \cdot h_g)}{L} \tag{4-18}$$

$$F_r=\varphi \cdot F_{z2}=\varphi \cdot \frac{G(a-z \cdot h_g)}{L} \tag{4-19}$$

$$F_f+F_r=\varphi \cdot G \tag{4-20}$$

其中，F_{z1}和 F_{z2}分别是前后车轮的法向力；G 是车的总重量；φ 表示轮胎和路面之间的摩擦系数。

理想分配曲线（式(4-6)）给出了在摩擦系数不同时前后车轮同时抱死所需要的最大制动力。按照该曲线分配前后车轮的制动力可保证制动的安全性。例如，根据表 4-8 的电动车参数可以绘制理想分配曲线(图 4-22)。

$$F_r=\frac{1}{2}\left[\frac{G}{h_g}\sqrt{b^2+\frac{4h_gL}{G}F_f}-\left(\frac{Gb}{h_g}+2F_f\right)\right] \tag{4-21}$$

表 4-8　电动汽车参数

Φ	1 ～ 0.2	M_{car}	1550/kg
L	2.28/m	a	1.0/m
Hg	0.62/m	b	1.28/m

由式(4-3)和式(4-4)可知，制动力 F_f和 F_r 随着摩擦系数的改变而改变。因此，为了根据理想制动力分配曲线分配制动力，需得到实时摩擦系数。虽然很难直接测量变化的摩擦系数，但是前后轮的制动力分配比例系数 R_f 和 R_r 不依赖于摩擦系数。通过测量加速度 α_{car}，从式(4-16)可以估算出总制动力 F_{car}，并可实现制动力按照理想制动力曲线的分配，即

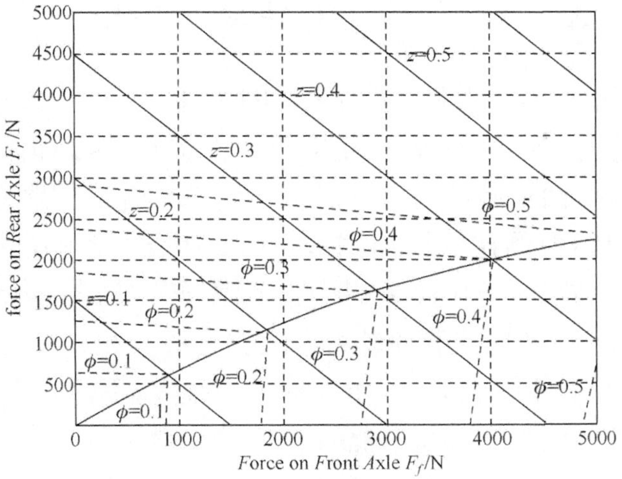

图 4-22　前后轮之间的制动力分配曲线

$$R_f=\frac{F_f}{F_f+F_r}=\frac{b+z\cdot h_g}{a+b} \tag{4-22}$$

$$R_r=1-R_f \tag{4-23}$$

(2) 再生制动力的确定

再生制动力的产生必须考虑车辆当前的状态和参数。本节的模糊逻辑控制器包含四个输入，即车速、驾驶员需求制动力、电池的 SOC、电池温度。车速和驾驶员的刹车指令对制动的安全性较大的影响。电池的限制，如电池的容量和最大允许充电电流在保护电池免遭损坏中发挥重要作用。电池容量可以通过电池 SOC 获得。最大允许充电电流是电池容量(Q)、电池温度(T)、荷电状态(SOC)和 健康状态(SOH)的函数。$I=f(Q,T,\text{SOC},\text{SOH})$，SOH 很难评估，并且对计算最大充电电流影响不大，因此我们仅考虑电池的 SOC 和电池温度。

① 驾驶员的制动力指令和回馈制动力之间的关系。

驾驶员的制动力指令和车辆行驶的安全性有关。制动力的值代表当驾驶员需要停车时的制动距离和时间。如果驾驶员的制动指令大，这意味着车辆应在很短的距离和时间内停车。此时，应该减少回馈制动力的比例。当驾驶员的制动指令适中时，使用回馈制动力的比例应该增加。最后一种情况，当驾驶员的制动力指令小时，使用大的回馈制动力。因此，我们提出驾驶员制动力指令的集合{低，中，高}，论域是[－10，2000]。隶属度函数如图 4-23(a)所示。

② 车辆的速度和回馈制动力之间的关系。

当速度低时，为确保制动安全并符合有关规定，回馈制动力的比例低；中等速度时，回馈制动的力可以增加到一个合适的水平，速度高时，则可将回馈制动力的比例增加到最大值。因此，提出速度模糊集合为{低，中，高}，论域是[－10，200]隶属度函数如图 4-23(b)所示。

③ 电池 SOC 和回馈制动动力之间的关系。

当电池的 SOC 低于 10%，电池的内阻很大，不适合充电，因此此时回馈制动力的比例很低。当电池的 SOC 在 10% ～90%，可以用较大的电流充电，回馈制动力的比例应当相应的增加。当电池 SOC 大于 90%时，此时充电电流应当减小以防止锂电池的沉积，回馈制动力的值低。因此，我们提出 SOC 的模糊集合{低，中，高}，论域为[0，1]隶属度函数如图 4-23(c)所示。

④ 电池温度和回馈制动力之间的关系。

电池温度和最大允许充电电流之间的关系为

$$k_t=\begin{cases}k_{t_1}\mathrm{e}^{kt_2}T, & -20℃\leqslant T<20℃\\ 1, & 20℃\leqslant T<45℃\\ (50-T)/5, & 45℃\leqslant T<50℃\\ 0, & T<-20℃ \text{ or } T>50℃\end{cases} \tag{4-24}$$

其中，k_t 是补偿系数；k_{t_1} 和 k_{t_2} 是温度系数，它们的值在不同温度范围内是不同的。

从该规则看，当电流值为 I，温度为 20℃时，$k_{t_1}=0.33$，$k_{t_2}=0.0549$；当温度降到 0℃，此时电流为 $I/3$。方程表达的电池温度和最大允许充电电流之间的关系不能真实反映电池温度和回馈制动力之间的关系。因此，我们根据方程使用模糊控制逻辑建立它们之间的关系。当温度低时，减少回馈制动力，当温度高时，增加回馈制动力的值。因此，我们建立电池温度的模糊集合{低，中，高}，论域为[－30，60]。隶属度函数如图 4-23(d)所示。

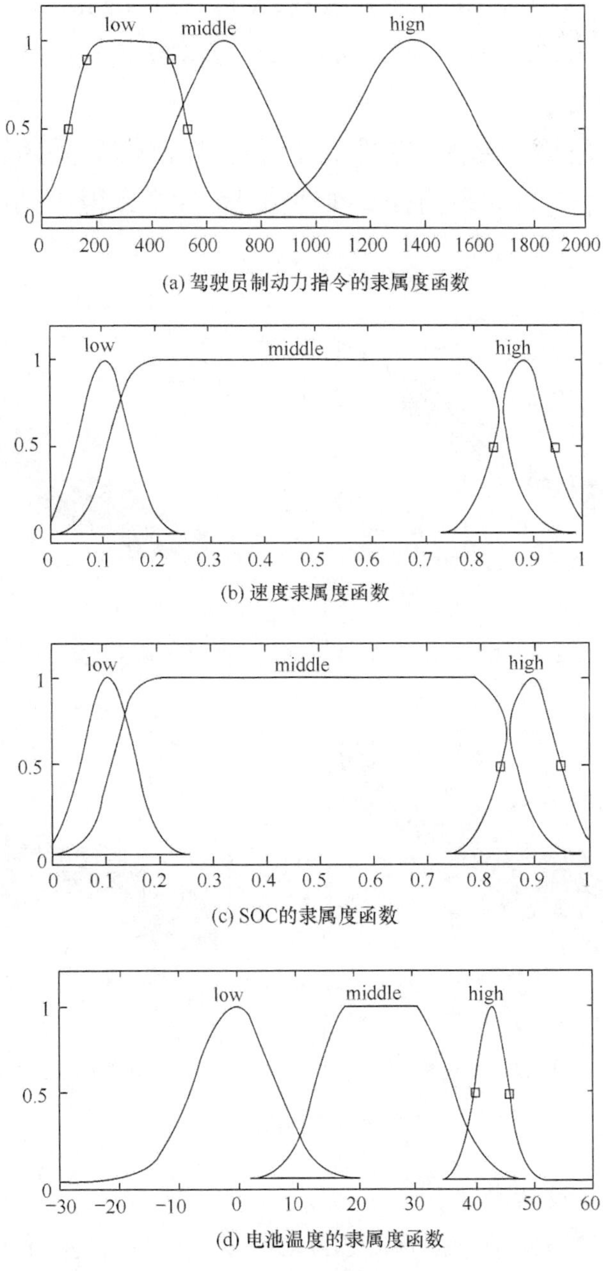

(a) 驾驶员制动力指令的隶属度函数

(b) 速度隶属度函数

(c) SOC的隶属度函数

(d) 电池温度的隶属度函数

图 4-23 隶属度函数

⑤ 输出。

模糊逻辑控制器采用 sugeno 型,用回馈制动力占总制动力的比例作为集合，即 Mf＝{Mf0，Mf1，Mf2，Mf3，Mf4，Mf5，Mf6，Mf7，Mf8，Mf9，Mf10}＝(0，0.1，0.2，0.3，0.4，0.5，0.6，0.7，0.8，0.9，1.0)。

⑥ 控制规则。

控制规则是整个模糊控制器的核心。控制模型采用三输入一输出的结构：如果前提 1，如果前提 2，如果前提 3，那么得出结论。模糊规则如图 4-24 所示。

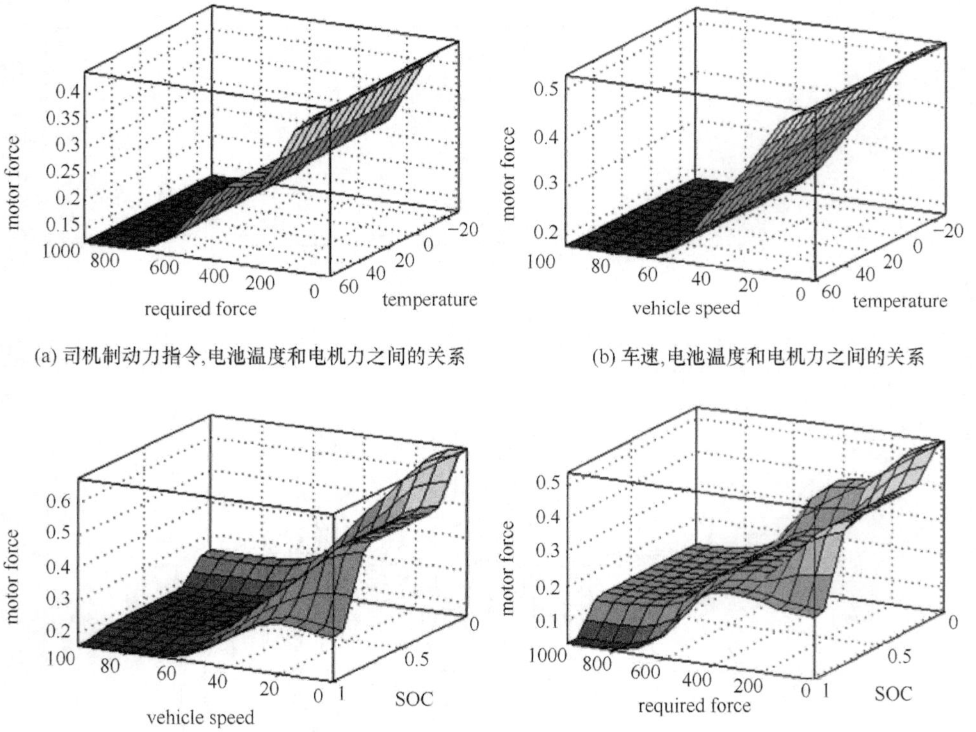

(a) 司机制动力指令，电池温度和电机力之间的关系

(b) 车速，电池温度和电机力之间的关系

(c) 车速，电池SOC和电机力之间的关系

(d) 司机制动力指令，电池SOC和电机力之间的关系

图 4-24　模糊规则

(3) 仿真实验结果

本节的控制策略在我们开发的 LF620EV 样车进行了仿真和实验测试。LF620EV 是一辆前轮驱动的纯电动汽车，其动力系统集成了永磁同步电机、锂离子电池、自动/手动变速器。电机直接与变速器的输入连接。图 4-25 和表 4-9 分别给出了“LF620”的原型和整车的重要参数。

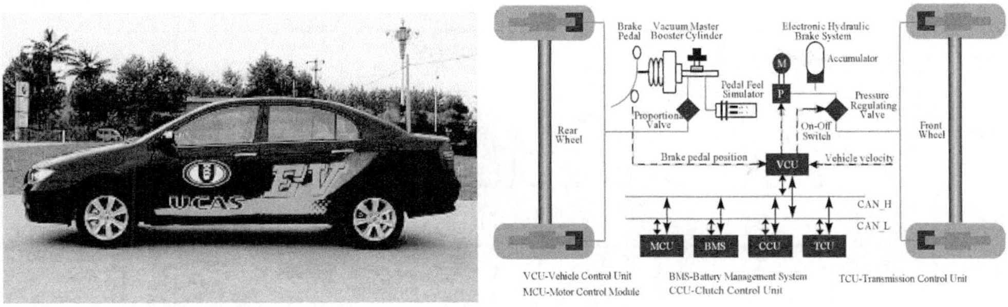

图 4-25　LF620EV 及复合制动系统

表 4-9　整车参数

外形尺寸/mm		4550×1705×1495
汽车质量/kg		1550
变速箱比例（固定比例）		1.895
主要差别		4.308
PMSM	功率/kW	20/40
	扭矩/(N·m)	75/150
锂离子电池	电压/V	320
	容量/Ah	80

在车辆实际测试之前，可以通过仿真初步建立模糊 RBS，验证在不同的路况下 RBS 的稳定性和性能。仿真过程利用电动汽车仿真软件 ADVISOR 进行。选择标准道路循环路况 UDDS 下进行仿真。为了评估模糊 RBS 的性能和有效性，与嵌入到 ADVISOR 中的传统基于规则的 RBS 的实验结果进行比较。图 4-26 所示为电池 SOC 的变化曲线。图 4-26(a)表示在基于规则的 RBS 下的电池 SOC 变化曲线。图 4-26(b)表示在模糊 RBS 下的电池 SOC 变化曲线。可以看出，在相同的 UDDS 路况下，与基于规则的 RBS 相比，模糊 RBS 节省大约 2%的电池能量。这意味着电机产生和回收了更多的能量。

本节介绍的模糊 RBS 最终应用到电动汽车 LF620 的整车控制器(VCU)上。控制器采用 ADXL202E 双轴加速度计作为加速度传感器。为了评估模糊 RBS 的性能和有效性，LF620EV 在城市道路上正常连续地行使，直至电池电量耗尽。通过多次比较试验，可以得到有 RBS 和无 RBS 的条件下续驶里程的区别。

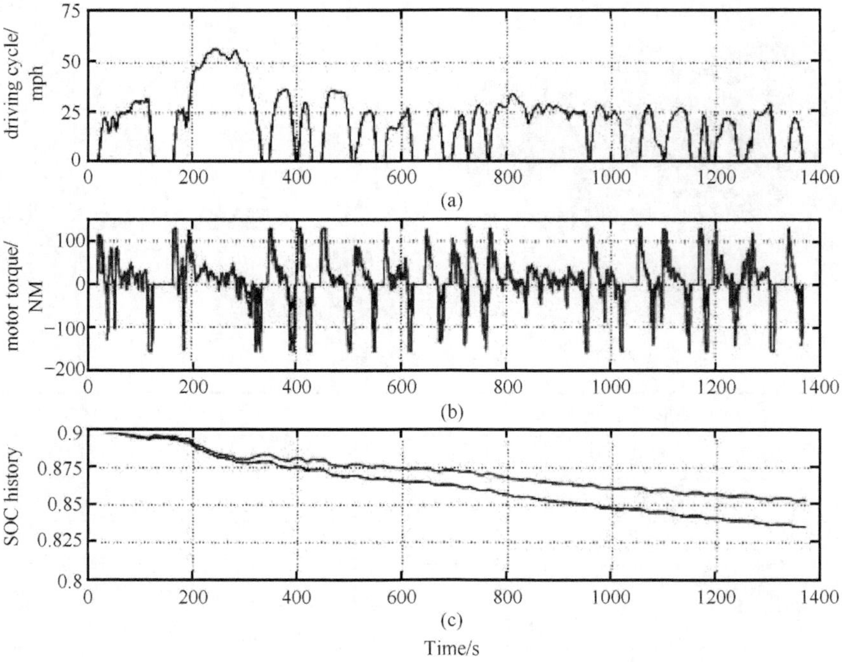

图 4-26　UDDS 循环路况下的仿真结果

模糊 RBS 的实验结果如图 4-27、图 4-28 和表 4-10 所示。可以看出，与没有 RBS 相比，采用模糊 RBS 策略后，部件效率和最大续驶里程均得到显著提高。

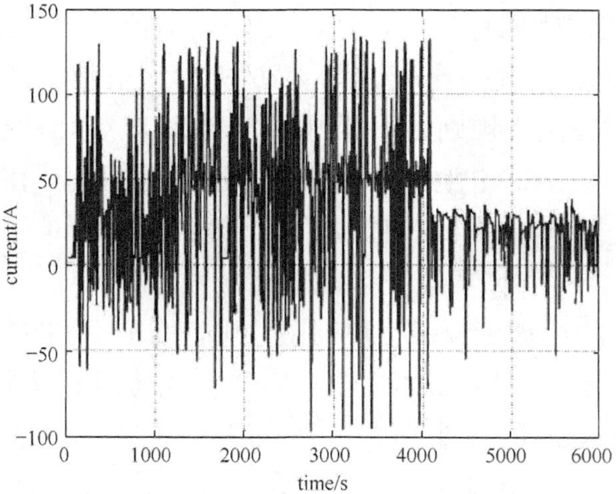

图 4-27　电流曲线

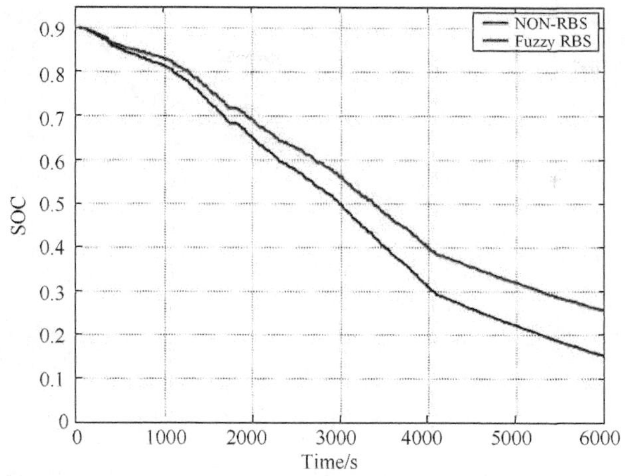

图 4-28　SOC 曲线

表 4-10　实验结果

	无 RBS	模糊 RBS	提高率/%
电机/控制器效率	0.67	0.78	16.4
整体能源效率	0.341	0.417	22.2
最大续驶历程/km	163	205	25.7

4.5.3　基于纯电制动的能量回馈控制技术

虽然目前混合制动系统是电动车制动系统的主要结构，但是无论从提高能效和还是从制动安全的角度看，提升电制动的比重都具有重要意义，但是纯电制动的实施还受到许多因素的制约。下面简要介绍纯电制动这一前沿技术的主要特点、优势和挑战。

图 4-29 是一种纯电制动系统的结构图。与混合制动系统相比，纯电制动系统结构非常简洁。此外，电机的转矩响应远远优于液压制动的产生的机械制动转矩，有利于克服传统制动系统中的执行器延迟带来的安全控制难题，因此可以显著提升制动安全。由于不存在机械摩擦制动，因此制动过程中车辆的动能可以最大程度的实现能量回馈。如果采用全轮分散制动的结构，则可充分利用四个轮胎-路面接触提供的附着力作为制动力，有利于提高制动强度和能量回收效果。

虽然纯电制动理论上可以回收全部动能，但是受到目前储能系统

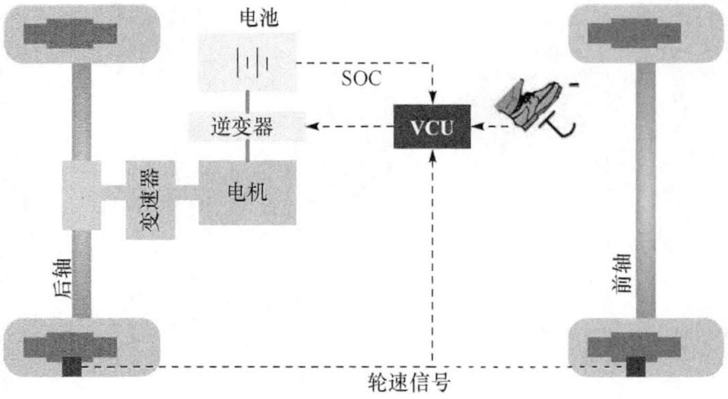

图 4-29　一种纯电制动系统结构

充电功率、充电容量发展水平的制约,并非所有的动能都能实现回收。单独依赖化学电池难以同时满足充电功率和充电容量的要求,因此近年来由功率电池和超级电容通过某种结构复合在一起的复合储能系统受到了广泛关注。图 4-30 给出一种混合储能系统的结构示意。电池提供所有的工作能量,并且补充给超级电容。超级电容可以在车辆启动或紧急制动时快速释放或吸收能量。如何对电池和超级电容进行协调是能量变换装置研究和设计的关键技术之一。

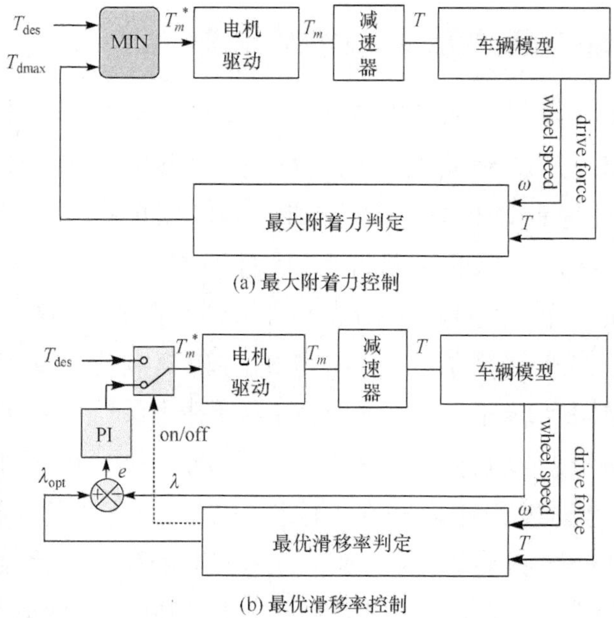

图 4-30　纯电制动控制结构图

纯电制动有利于充分利用轮胎-路面接触所能提供的最大附着力，尤其是在低附着路面条件下。在纯电制动方式下，轮胎-路面的附着力容易实现精确观测，即可通过设计电机拖动系统的扰动观测器来获得附着力。进一步通过轮胎-路面识别算法，可以获得当前接触条件下的最优滑移率和最大附着力后，可以设计如图 4-30 所示的纯电制动控制系统，来实现制动过程的安全和最短制动距离。

参考文献

[1] Ehsani M, Gao Y, Emadi A. Modern Electric, Hybrid Electric, and Fuel Cell Vehicles. Boca Raton: CRC, 2010.

[2] Gao DW, Jin Z H, Lu Q C. Energy management strategy based on fuzzy logic for a fuel cell hybrid bus. Journal of Power Sources, 2008, 185(1): 311-317.

[3] Kirk D E. Optimal Control Theory. New York: Prentice-Hall, 1970.

[4] Lin C C, Peng H, Grizzle J W, et al. Power management strategy for a parallel hybrid electric truck. IEEE Transactions on Control Systems Technology, 2003, 11(6): 839-849.

[5] Serrao L, Rizzoni G. Optimal control of power split for a hybrid electric refuse vehicle//Proceedings of American Control Conference, 2008.

[6] Chasse A, Sciarretta A. Supervisory control of hybrid powertrains: an experimental benchmark of offline optimization and online energy management. Control Engineering Practice, 2011, 19(11) 1253-1265.

[7] Kim N W, Cha S W, Peng H. Optimal equivalent fuel consumption for hybrid electric vehicles. IEEE Transactions on Control Systems Technology, 2012, 20(3): 817-825.

[8] Sciarretta A, Back M, Guzzella L. Optimal control of parallel hybrid electric vehicles. IEEE Transactions on Control Systems Technology, 2004, 12(3): 352-363.

[9] Tazelaar E, Veenhuizen B, Bosch P V D. Analytical solution of the energy management for fuel cell hybrid propulsion systems. IEEE Transactions on Vehicular Technology, 2012, 61(5): 1986-1998.

[10] Pukrushpan J T, Peng H, Stefanopoulou A G. Control-oriented modeling and analysis for automotive fuel cell systems. Transactions of the ASME, 2004, 126(1): 14-25.

[11] Kim N W. Energy management strategy for hybrid electric vehicles based on Pontryagin's minimum principle. Seoul: National University, 2009.

[12] Gao Y M, Chen L P, Ehsani M. Investigation of the effectiveness of regenerative braking for EV and HEV. SAE Trans., 1999, 108: 3184-3190.

[13] Xu G Q, Li W M, et al. An intelligent regenerative braking strategy for electric vehicles. Energies, 2011, 4(9): 1461-1477.

[14] Yao J, Zhong Z M, Sun Z C. A fuzzy logic based regenerative braking regulation for a fuel cell bus//Proceedings of the IEEE International Conference on Vehicular Electronics and Safety, 2006.

[15] Zolot M, Markel T, Pesaran A. Analysis of fuel cell vehicle hybridization and implications for energy storage devices//Proceedings of the 4th Advanced Automotive Battery Conference, 2004.

[16] Guo H Q, He H W, et al. A combined cooperative braking model with a predictive control strategy in an electric vehicle. Energies, 2013, 6(12): 6455-6475.

[17] Yin G D, Jin X J. Cooperative control of regenerative braking and antilock braking for a hybrid electric vehicle. Mathematical Problems in Engineering, 2013: 1-9.

[18] Zhang C W, Bai Z F, Cao B G, et al. Study on regenerative braking of electric vehicle//Proceedings of the 4th International Power Electronics and Motion Control Conference, 2004.

[19] Guo J G, Wang J P, Cao B G. Regenerative braking strategy for electric vehicles//Proceeding of the 2009 IEEE Intelligent Vehicles Symposium, 2005.

[20] Zhang J M, Song B Y, Cui S M. Fuzzy logic approach to regenerative braking system//Proceedings of the International Conference on Intelligent Human-Machine Systems and Cybernetics, 2009.

[21] Paterson J, Ramsay M. Electric vehicle braking by fuzzy logic control//Proceedings of the IEEE Industry Applications Society Annual Meeting, 1993.

[22] Ye M, Bai Z, Cao B. Robust control for regenerative braking of battery electric vehicle. IET Control Theory 2008, 2: 1105-1114.

[23] Gao H W, Gao Y M, Ehsani M. A neural network based srm drive control strategy for regenerative braking in EV and HEV//Proceedings of the Electric Machines and Drives Conference, 2001.

[24] Mutoh, N, Hayano Y, Yahagi H, et al. Electric braking control methods for electric vehicles with independently driven front and rear wheels. IEEE Trans. Ind. Electron, 2007, 54: 1168-1176.

第 5 章　电动车辆的先进动力学控制

5.1　引　　言

车辆动力学控制的主要目的是提升车辆稳定性、操控性和舒适性。对电动车辆来讲，由于车载储能系统的能效很低，为了获得理想的续驶里程，希望整车运行能效尽可能高。因此，通过先进的车辆管理与控制系统实现节能也是车辆动力学控制的一个重要目标[1-7]。

幸运的是，电动车辆动力总成系统的新特点是使电动车辆的动力学控制具有巨大的创新潜力和提升空间。与传统发动机车辆相比，电动车辆的新特点主要来自新型电动化驱动系统的采用[8-25]。

① 电机电流、转矩的高带宽，可以提供快响应的转矩控制。传统发动机的激励响应时间一般可达几百毫秒，液压制动系统的激励响应时间也有一百毫秒左右，而电机的电磁激励响应时间明显快得多，有几毫秒左右。

② 转矩测量更容易、更精确。电机输出转矩可以通过测量电流信号计算得到，且测量的响应时间、分辨率、可靠性都较好。发动机、液压制动器的转矩测量需要外加传感器，不仅增加成本和系统的复杂性，其测量性能也不及电机电流。

③ 双向能量变换能力。从能量变换的角度看，车辆的运行过程可视作一个能量变换与传递的过程。在传统汽车中，汽油的化学能通过发动机、传动系统最终转换为汽车动能及摩擦产生的热能，能量流动方向是单向的。在电动车辆中，汽油的化学能被车载储能系统的电能代替，发动机被电机代替。由于电机具备四象限工作能力，在车辆减速和制动过程中，电机工作在发电状态可以提供制动转矩，车辆的动能可经发电机转化为电能，最终储能到车载储能系统中供再次利用[26,27]。

④ 灵活的分散驱动方式。利用轮毂/轮边电机可实现紧凑、高效、

高功率密度的电驱动系统，可灵活的配置为前、后轮独立驱动，或四轮独立驱动等分散驱动拓扑结构。基于这种分散驱动结构和电机优良的转矩动态性能，可以分别对每个车轮实施精确的转矩控制。这有利于提升车辆对路面的适应性、车辆的整体安全性、操控性和可靠性[28,29]。

本章将介绍电动车辆的先进动力学控制技术，并不是对车辆动力学的所有层面进行系统全面的介绍，而是有针对性地介绍电动车辆特有的动力学控制方法。5.2 节主要揭示电动车辆电驱动系统的电气参数的动态特性，指出电气参数变化随轮胎-路面接触变化的规律；5.3 节介绍基于电气参数实现附着参数估计的方法，为车辆动力学的参数估计提供了一种新的思路；5.4 节介绍一种不依赖滑移率和附着系数的附着稳定性判定方法，即从驱动力-附着里传递的角度分析附着稳定性问题；5.5 节介绍未知轮胎-路面接触条件下最优工作点辨识和基于最有工作点的附着控制；5.6 节介绍四轮转向车横向稳定控制方法。

5.2 电动车辆电气参数的动态特性

5.2.1 电动轮驱动系统模型

(1) 车辆模型

四分之一车辆模型(quarter car model，QCM)，或单轮模型是车辆牵引力控制研究中广泛采用的车辆动力学模型[11,24]，如图 5-1 所示。QCM 模型假定左右轮上的驱动力和附着力相等，可以得到如式(5-1)和式(5-2)所示的车轮旋转方程和车辆运动方程，即

$$T-rF_d=J_\omega\dot{\omega} \tag{5-1}$$

$$F_d-F_{dr}=M\dot{V} \tag{5-2}$$

其中，T 是车轮的驱动力，由电机产生并经传动机构传递到车轮轴上驱动车轮旋转；J_ω 是车轮的等效旋转惯量；ω 是车轮旋转角速度；r 是车轮的有效旋转半径；F_d 是经轮胎-路面接触作用产生的摩擦力，该力是驱动车辆运动的激励力；F_{dr}是车辆运动的总阻力；M 是整车质量；V 是车辆纵向速度。

四分之一车辆模型结构如图 5-2 所示。

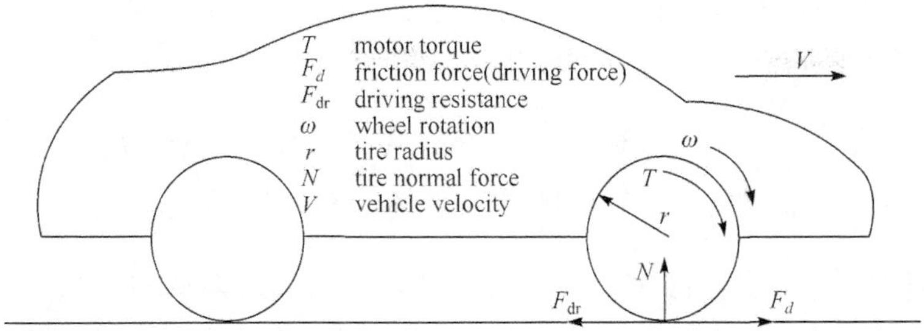

图 5-1　四分之一车辆模型

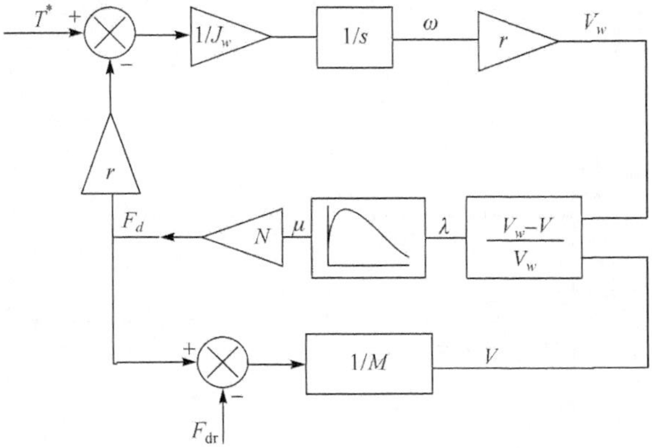

图 5-2　四分之一车辆模型结构

(2) 轮胎模型

车辆运动的牵引力主要来自轮胎-路面接触产生的摩擦力。为了突出强调该摩擦力是由轮胎-路面接触的附着作用产生的,并易于与其他类型摩擦力,如空气摩擦等进行区分。这里统一采用附着力表示轮胎-路面接触产生的摩擦力。驱动轮的轮胎-路面接触作用在水平方向上产生了两种作用到车上的牵引力,即纵向力与横向力。这两种力都与驱动轮的滑移率密切相关[24,25]。滑移率是一个由式(5-3)定义的无量纲的量,表征轮速和车速的差异化程度,即

$$\lambda=\frac{V_w-V}{\max\{V_w,V,\varepsilon\}} \tag{5-3}$$

其中,V_w 与 V 分别是轮速与纵向车速信号,$V_w=\omega\cdot r$,ω 和 r 分别是车轮角速度和有效轮胎半径;ε 是为避免分母为零的小常数。

在驱动工况下，轮速大于车速；在制动工况下，车速大于轮速，因此这两种工况下的滑移率定义分别为

$$\begin{cases}\lambda=(V_w-V)/V_w>0, & V_w\neq 0, \quad \text{traction} \\ \lambda=(V_w-V)/V<0, & V\neq 0, \quad \text{braking}\end{cases} \tag{5-4}$$

纵向附着力与滑移率的关系是由附着系数体现的。此外，纵向附着力还与车轮所受的纵向载荷有关。纵向附着力与纵向载荷的比值称为轮胎-路面接触的附着系数，由符号 μ 表示。附着系数与滑移率是一种非线性的关系。图 5-3 的曲线描述了这种非线性关系的特点，称为 μ-λ 曲线。

$$\mu(\lambda)=F_d/F_z \tag{5-5}$$

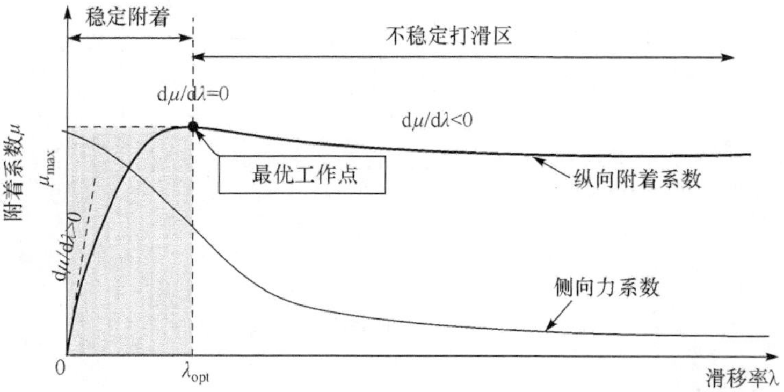

图 5-3　附着系数-滑移率曲线

从 μ-λ 曲线关系可以看出，μ 先随 λ 的增大而增大，直至达到最大值 μ_{max}，其对应的滑移率称为最优滑移率 λ_{opt}。随着 λ 的进一步增加，μ 将逐渐减小。由纵向附着力的关系式可以看出，当纵向载荷不变时，在最优滑移率之前，增加滑移率可以增加附着力（附着系数增加）；在最优滑移率工作点，附着力达到最大值；在最优滑移率之后，如果滑移率进一步增加，附着力将逐渐降低。此外，滑移率越大，横向力或侧向力越小；在最优滑移率之后，横向力或侧向力下降更快。综上，如果滑移率大于最优滑移率，纵向力与横向力都会显著减少，这种附着力的丢失有可能引起危险，例如丢失对车辆的操控性，车辆出现甩尾等。我们将 μ-

λ 曲线上小于最优滑移率的工作点区域称为稳定附着区；大于最优滑移率的工作点区域称为不稳定打滑区；最优滑移率对应的工作点称为最优工作点，或稳定附着区与不稳定打滑区的过渡点。

μ-λ 曲线的形状与多种因素有关，其中最重要的因素是路面条件。图 5-4 反映了几种典型路面条件下的轮胎-路面接触特性，可以归纳出主要有非线性、多样性、不确定性等特点。

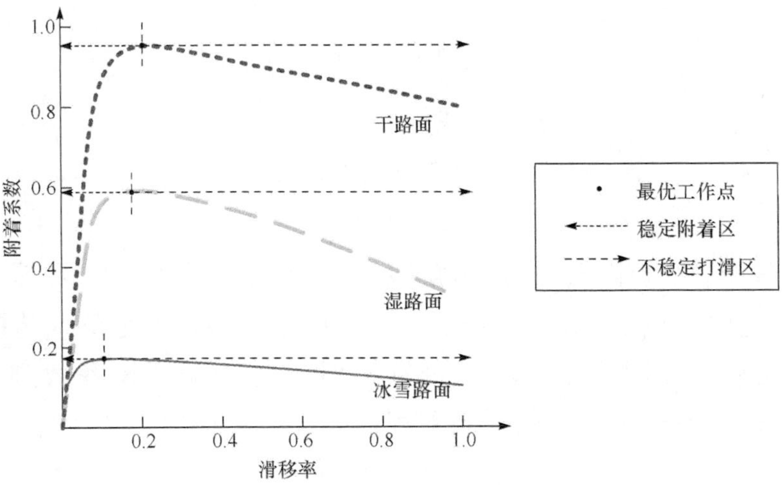

图 5-4　典型路面的附着系数-滑移率曲线

学者研究提出多种描述这种非线性关系的轮胎数学模型，包括经验模型、半经验模型、分析模型，主要有 Dugoff 轮胎模型、LuGre 轮胎模型和魔术公式轮胎模型。魔术公式(magic formula)是 Pacejka 提出的一种描述稳态轮胎行为的数学模型，是一个基于组合三角函数的统一数学表达式，根据输入参数的不同可分别描述纵向力、侧向力、回正力矩等。根据实验数据对魔术公式的参数进行拟合，可以高精度的描述给定的轮胎-路面接触特性。当描述轮胎-路面接触的纵向附着系数时，输入参数是滑移率，输出参数是附着系数，其表达式为

$$\mu(\lambda)=D\sin\{C\arctan[B\lambda(1-E)+E\arctan(B\lambda)]\} \tag{5-6}$$

其中，A、B、C、D 和 E 是拟合参数。

(3) 电机模型

电动车辆电机多种多样，但直流电机能反映电机最基本的机电特

性,且模型简单,仍在各种车辆平台中应用。因此,我们以有刷直流电机模型为例,来研究电动车辆的机电特性。其他种类电机,如永磁同步电机,可经过坐标变换等效为直流电机模型,再进行进一步的分析和控制。

假定电路电流是连续的,则动态电压方程、反电动势 EMF 方程、电磁转矩方程及电枢电路的电磁时间常数方程可分别表示为

$$L_a\frac{\mathrm{d}i_a}{\mathrm{d}t}+Ri_a+E_a=U_a \tag{5-7}$$

$$E_a=k_e\omega_m \tag{5-8}$$

$$T_m=k_mi_a \tag{5-9}$$

$$T_l=L/R \tag{5-10}$$

其中,i_a 是电枢电流;k_m 是转矩常数;k_e 是反电动势常数;U_a 是电枢电压;R 是电枢电阻;L_a 是电机电感;E_a 是反电动势;T_L 是负载转矩。

依据动能守恒原则可将传动轴和对象的转动惯量等效到电机轴上,进而得到电机旋转轴的动态方程,即

$$T_m-T_L=\frac{\mathrm{GD}^2}{375}\frac{\mathrm{d}n}{\mathrm{d}t} \tag{5-11}$$

负载电流定义式为

$$I_{\mathrm{dL}}=\frac{T_L}{C_m} \tag{5-12}$$

进而,推导得到如下的直流电机电气方程,即

$$U_a-E_a=R\left(I_a+T_l\frac{\mathrm{d}I_a}{\mathrm{d}t}\right) \tag{5-13}$$

$$I_a-I_{\mathrm{dL}}=\frac{T_m}{R}\frac{\mathrm{d}E_a}{\mathrm{d}t} \tag{5-14}$$

5.2.2 附着力扰动模型

轮胎-路面接触的附着力大小随工作点的变化而变化,而路面条件的改变也会引起附着力的变化。从电机驱动系统的角度看,轮胎-路面接触产生的附着力是一种负载扰动力。为了分析附着力扰动对电机电

气参数的影响，首先需要建立负载力扰动模型。根据前述的车辆动力学模型、电机方程、轮胎-路面附着关系，建立系统的结构图，如图 5-5 所示。

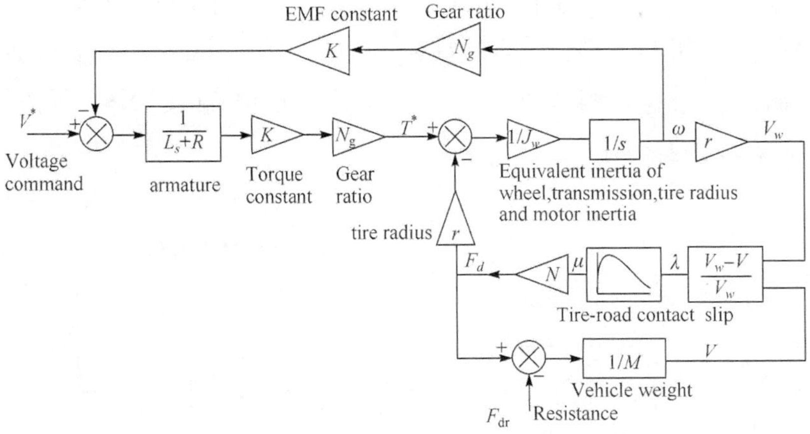

图 5-5　电动车辆系统结构方块图

本节以路面发生突变的情形为例，分析电驱动系统电气参数在该情形下的动态行为。当路面由高附着路面(如沥青路面)变为低附着路面(如冰、雪路面)时，轮胎-路面接触条件发生变化，附着力将明显减少，如图 5-6 所示。这种附着力的突降等效于式(5-12)定义的负载电

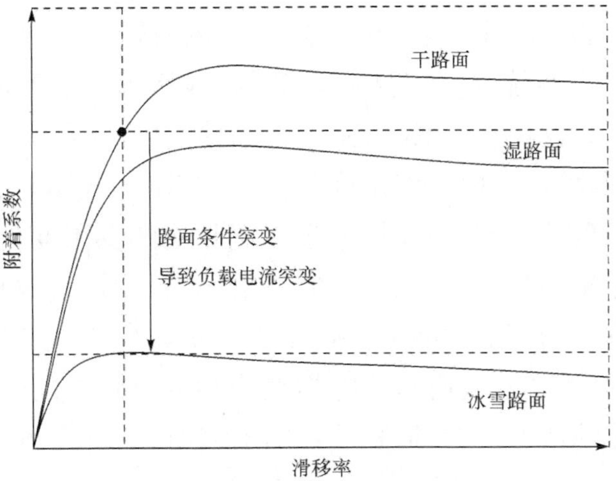

图 5-6　路面发生变化时等效的负载电流变化

流发生了突降，即原来的负载电流上突然叠加了一个负的 ΔI_{dL}。因此，车辆的系统模型可以表示为如图 5-7 所示的等价系统结构。其中，附着力扰动建模为负载电流扰动。基于这种等价系统结构可进一步分析附着力变化时机电参数的动态行为特性。该系统有两个输入，一是理想空载电枢电压 $U_a(s)$，二是负载电流 $I_{dL}(s)$。前者是控制输入，后者是扰动输入。根据线性系统叠加原理，假定控制输入为零，可以分析电流对扰动输入的响应。

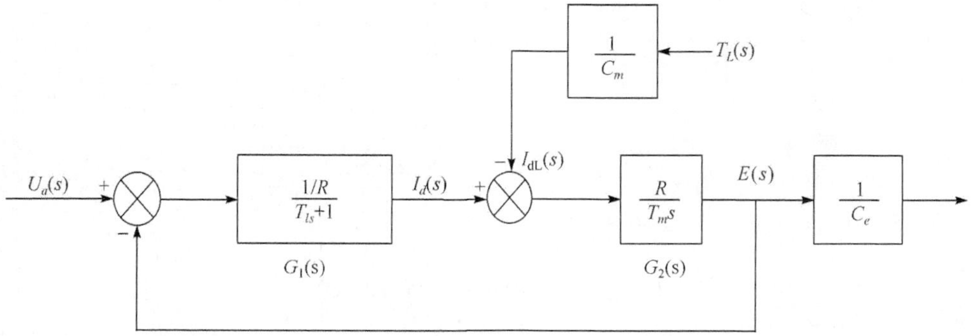

图 5-7　基于负载电流的等效系统结构图

5.2.3　附着力扰动下的电机电气信号行为分析

(1) 开环电压控制模式

在电压控制模式下，给定电压是由电流或转矩命令经车辆线性近似模型的等价逆系统计算得到的，如图 5-8 所示。它本质上是一种开环控制模式。相比电流反馈控制模式，受控电流容易受到负载变化的影响，因此从跟踪给定电流的角度看，这种控制方式不具备抑制外部扰动的能力。当负载电流变化时，电枢电流相应的发生变化，而等价的电压控制信号保持不变。然而，从抑制打滑的角度看，这种控制模式具有天然地抑制驱动轮打滑的能力。这是由于负载电流减少后，轮速增加，导致反向电动势增加，进而引起电枢电流和输出转矩的降低，反过来会抑制车轮转速的增加，从而抑制滑移率的增加。

根据线性系统叠加原理，假定控制输入 $U_a(s)$ 为零，可计算在负载电流作用下的电枢电流响应，即

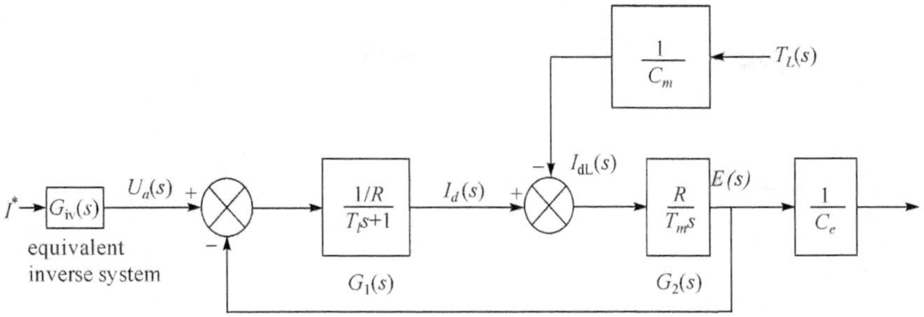

图 5-8　直流电机的电压控制模式结构图

$$\frac{I_a}{I_{dL}}=G_{Idl}(s)=\frac{G_1(s)G_2(s)}{1+G_1(s)G_2(s)} \tag{5-15}$$

当路面发生变化，即由高附着路面变为低附着路面时，负载电流将发生突降，等效为一个负的 ΔI_a 叠加到原先的负载电流上。电枢电流在变化的负载电流 ΔI_a 作用下的响应可由式(5-16)计算得到。令 ΔI_a 为负单位阶跃信号，可得到相应的电枢电流动态响应特性，如图 5-9(a)所示。这表明在电压控制模式下，轮胎-路面接触变化引起的附着力变化显著影响了电机电流的动态行为，因此有希望通过监控电机内部电枢电流的变化信息来判定外部轮胎-路面接触条件变化，即

$$\Delta I_a=\Delta I_{dL}\cdot G_{Idl}(s) \tag{5-16}$$

假设负载电流输入为零，可计算得到在控制电压输入下的电枢电流动态响应，如式(5-17)所示。图 5-9(b)是单位阶跃控制电压作用下的电流动态响应，即

$$\frac{I_a}{U_a}=G_{Ud0}(s)=\frac{G_1(s)}{1+G_1(s)G_2(s)} \tag{5-17}$$

图 5-9(c)是考虑了整车模型仿真的电流特性曲线，其中电压控制模式给出的控制电压是 120V dc。路面在 $t=95$s 发生突变，由高附着系数变为低附着系数。电流的行为曲线表明路面变化使电机电流发生了显著变化。当路面变得更加湿滑时，电机电流和驱动轮转矩会相应减少，在一定程度上抑制了驱动轮打滑现象的进一步发生。

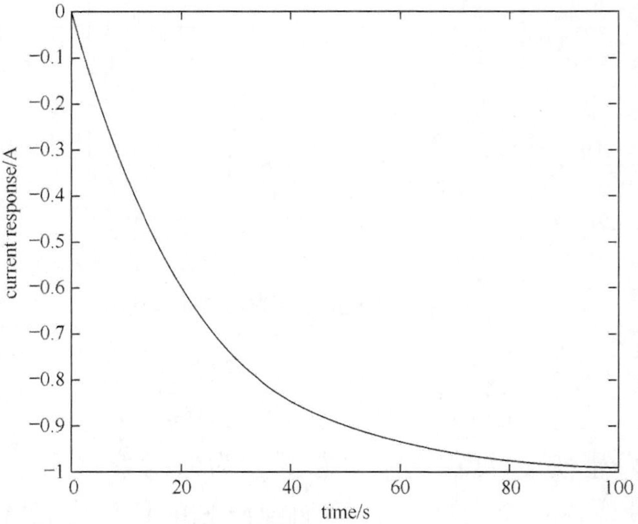

(a) 负单位阶跃负载电流下的电流响应

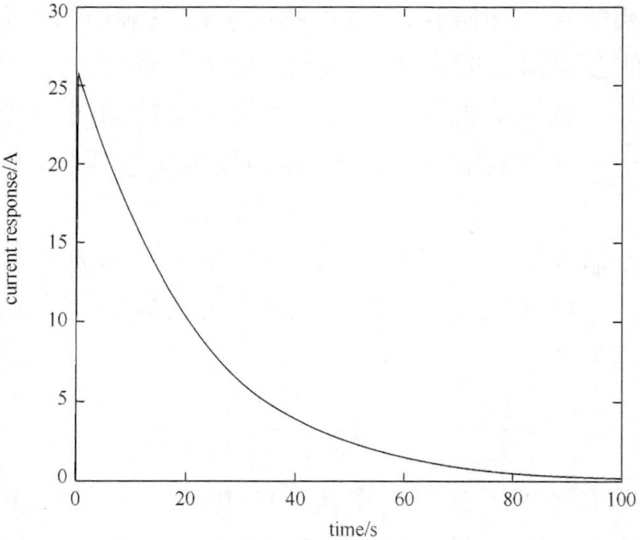

(b) 单位阶跃控制电压下的电流响应

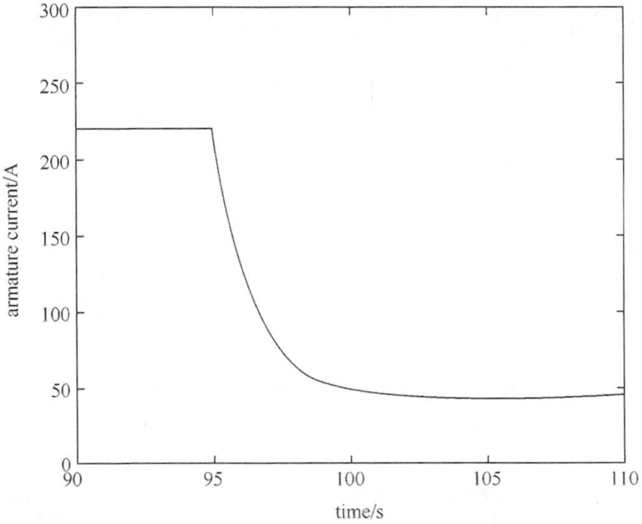

(c) 附着力突降引起的电枢电流动态行为

图 5-9　电压控制模式下的电流动态响应曲线

(2) 闭环电流控制模式

闭环电流控制模式是电机驱动应用场合广泛采用的控制方式。在启动阶段,电流控制环可以维持电流在最大允许工作值,在调整阶段和负载扰动作用下,可以维持电流不超过最大允许工作值的同时跟踪电流给定值。从滑移率控制的角度看,电流控制模式下的电流信号对轮胎-路面接触变化导致的负载电流扰动输入不敏感。因此,电流控制模式不具备类似电压控制模式的那种天然的抑制打滑的能力。在打滑发生时,只有给定电流信号随当前轮胎-路面条件主动自适应的降低至合适的值,才能进一步抑制打滑。

直流电机的闭环电流控制模式如图 5-10 所示。假定电流控制输入为 0,在负载电流扰动下的电流响应如式(5-18)所示。依然用负的单位阶跃负载电流扰动信号来表征附着力在路面发生突变时的附着力突降现象,可得到如图 5-11 所示的电流动态响应曲线。这表明虽然负载电流发生了变化,但是宏观上看电流几乎没有发生显著变化。这是由于负载电流变化时,电流控制误差增大。闭环电流控制器 $C(s)$ 为了抑制误差增大,产生相应的电压控制信号,如图 5-11(b)所示。由前述分析，单位阶跃电压信号作用下电枢电流会增加，因此抵消了由于反电势增加导致的电流减少现象。总体看来电流变化并不明显。

$$\frac{I_d}{I_{\mathrm{dL}}}=\frac{G_1(s)G_2(s)}{1+G_1(s)G_2(s)+CG_1(s)} \tag{5-18}$$

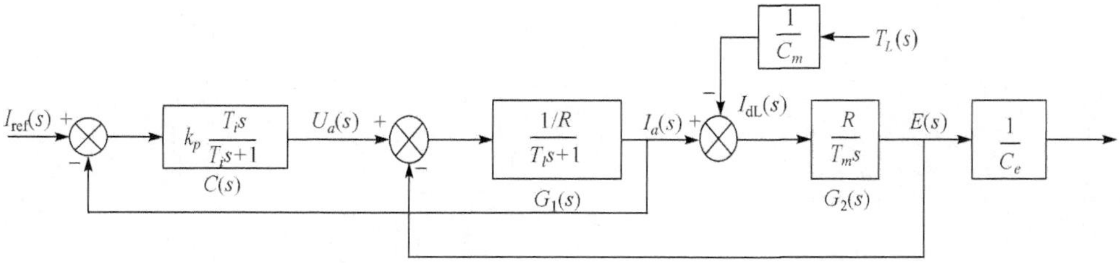

图 5-10　直流电机的闭环电流控制模式结构图

综上分析，当外部轮胎与路面之间的附着力发生变化时，电机的电气信号包括电压和电流信号会相应发生变化，但其动态变化的具体行为与电机的控制模式有关。

在开环电压控制模式下，控制电压可以由参考电流经理想电机车辆模型反推计算得到，近似为一个常数。当外部附着力减少时，轮速加速度立即增加，轮速也随之迅速增加，因此导致 EMF 也会随之增加，最终致电枢电流降低，驱动力也随之降低。从宏观上看，驱动力随附着力减少而减少，从而展示了一种天然的抑制轮胎打滑的能力。

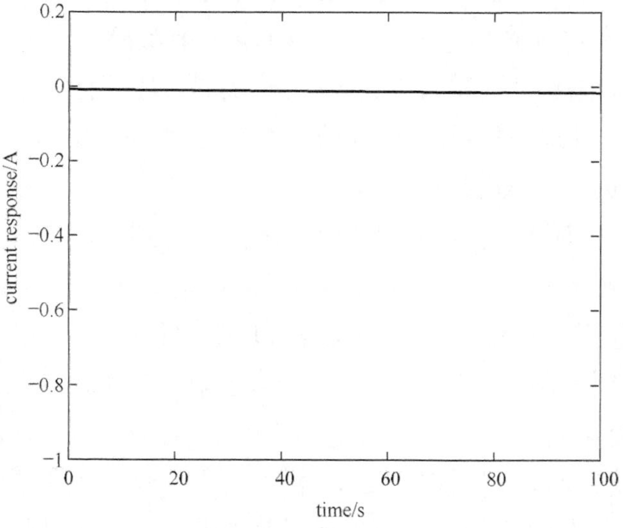

(a) 负单位阶跃负载电流下的电流响应

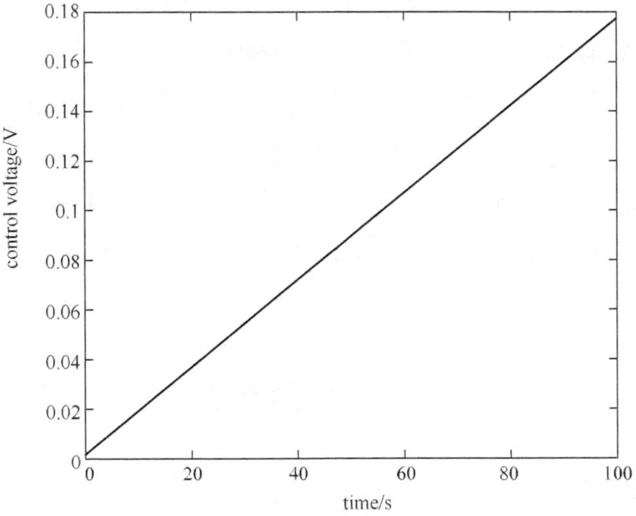

(b) 控制电压信号

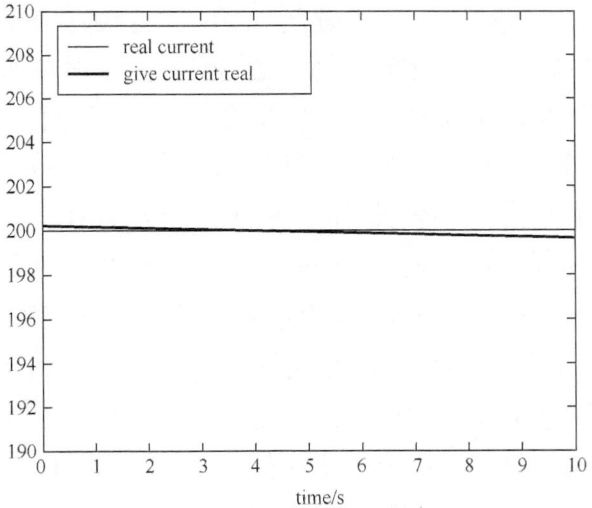

(c) 附着力突降引起的电枢电流动态行为

图 5-11　电流控制模式下的响应曲线

在闭环电流控制模式下，控制电压由电流控制误差经闭环控制器确定。当附着力减少时，轮速加速度立即增加，导致轮速和 EMF 也随之增加，电枢电流减少，给定电流与反馈电流的误差增大。闭环控制器产生抑制电流误差增大的控制作用，即通过增加电枢电压增加施加到电枢上的电流，以抑制电流误差的增大，最终使电流控制误差保持在较小的水平，因此宏观上看驱动力几乎没有发生变化。轮速加速度则会由于附着力的减少而增大，使得轮速、滑移率增加，不具备类似开环控制模式的那种抑制打滑的能力。从电流闭环控制的角度看，外部附着力的变化可视作一种外部扰动，该扰动被包含在闭环内，因此电流对这种附着力的扰动变化不敏感。值得注意的是，虽然电流不敏感，但闭环控制器产生的电压信号在某种程度上反映了对外部附着力扰动变化的信息。

5.3　附着参数观测

附着系数、滑移率、最大附着系数、最优滑移率等是与轮胎-路面接触紧密相关的参数，我们将其统称为附着参数[6]。附着系数、滑移率的准确获取是 TCS/ABS 系统的关键，但这两个参数都不能利用传感器直接测量得到，一般需要通过测量其他物理量来间接计算或观测。这些可测物理量包括轮速、车速等信号。车速信号难以直接进行测量，但在有随动轮的系统中，可以通过测量自由旋转的随动轮轮速来近似代替车速信号。轮速信号可以利用安装在车轮旋转轴上的传感器，通过测量脉冲的宽度(低速旋转时)或单位时间内脉冲的个数(高速旋转时)来计算。但这类传感器受限于分辨率、带宽等制约，限制了高精度、高实时性的附着参数的获取[13]。

由前述分析，电机的电气参数(包括电压、电流信号)，可对外部轮胎-路面接触的附着力变化作出反应。电气参数具有带宽高、测量精度高、测量方便等优点，如果能利用电气测量信号而非车速轮速测量信号来估计附着参数，对提升观测器的精度、动态响应、可靠性、成本都具有重要意义。我们基于车辆动力学模型、电机模型等，推导出了基于模型的附着参数观测方法。

5.3.1　附着系数观测

由于电机电气信号随轮胎-路面接触附着力(等效为负载电流)的变化而变化，因此反过来，有望通过电机电气信号来估计当前的轮胎-路面

附着情况。首先基于车辆模型、电机模型等推导得到附着系数的观测方程，即

$$\hat{\mu}=F_d/N=\frac{T-J_\omega\dot{\omega}}{rN} \tag{5-19}$$

其中，需要测量的信号包括驱动转矩 T 和电机转速 ω。

电机转速 ω 可通过转速测量传感器来测量，但会增加成本和电气连接的复杂度。此外，转速微分信号的计算会引入高频噪声干扰。依据电机模型方程，转速信号还可由基于模型的观测方程得到，即

$$\dot{\omega}=\dot{\omega}_m=\frac{E}{k_e}=\frac{\dot{U}_a+R\left(\dot{I}_a+T_l\dfrac{\mathrm{d}^2I_a}{\mathrm{d}t^2}\right)}{k_e}=\frac{\dot{U}_a}{k_e} \tag{5-20}$$

假定电机工作在理想电流闭环控制状态，电流的一阶和二阶暂态近似为零，因此可以得到附着系数的新型观测方程，即

$$\hat{\mu}=F_d/N=\frac{T-J_\omega\dot{\omega}}{rN}=\frac{k_mI_a}{rN}-\frac{J_\omega\dot{U}_a}{rNk_g} \tag{5-21}$$

新型观测方程只利用了电机电压和电流两个测量参数，可以通过霍尔电压或电流传感器测量得到。由于这些传感器还同时为电机内部闭环控制提供信号，因此不会额外增加系统成本。此外，相比轮速信号，电气信号的响应带宽高，测量精度高。

在电流控制模式下，给定电枢电压是电流闭环控制器的控制输出信号，然后通过 PWM 型变换器施加到电枢电压上。在实际应用中，由于电流控制器产生的电压控制输出信号是离散的，因此在进行微分运算前需要对信号进行调理和滤波。此外，还忽略了纵向负载的时变性，近似认为是常数。如果需要考虑纵向负载的时变性，则可进一步参考已有文献中纵向负载的确定方法。

5.3.2　滑移率观测

基于滑移率定义、车辆纵向动力学方程，可得到基于模型的滑移率观测方程，即

$$\dot{\lambda}=-\frac{\dot{\omega}}{\omega}\lambda+\left(1+\frac{J_{\omega}}{Mr^{2}}\right)\frac{\dot{\omega}}{\omega}-\frac{k_{m}I_{a}\cdot N_{g}}{Mr^{2}\omega}+\frac{\hat{F}_{dr}}{Mr\omega} \tag{5-22}$$

其中,无需测量难以获取的车速信号,但仍需测量轮速信号。结合电机动态方程,进一步得到无需车速轮速信号的滑移率观测方程,如式(5-23)所示,其中阻力项可以忽略,因为在低附着路面行驶时车速不高,阻力变化不明显。同样,需要对测量的电气信号进行信号调理及滤波,即

$$\hat{\lambda}=-\frac{U_{a}-R\cdot I_{a}}{\dot{U}_{a}}\hat{\lambda}+\left(1+\frac{J_{\omega}}{Mr^{2}}\right)\frac{U_{a}-R\cdot I_{a}}{\dot{U}_{a}}-\frac{k_{m}I_{a}\cdot N_{g}}{Mr^{2}(U_{a}-R\cdot I_{a})}+\frac{\hat{F}_{dr}}{Mr(U_{a}-R\cdot I_{a})} \tag{5-23}$$

为了分析基于模型的滑移率观测的收敛性,定义观测误差为

$$e=\lambda-\hat{\lambda} \tag{5-24}$$

可得到期望的误差动态特性为

$$\dot{e}+Ke=0 \tag{5-25}$$

将误差定义式和滑移率观测方程代入上式,得到

$$\frac{\mathrm{d}}{\mathrm{d}t}e(t)=-\frac{U_{a}-R\cdot I_{a}}{\dot{U}_{a}}e(t) \tag{5-26}$$

在车辆加速阶段,$K=(U_{a}-R\cdot I_{a})/\dot{U}_{a}>0$ 很容易满足,因此可保证误差的收敛性。

5.3.3 仿真结果分析

基于 Matlab/Simulink 和 CarSim 动力学仿真软件建立联合仿真模型。车辆模型在 CarSim 软件中建立,观测器在 Matlab/Simulink 中建立。CarSim 是专业的车辆动力学仿真软件,可以灵活方便的定义车辆参数,设置实验条件和实验过程,且建立的车辆模型具有高可信性。在 Simulink 中,可以灵活的构建各种控制和观测算法,因此采用两者的联

合仿真模型来评估效果(图 5-12)。

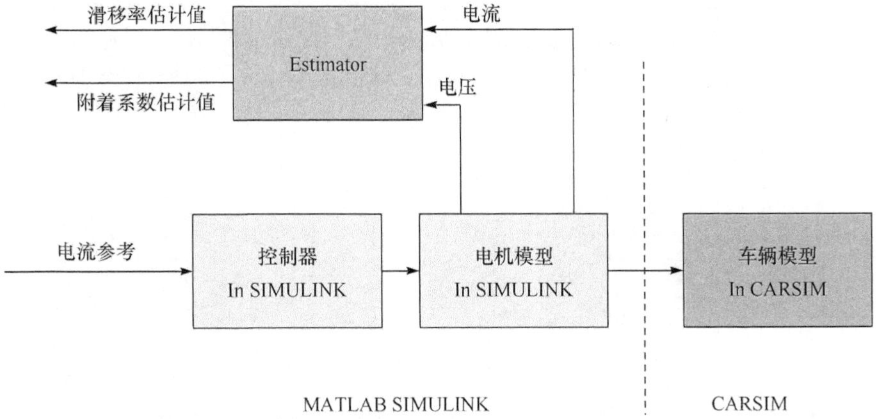

图 5-12　联合仿真结构图

在仿真实验中,路面条件由沥青路面变为冰面,峰值附着系数是 0.2,对应的最优滑移率是 0.1。表 5-1 列出了仿真参数。图 5-13 是附着系数观测的仿真结果。由于在第 5 秒发生了路面突变,附着系数发生了跃变。基于电机电压和电流信号可实现对附着系数的准确估计。由于估计方程包含微分运算,因此与真实附着系数相比,附着系数估计值存在震颤现象。图 5-14 是滑移率观测的仿真结果。路面条件发生突变后,滑移率迅速上升。基于电机电流和电压信号可实现滑移率的估计,由于电压、电流信号的滤波相位滞后的影响,滑移率估计值比真实值出现了时延。

表 5-1　联合仿真参数

车重	1550/kg
车轮惯量	37.6 /(kg · m^2)
轮胎有效半径	0.27/m
固定减速比	13.6
K_m	0.26
R	0.038
L	0.000031

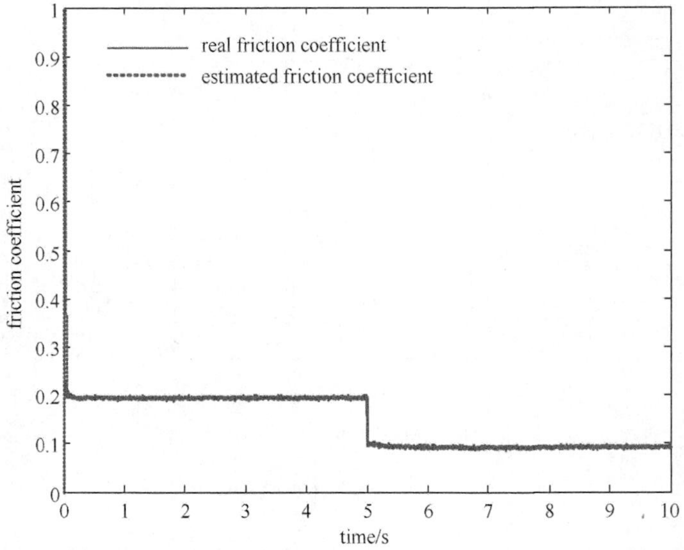

图 5-13　附着系数观测结果

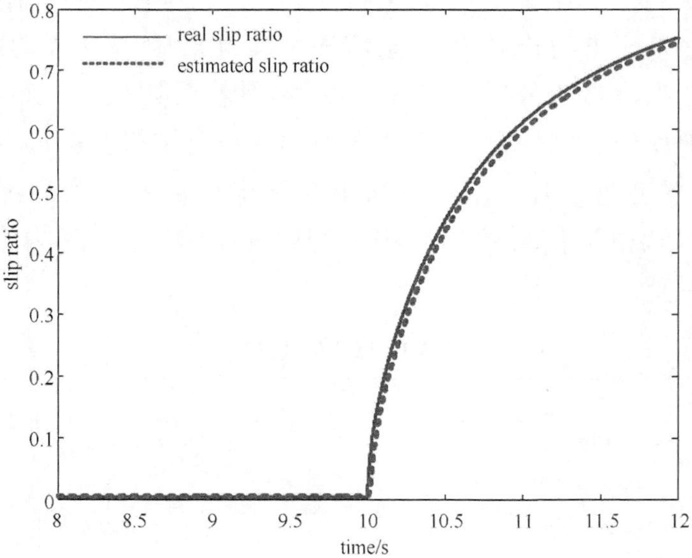

图 5-14　滑移率观测结果

5.4　基于力传递因子的附着状态判定

5.4.1　附着稳定性的新型判定方法

轮胎-路面接触的附着稳定性通常可由滑移率来描述。每条 μ-λ 曲线都对应一个最优滑移率。当滑移率小于最优滑移率时，称附着状态是稳定的，对应的工作点区域为稳定附着区；反之，当滑移率大于最优滑移率时，称附着状态是不稳定的，对应的工作点区域为不稳定打滑区。在稳定附着区，滑移率增加时，附着系数也会增加；当轮胎法向载荷不变时，附着力也会增加。在不稳定打滑区，滑移率增加时，附着系数会减少，附着力也会减少，会导致车轮打滑程度进一步加剧。

虽然上述准则可直观判定附着稳定性，但在实际应用中面临滑移率和最优滑移率实时获取的难题。滑移率可以通过分别测量车速、轮速信号，可以由滑移率的定义式计算得到。轮速信号可以由轮速传感器测量，而车速信号难以直接进行测量。目前，获取车速的方法一般包括专用传感器直接测量、随动轮测量、运动方程进行在线估计等。专用车速传感器主要是基于声学、光学等物理原理的传感器直接测量车速，但高成本、对环境敏感等因素限制了实际应用。基于车辆运动方程并通过测量其他物理量来间接估计车速的方法也难以满足实际应用对观测鲁棒性的要求。由随动轮转速来代替车速，是较为合适的方法，但无法适用于四轮驱动或随动轮施加外部制动力的情形。

最优滑移率的确定也由于轮胎-路面的多样化、不确定性，难以在线确定[17,30]。现有的研究多根据几种典型轮胎-路面接触曲线数据和当前的工作点信息，由模糊逻辑推理得到一个融合的最优滑移率，在一定程度上具备了针对不同路面特性的适应性。这种方法确定的最优滑移率仍不是真实的最优滑移率，且稳定性和鲁棒性不能得到保证。

针对上述问题，下面介绍一种附着稳定性的新型判定方法。

(1) 轮胎-路面接触的力传递函数

首先基于四分之一车辆模型推导出驱动力到附着力的传递函数。为分析轮胎-路面接触的力传递特性，可基于工作点附近的小信号线性化推导得到力传递函数。由于 μ-λ 曲线是非本质非线性的，即曲线是平滑的、单值的、连续的，对某工作点，可以得到如下式所示的线性化方程，即

$$\Delta\mu=\frac{\partial\mu}{\partial\lambda}\Delta\lambda=g\Delta\lambda,\quad g=\frac{\partial\mu}{\partial\lambda} \tag{5-27}$$

$$\Delta\lambda=\frac{\partial\lambda}{\partial V}\Delta V+\frac{\partial\lambda}{\partial\omega}\Delta\omega=-\frac{1}{r\omega}\Delta V+\frac{V}{r\omega^2}\Delta\omega \tag{5-28}$$

$$\Delta Fr-\Delta F_d r=J\frac{\mathrm{d}}{\mathrm{d}t}(\Delta\omega) \tag{5-29}$$

$$M\frac{\mathrm{d}}{\mathrm{d}t}(\Delta V)=\Delta F_d-\Delta F_{\mathrm{dr}} \tag{5-30}$$

$$\Delta F_d=F_z\Delta\mu=F_z g\Delta\lambda \tag{5-31}$$

$$\Delta F_{\mathrm{dr}}=(a_1+2a_2\nu)\Delta\nu=(3.6a_1+25.92a_2V)\Delta V \tag{5-32}$$

基于上述线性方程，可以进一步得到系统的结构图和信号流图，如图 5-15 和图 5-16 所示。

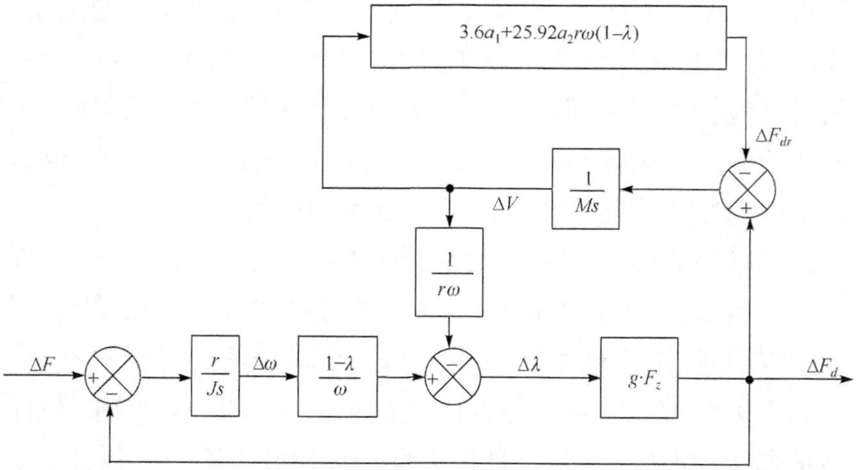

图 5-15 驱动力到附着力的系统结构图

为简化推导，可应用 Mason Gain Formular 得到系统的传递函数。根据 Mason Gain Formular 规则，系统输入节点到输出节点的传递函数

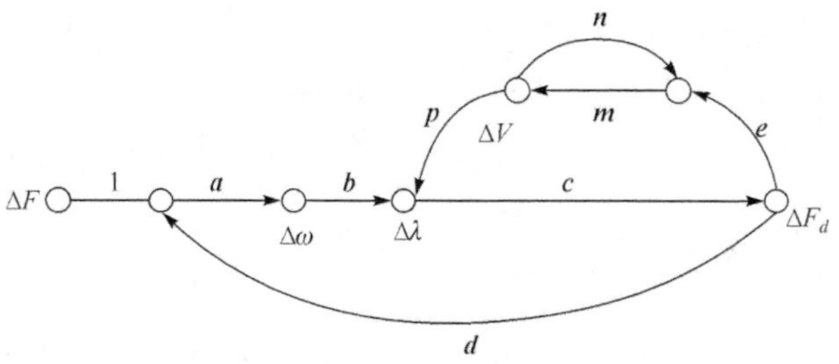

图 5-16　驱动力到附着力的信号流图

为

$$G(s)=\frac{\sum_{k=1}^{n}P_k\Delta_k}{\Delta} \tag{5-33}$$

其中，Δ 是系统的特征多项式；P_k 是第 k 条前向通路上的增益；Δ_k 是 Δ 中不触及第 k 条前向通路的部分。

信号流图包含三个环路，但其中只有一个由输入节点到输出节点的前向通路，因此系统的传递函数 $G(s)$ 可以表示为

$$G(s)=\frac{\Delta F_d}{\Delta F}=\frac{abc(1-mn)}{1-(abcd+cemp+mn)+(abcdmn)} \tag{5-34}$$

代入各项得到最终的开环传递函数 $G(s)$，即

$$\begin{aligned}G(s)&=A\frac{s+B}{s^2+(A+B+C)s+AB}\\&=A\frac{s-z}{(s-p_1)(s-p_2)}\\&=A\frac{s-z}{s^2-(p_1+p_2)s+p_1p_2}\end{aligned} \tag{5-35}$$

其中

$$\begin{cases} A=g\cdot F_z\dfrac{r(1-\lambda)}{J\omega} \\ B=(3.6a_1+25.92a_2r\omega(1-\lambda))/M \\ C=g\cdot F_z\dfrac{1}{Mr\omega} \\ p_1=\dfrac{-(A+B+C)+\sqrt{(A+B+C)^2-4AB}}{2} \\ p_2=\dfrac{-(A+B+C)-\sqrt{(A+B+C)^2-4AB}}{2} \\ z=-B \end{cases}$$

(2) 附着稳定性与力传递系统稳定性的关系

通过比较式(5-35)中开环传递函数 $G(s)$ 不同表达式的各项系数，可以得到如下的极点关系，即

$$\begin{cases} p_1+p_2=-(A+B+C) \\ p_1p_2=AB \end{cases} \tag{5-36}$$

由前所述，在不稳定打滑区域，滑移率大于最优滑移率。进一步由 μ-λ 曲线得出，曲线的斜率 $g=\partial\mu/\partial\lambda$ 是负的。由式(5-37)可知，必存在一个负极点和一个正极点。说明在不稳定附着区域，由驱动力到附着力的开环传递系统是不稳定的。同理可以得到，稳定附着区域对应的力传递函数的两个极点都是负极点，即位于 s 平面的左半平面，由驱动力到附着力的开环传递系统是稳定的，如式(5-38)所示。因此，轮胎-路面接触的附着稳定性与力传递函数的稳定性具有内在联系，即

$$\left.\begin{matrix} A<0, B>0, C<0 \\ p_1p_2<0 \end{matrix}\right\}\Rightarrow p_1>0, p_2<0 \tag{5-37}$$

$$\left.\begin{matrix} A>0, B>0, C>0 \\ p_1+p_2=-(A+B+C)<0 \\ p_1p_2>0 \end{matrix}\right\}\Rightarrow p_1<0, p_2<0 \tag{5-38}$$

图 5-17 是力函数极点与 μ-λ 曲线斜率的关系。可以看出，当滑移率小于最优滑移率时(稳定附着工作点)，极点的实部都是负值，即位于 s 平面的左半平面(稳定的力传递函数)；当滑移率大于最优滑移率(不

稳定的打滑工作点)时,极点的实部都是正值,即位于 s 平面的右半平面(不稳定的力传递函数);反之亦然。且不同的轮速下,这种对应关系不变,进一步验证了力传递函数稳定性与附着稳定性的等价性。

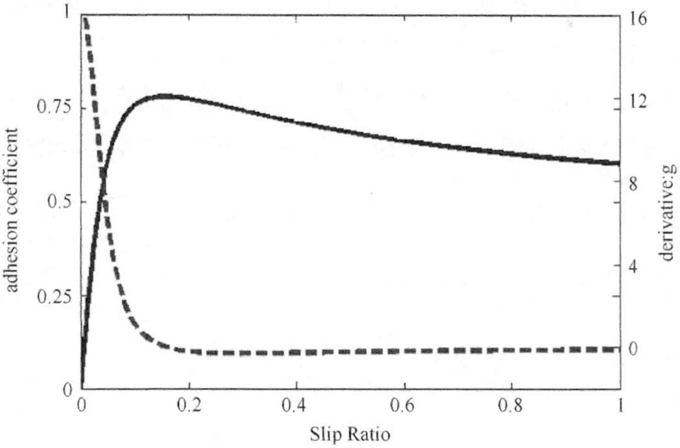

(a) 基于魔术公式轮胎模型的某种轮胎-路面接触关系的曲线

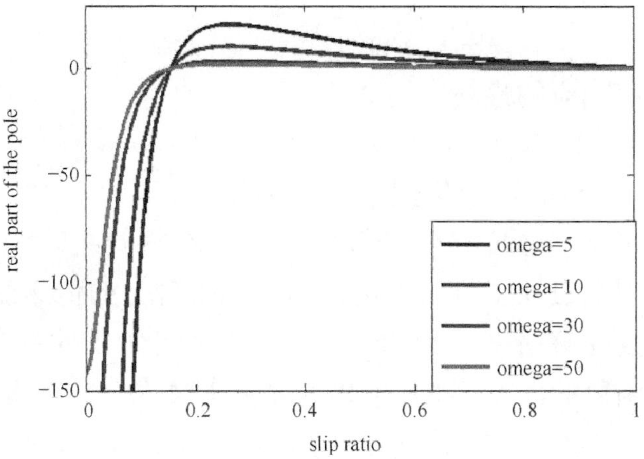

(b) 极点的实部随滑移率变化的轨迹

图 5-17　力传递函数极点实部随滑移率变化轨迹图

虽然基于力传递函数极点表征的力传递系统的稳定性与轮胎-路面附着的稳定性是等价的,但根据力传递函数的极点表达式难以直接判定附着稳定性。这是由于极点表达式包含当前工作点的滑移率、μ-λ 曲线斜率等难以获取的附着参数。

(3) 基于力传递函数的附着稳定性判据

容易理解，在稳定附着区域，增加电机转矩会使附着力增加；在不稳定打滑区域，附着力将减少，造成车轮进一步打滑。下面证明轮胎-路面接触稳定性与时域内力传递特性的关系及判定方法，以解决力传递函数极点难以在实际中表征附着稳定性的难题。

在某工作点附近，假定车轮驱动力矩存在一个阶跃输入信号，根据力传递函数，可得到附着力在该输入信号下的时域响应，即

$$\Delta F_d(t)=L^{-1}\{G(s)\frac{1}{s}\}=L^{-1}\left\{\frac{r_1}{s-p_1}+\frac{r_2}{s-p_2}+\frac{r_3}{s}\right\} \tag{5-39}$$

其中，系数可由留数定理计算得到，即

$$\begin{cases} r_1=\dfrac{A(p_1+B)}{p_1-p_2}\cdot\dfrac{1}{p_1} \\ r_2=\dfrac{A(p_2+B)}{p_2-p_1}\cdot\dfrac{1}{p_2} \\ r_3=\dfrac{AB}{p_1p_2}=1 \end{cases} \tag{5-40}$$

附着力时域响应的最终表达式为

$$\Delta F_d(t)=\{r_3+r_1\mathrm{e}^{p_1t}+r_2\mathrm{e}^{p_2t}\}\cdot 1(t) \tag{5-41}$$

为了表述方便，引入一个力传递因子 $\vartheta(t)$，即

$$\vartheta(t)=\Delta F_d(t)/\Delta F(t)=r_3+r_1\mathrm{e}^{p_1t}+r_2\mathrm{e}^{p_2t} \tag{5-42}$$

力传递因子物理上表征了时域内由驱动力到附着力的传递能力。

力传递函数的解析式可以看出，它是随时间变化的指数函数。为了观察力传递函数的动态行为，针对某种基于魔术公式的某种轮胎-路面接触条件，分别绘出了力传递因子随时间、滑移率、轮速三个变量的变化轨迹，如图 5-18 所示。这表明，稳定附着工作点的力传递因子总是正值，且随时间增加收敛到 K，而不稳定打滑工作点的力传递因子总是负值，且随时间的增加不会收敛。

因此，我们得到如下的结论，在某个 $g\neq0$ 的工作点，当车轮驱动力发生变化时，该工作点是不稳定工作点的充要条件是 $\vartheta(t)<0$；在某个 $g\neq0$ 的工作点，当车轮驱动力发生变化时，该工作点是稳定工作点的充要条件是 $\vartheta(t)>0$。车轮驱动力可以影响轮胎-路面接触的附着状态，

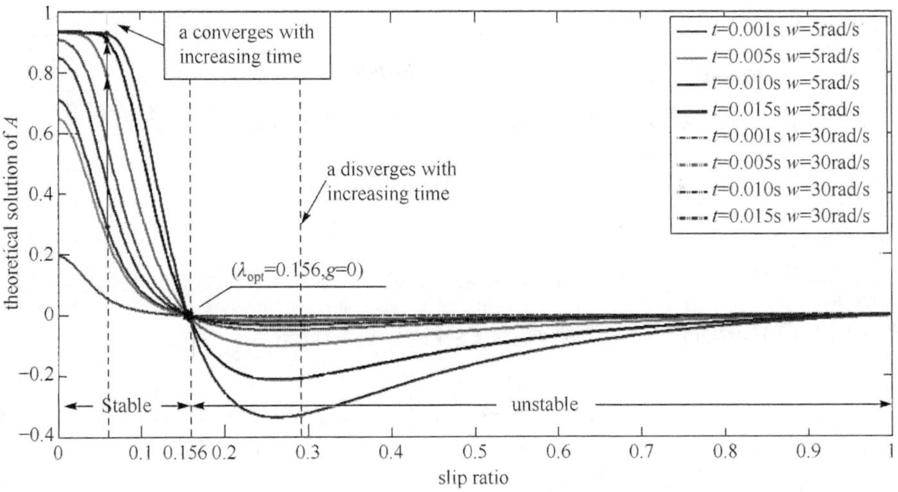

图5-18 力传递因子随滑移率变化轨迹图

并影响附着力大小。进一步证明,在稳定附着区,增加车轮驱动力,可以增加附着力;在不稳定打滑区,增加车轮驱动力,会导致附着力下降。基于以上分析和定理,我们提出下述基于产生式规则的工作点附着稳定性判定方法,可通过时域内的力传递因子符号判定轮胎-路面附着状态稳定性。

① if $\vartheta(t)>0$,then 当前工作点是稳定的。

② if $\vartheta(t)<0$,then 当前工作点是不稳定的。

5.4.2 力传递因子的获取

传递因子 $\vartheta(t)$可以基于关系式 $\Delta F_d(t)=\Delta F(t)\cdot\vartheta(t)$,可以由辨识算法估计(如带遗忘因子的最小二乘法)。首先需要获得驱动力 $\Delta F(t)$与附着力 $\Delta F_d(t)$的大小。驱动力容易测量,可以通过测量电机电流,根据电流与输出转矩的关系得到。附着力无法直接测量,只能进行估计。从电机拖动系统的角度看,附着力可视作扰动负载转矩,因此基于电机驱动系统方程,设计了附着力闭环观测器,本质上可以视为一种扰动观测器(disturbance observer,DOB)[24,31,32]。

电机拖动系统的状态方程为

$$\begin{bmatrix}\dot{\omega}\\ \dot{F}_d\end{bmatrix}=\begin{bmatrix}0 & -r/J\\ 0 & 0\end{bmatrix}\begin{bmatrix}\omega\\ F_d\end{bmatrix}+\begin{bmatrix}r/J\\ 0\end{bmatrix}F \qquad (5\text{-}43)$$

$$\omega=\begin{bmatrix}1 & 0\end{bmatrix}\begin{bmatrix}\omega \\ F_d\end{bmatrix} \tag{5-44}$$

假定满足分段 $\Delta F_d=0$,由式(5-45)可知系统是可观测的,即

$$\operatorname{rank}[Q_o]=\begin{bmatrix}1 & 0 \\ 0 & -r/J\end{bmatrix}=2 \tag{5-45}$$

根据系统的状态方程和降维状态观测器设计(ROB)原理,可以设计降维状态观测器来观测附着力大小,即

$$\hat{F}_d=\frac{-p_{\text{fd}}}{s-p_{\text{fd}}}\left(F-\frac{J}{r}\omega s\right) \tag{5-46}$$

其中,p_{fd}是指定的观测器极点。

极点是负的以保证观测器的收敛性。此外,通过选择合适的极点位置可改善观测器的动态性能。设计的降价状态观测器利用了输入信号电机驱动力 F 和输出信号轮速 ω。由于输出信号轮速的测量包含测量噪声,可直接传递到估计的附着力,因此需要对轮速信号设计信号滤波器,以抑制噪声的影响。我们可以利用 Kalman-Bucy 滤波器或其他滤波器来实现轮速信号滤波,因此设计的附着力状态观测器的系统如图 5-19 所示。

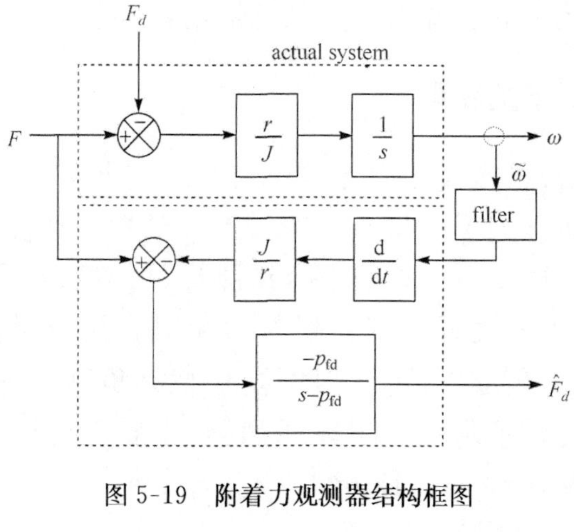

图 5-19 附着力观测器结构框图

值得注意的是,也可以不计算传递因子,而是根据附着力和驱动力差分信号的符号来直接进行判定。判定的算法流程如图 5-20 所示,其

中 $q(k)$ 是表征附着状态稳定性的标志变量；$q(k)=-1$ 表示当前工作点是不稳定的；$q(k)=1$ 表示当前工作点是稳定的工作点。

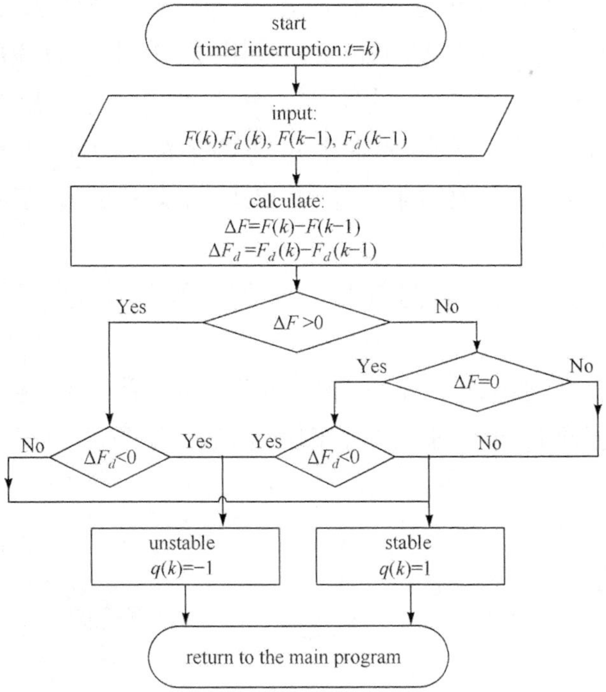

图 5-20　基于驱动力、附着力差分信号的附着状态判定算法流程

5.5　基于最佳工作点在线辨识的纵向附着控制

5.5.1　附着控制任务

纵向控制又分为驱动和制动两种情形，分别称为驱动防滑控制和制动防抱死控制，并可统称为附着控制。

在车辆加速过程中，激励施加作用力到车轮，通过轮胎-路面的接触作用产生附着力(即摩擦力)。为了防止车轮发生打滑，激励的作用力必须与当前的轮胎-路面接触条件适应。如果激励施加的作用力过大，则会使车轮过多旋转，从而使车轮发生打滑，导致附着力进一步丢失，最终可能引起车轮完全打滑的现象。车轮打滑或抱死还会显著降低轮胎传递横向力的能力，破坏车辆的横向稳定性。

当车辆在湿滑路面行驶时,由于缺乏经验,驾驶员难以通过操控油门/制动踏板来施加合适的驱动/制动力。如图 5-21 所示,在不同路面条件下,为了保证车辆的稳定附着状态,油门踏板的安全角度是不同的。驾驶员仅凭经验难以精确把握不同路面条件下的油门踏板安全角度极限。引入驱动防滑控制的主要目的是根据当前轮胎-路面接触条件,考虑驾驶员操控需求的基础上主动调节激励力的大小,保证轮胎-路面接触产生稳定的充分的附着力。因此,驱动防滑控制主要包含以下两个目标[6,24,33,34]。

① 防止车轮打滑。通过施加合适的激励作用力,维持工作点在稳定附着区。

② 提高附着利用率。充分利用当前轮胎-路面接触所能提供的最大附着能力,提高加速性能,这对车辆在低附着条件的湿滑路面行驶时尤其重要。

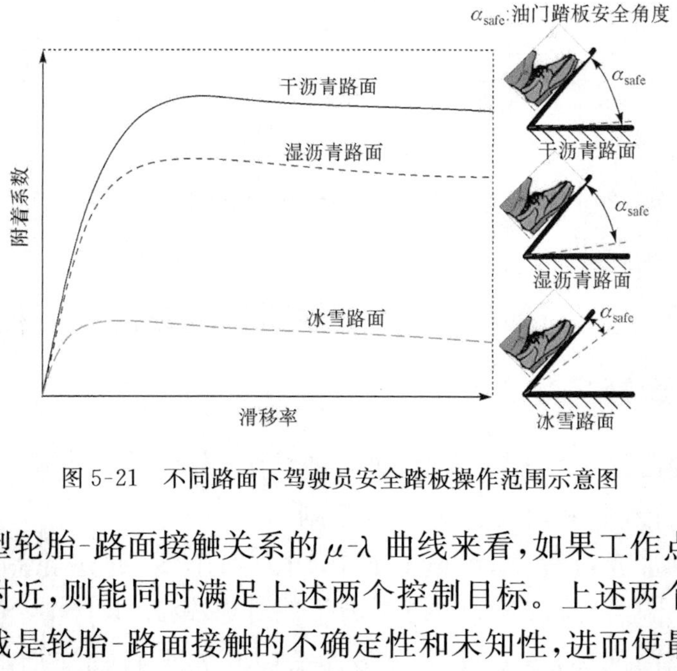

图 5-21 不同路面下驾驶员安全踏板操作范围示意图

从典型轮胎-路面接触关系的 μ-λ 曲线来看,如果工作点维持在最优工作点附近,则能同时满足上述两个控制目标。上述两个控制目标的最大挑战是轮胎-路面接触的不确定性和未知性,进而使最优工作点的参考信息难以获取。针对这个难题,我们提出未知轮胎-路面条件下实时在线辨识最优工作点的方法,进而根据具体车辆系统进一步估计出未知附着条件下的最大附着系数或最优滑移率。设计了两种驱动防滑控制系统,分别适合于滑移率可以测量计算和不能测量计算两种不同的车辆系统。

此外,驾驶员的控制与智能控制如何进行协调也是一个重要问题。例如,在车辆加速控制中,驾驶员会根据自身判断、驾驶习惯、驾驶需求等给出一个期望的驱动转矩;驱动防滑控制会根据当前的附着条件,在控制系统的作用下给出一个驱动转矩。在电动车辆中,这两个转矩命令都指向同一个电机驱动系统,因此需要综合驾驶员的加速需求和防滑控制需求,综合确定出一个最终的转矩命令。由于车辆控制中安全性始终排在所有目标的首位,因此可通过设置一个转矩选择单元来处理上述问题。

一种典型的最优滑移率控制系统如图 5-22 所示[32]。其中,路面识别单元识别出当前轮胎-路面接触条件下的最优滑移率,作为闭环滑移率控制器的参考信号。滑移率控制器根据滑移率参考信号(即最优滑移率)和滑移率反馈信号(即当前滑移率)的误差,产生控制作用(即滑移率控制器输出的转矩命令),以减少或消除滑移率控制误差。同时,驾驶员通过加速踏板还对车辆产生一个驾驶员需求转矩。为了能同时考虑驾驶员需求转矩命令和最优滑移率控制器输出的转矩命令,在闭环内部设置了一个最小转矩选择单元,即选择上述两种转矩控制命令的较小者,作为电机的最终转矩给定。这种控制结构同时兼顾驾驶员的操作需求和驱动防滑控制的安全需求。驱动防滑控制可视作一种硬约束来保证车辆的安全(即无论任何情况下,驱动轮不发生不稳定打滑现象)。

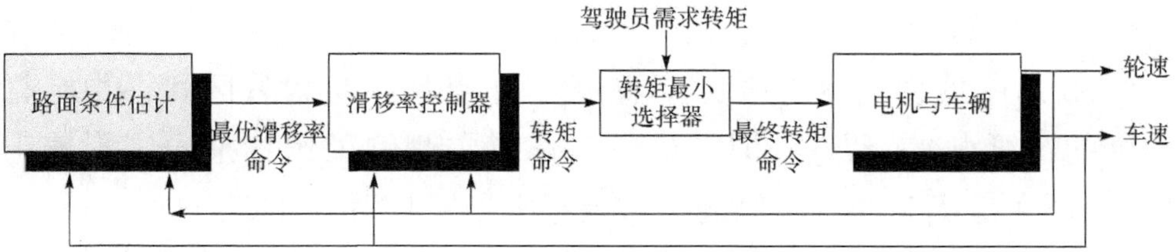

图 5-22　融合驾驶员需求转矩的最优滑移率控制系统(转矩选择器)

5.5.2 最优工作点在线辨识

针对未知路面条件下最优滑移率难以确定的难题，学者提出几种实时辨识最优滑移率的方法[29,30,33-37]。这些方法大多根据当前的工作点信息，与几种已知典型轮胎-路面接触条件进行匹配，利用模糊逻辑进行融合，得到一个近似的最优滑移率。这种方法得到的最优滑移率不是当前轮胎-路面接触条件的真实最优滑移率，并且将这种近似的最优滑移率作为闭环滑移率控制器的控制参考，其稳定性没有得到论证。

除滑移率控制方法外，还可以直接通过控制驱动力（或力矩）实现附着控制。容易理解，如果将驱动力限制在当前轮胎-路面接触条件所能提供的最大附着力以下，则驱动轮不会发生打滑。其关键难题同样是未知轮胎-路面接触条件下的最大附着力确定问题。

实际上，最优滑移率、最大附着力都是未知轮胎-路面接触条件曲线上的最优工作点的关键信息。如果能准确识别出未知路面条件下的最优工作点，可进一步将当前工作点对应的滑移率、附着力视作当前路面条件的最优滑移率、最大附着力，进而设计最优滑移率控制、最大附着力控制，因此最优工作点的识别对实现驱动防滑控制的两个控制目标（防止车轮打滑、提高附着利用率）非常关键。

基于 μ-λ 曲线的特征及车轮打滑的物理过程分析，提出种动态在线辨识最优工作点的方法。虽然在不同的轮胎-路面接触条件下 μ-λ 曲线的形状不同，但它们都具有一些共同特征。

① 每条 μ-λ 曲线都有唯一的最优工作点，进而有唯一的最大附着系数、最优滑移率。

② 从附着稳定性的角度看，最优工作点是稳定附着区和不稳定打滑区的过渡点或分界点，即在最优工作点左侧的工作点是稳定附着工作点，而在最优工作点右侧的工作点是不稳定打滑工作点。

③ 在稳定附着区，附着系数随滑移率单调递增；在不稳定打滑区，附着系数随滑移率单调递减。

在低附着路面下车轮发生打滑的整个物理过程中，不稳定打滑状态的工作点是由不断增加的车轮驱动力激发的。该车轮驱动力对应的是驾驶员的激进型的加速踏板踩踏行为(数学描述为相对时间的斜坡类函数),即 $\Delta T_{des}(t)>0$。工作点具有一个由稳定附着状态滑向不稳定打滑状态的动态过程,而其中的过渡点就是最优工作点。如果能捕捉到这个动态过程,则可以实时在线确定最优工作点出现的时刻及对应的信息,进而估计最优工作点对应的最大附着系数和最优滑移率。结合以上分析,最优工作点估计方法可由以下的 IF-THEN 产生式规则来描述。

最优工作点估计准则如下。

IF　$t=k-1$ 时刻工作点是稳定的　AND　$t=k$ 时刻工作点是不稳定的

THEN

① 最优工作点发生在时间段 $t\in(k-1,k]$

② 最大附着力确定 $F_{d\max}\approx\max\{F_d(k-1),F_d(k)\}$

最优滑移率确定 $\lambda_{opt}\approx\min\{\lambda(k-1),\lambda(k)\}$

在上述产生式规则的 IF 条件中,工作点稳定或不稳定的判定方法可通过比较滑移率、求解 μ-λ 曲线斜率及力传递因子方法来实现。比较滑移率的判定方法需要事先知道当前轮胎-路面接触条件的最优滑移率,而最优滑移率正是需要确定的最优工作点的信息,因此该方法不可行。求解 μ-λ 曲线斜率的判定方法需要实时获取当前的滑移率和附着系数,再计算它们的微分信号和曲线斜率,对某些滑移率不能准确获取的应用场合不适用。我们提出的新型附着状态判定方法,只需要获取驱动轮的驱动力矩和转速,即可实现附着状态稳定性的判定,具有较强的实用性。因此,基于附着状态新型判定法则来判定工作点的稳定状态。据此,最优工作点在线辨识准则可以做如下细化。

IF　$\Delta F_d(k)>0$　AND　$\Delta F_d(k+1)<0$

THEN

① 最优工作点发生在时间段 $t\in(k-1,k]$

② 最大附着力确定 $F_{d\max}\approx\max\{F_d(k-1),F_d(k)\}$

最优滑移率确定 $\lambda_{opt}\approx\min\{\lambda(k-1),\lambda(k)\}$

一旦 IF 条件得到触发,则可以估计出当前轮胎-路面接触条件,进

而确定当前路面条件能提供的最大附着力。如果车辆系统能实时获取滑移率的大小,则可以进一步估计出最优滑移率的大小。在实际应用中,上述产生式规则可以在嵌入式控制器的定时中断中实现,而定时中断可以设置为毫秒级,因此辨识方法的实时性可以得到满足。

5.5.3　最优滑移率控制

由于滑移率与附着系数具有直接内在的联系,因此直接控制滑移率是附着控制中最常用的控制思路,即设计合适的控制器使滑移率维持在滑移率参考值附近。作为控制系统反馈信号的滑移率,可以通过测量非驱动轮的转速信号来近似车速信号并计算滑移率的反馈值。滑移率参考值通常选取最优滑移率,可以通过上节提出的最优工作点辨识方法得到。滑移率控制器的设计主要考虑克服系统非线性、参数时变、外部扰动和系统不确定性的影响,提高控制器的鲁棒性[1,18,38]。这里将采用滑模控制器来设计基于最优滑移率参考的驱动防滑控制系统。

滑模控制可以有效处理滑移率闭环控制中的对象不确定性和未建模动态的影响。首先通过对滑移率定义式、车辆动力学方程等进行求导,可以得到滑移率作为唯一状态变量的状态方程,即

$$\begin{aligned}\dot{\lambda} &= \frac{1}{\omega}\left\{\frac{F_{\text{air}}}{Mr}-(1-\lambda)\frac{F_{\text{res}}r}{J}-\left[\frac{F_z}{Mr}+(1-\lambda)\frac{F_z r}{J}\right]\mu+(1-\lambda)\frac{T}{J}\right\} \\ &= f_1(\nu,\omega)+f_2(\lambda)\mu+f_3(\lambda)T \end{aligned} \tag{5-47}$$

其中

$$f_1(v,\omega)=\frac{1}{\omega}\left[\frac{F_{\text{air}}}{Mr}-(1-\lambda)\frac{F_{\text{res}}r}{J}\right] \tag{5-48}$$

$$f_2(\lambda)=-\frac{1}{\omega}\left[\frac{F_z}{Mr}+(1-\lambda)\frac{F_z r}{J}\right] \tag{5-49}$$

$$f_3(\lambda)=\frac{1}{\omega}(1-\lambda)\frac{1}{J} \tag{5-50}$$

显然,系统是非线性的,且包含不确定项。非线性主要体现在滑移率的定义式、附着系数与滑移率的非线性关系,以及函数 $f_1(v,\omega)$ 和 $f_2(\lambda)$。函数 $f_1(v,\omega)$ 包含非线性风阻。不确定项主要体现在附着系数上,这主要是由于轮胎-路面接触条件的不确定性造成的。一般认为,

在低速运行时风阻不会显著影响系统的性能，因此主要处理未知附着系数的影响。

将滑模面定义为滑移率的控制误差，即

$$s=e=\lambda-\lambda_d \tag{5-51}$$

其中，λ_d 是期望的最优滑移率。

滑模控制的主要目标是使系统达到并保持在滑模面上，为此需要设计合适的控制律。

控制律可以分为两部分。第一部分是等效控制项。在理想情况下，等效控制律可使系统保持在滑模面上，即 $T=T_{\text{eq}}(\lambda)$，使 $\dot{s}=F(\lambda,T_{\text{eq}}(\lambda))=0$ 成立。

由滑模面的微分方程，即

$$\begin{aligned}\dot{s}&=\dot{e}\\&=\dot{\lambda}-\dot{\lambda}_d\\&=f_1(v,\omega)+f_2(\lambda)\mu+f_3(\lambda)T-\dot{\lambda}_d\end{aligned} \tag{5-52}$$

可得到等效控制项为

$$T_{\text{eq}}=[-f_1(v,\omega)-f_2(\lambda)\mu+\dot{\lambda}_d]/f_3(\lambda) \tag{5-53}$$

等效控制是假定系统模型完全精确可知而得到的理想控制律。在实际应用中，系统模型存在参数扰动、未建模动态等，因此还需要第二部分，即开关项来确保对未建模误差的鲁棒性。采用等速趋近律 $\dot{s}=-\eta\cdot\text{sgn}(s)$，并联合第一部分的等效控制项，得到最终的控制律为

$$T=T_{\text{eq}}-\frac{\eta\cdot\text{sgn}(s)}{f_3(\lambda)} \tag{5-54}$$

其中，η 是一个严格正常数。

定义 Lyapunov 函数 $V(s)=0.5s^2$，则

$$\begin{aligned}\dot{V}(s)&=s\dot{s}\\&=-s\cdot\eta\cdot\text{sgn}(s)\\&=-\eta\cdot|s|\leqslant 0\end{aligned} \tag{5-55}$$

满足广义滑动模态的存在条件，也满足滑模存在性和可达性条件，即在有限时间内 $s\to 0$。

为了消除震颤现象，利用饱和函数连续估计边界层，并代替原先的符号函数，可以得到改进的控制律为

$$T=T_{eq}-\frac{\eta\cdot \mathrm{sat}\left(\frac{s}{\psi}\right)}{f_3(\lambda)} \tag{5-56}$$

$$\begin{cases} \mathrm{sat}\left(\frac{s}{\psi}\right)=s/\psi, & |s|\leqslant\psi \\ \mathrm{sat}\left(\frac{s}{\psi}\right)=\mathrm{sgn}(s), & \mathrm{se} \end{cases} \tag{5-57}$$

其中，ψ 是边界层宽度，可以依据未建模动态的频率范围来选取合适的值。

5.5.4 无滑移率参与的驱动防滑控制

在某些应用场合下滑移率难以获取，因此滑移率控制的实施比较困难[27,31,39-42]。我们提出无需滑移率参与的驱动防滑控制方法，在不需要滑移率和最优滑移率的情况下，可以实现车辆在未知轮胎-路面接触条件下的驱动防滑。

如图 5-23 所示，在稳定附着状态，T_{dmax} 设置为与最大电机驱动转矩相等。当驾驶员驱动转矩 T_{des} 小于 T_{dmax} 时，T_{des} 可以直接通过 MIN 选择器，作为电机参考转矩信号。一旦工作点越过过渡点稍稍进入不稳定打滑区，则在线成功捕捉到最优工作点，进而估计当前轮胎-路面接触条件下的最大附着力(或转矩)。T_{dmax} 的值被设置为与最大附着转矩相等，在 MIN 转矩选择器的作用下限制电机参考转矩信号。由于电机参考转矩小于当前轮胎-路面接触的最大附着转矩，因此在理想转矩闭环控制下，实际输出的驱动转矩也不会超过当前轮胎-路面接触的最大附着转矩。工作点将回到稳定附着状态，可以有效阻止驱动轮打滑现象。

5.5.5 结果分析

对驱动防滑控制进行仿真，采用电动轮驱动的移动机器人。路面采用低附着冰面，其最大附着系数为 0.1，对应的最优滑移率为 0.073。

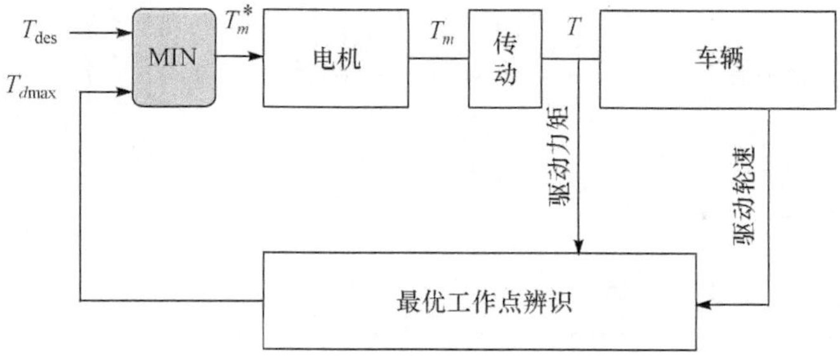

图 5-23 最大附着力控制器

控制器事先并不知晓有关仿真所用路面条件的任何信息。分层式结构中的上层产生需求转矩(如驾驶员需求转矩)信号。采用斜率为 3Nm/s 的斜坡输入信号来模拟在冰面上激进加速驾驶行为。由于减速比只成比例的影响转矩和转速的幅值,为了说明主要问题,仿真将其设置为 1。电动轮驱动的地面轮式机器人仿真参数如表 5-2 所示。

表 5-2 电动轮驱动的地面轮式机器人仿真参数

驱动轮纵向载荷/kg	25
总重/kg	50
等效车轮惯量/kg · m²	0.4
轮胎半径/m	0.15
电机时间常数/ms	5
地面坡度/(°)	3

在线辨识最优工作点是驱动防滑控制方法的核心,因此首先仿真最优工作点的在线辨识。图 5-24 是无控制作用下最优工作点在线辨识的结果。在图 5-24(a)中,在 $t=4.78$s 时,工作点达到过渡点 C,此时滑移率是最优滑移率 0.073。随着驱动转矩的不断增加,附着力在 4.78s 后开始减少,如图 5-24(b)所示。轮速则开始迅速增加,如图 5-24(a)所示。在图 5-24(d)中,附着稳定性标志 sf(t)成功指示了不稳定打滑状态。图 5-24(c)绘出了整个过程中的工作点轨迹,表明车辆在没有防滑控制的情况下,进入了不稳定打滑状态。可见,基于力传递特性可以线辨识出最优工作点 C。

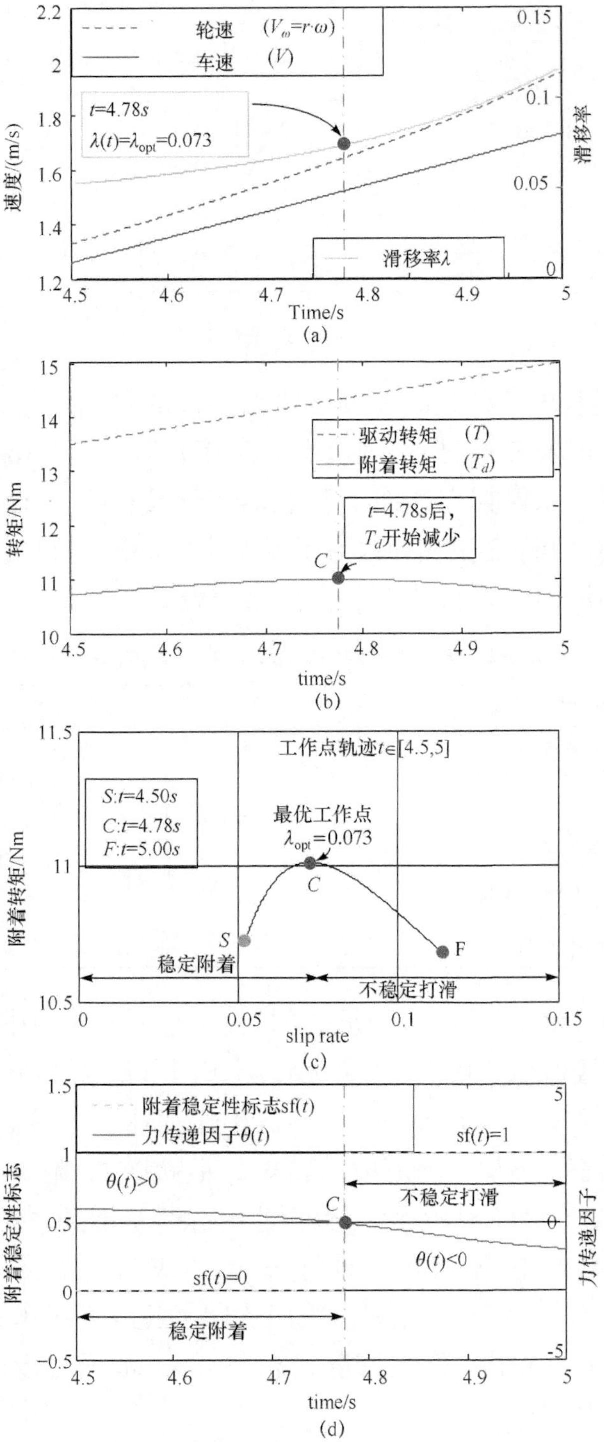

图 5-24　附着稳定性判定及最优工作点估计结果

相比传统判定附着稳定性需要比较滑移率和最优滑移率的方法相比，我们提出的方法所需的测量信号更少，即只需要驱动轮轮速和驱动转矩信号。减少测量信号意味着可以减少传感器的使用，降低系统成本，提高可靠性。更重要的是，无需未知轮胎-路面接触条件的最优工作点信息。

图 5-25 是分别采用最优滑移率控制和最大附着力控制的结果，其中 CI 表示最大附着力控制，CII 表示最优滑移率控制。在 $t=4.78\text{s}$ 的过渡点 C，成功触发了最优工作点估计准则的 IF 条件。图 5-25(a)是轮速和车速曲线，表明两种驱动防滑控制作用下轮速都不会迅速增加。图 5-25(c)所示的滑移率也不会剧烈增加，表明在冰面上的整个加速上坡过程中都没有不稳定打滑的发生。图 5-25(b)是两种控制方法下的转矩响应曲线。图 5-25(d)分别绘出了两种控制作用下的工作点轨迹。

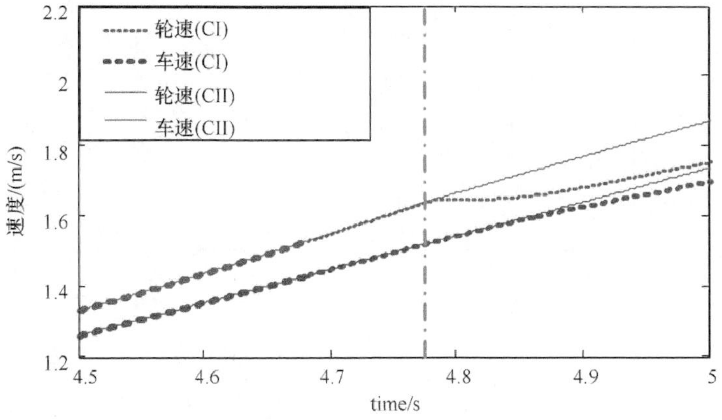

(a)

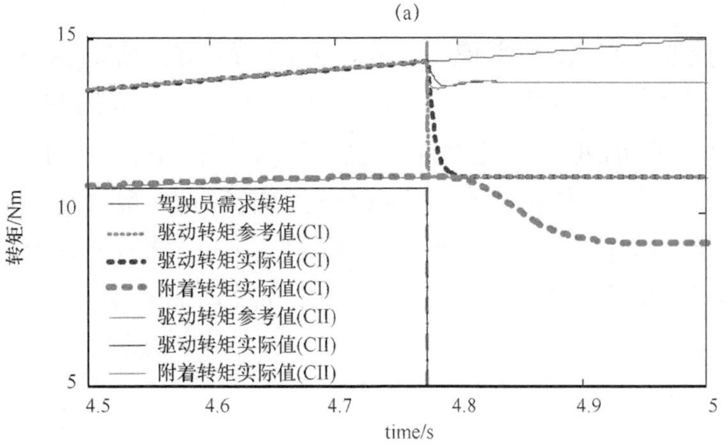

(b)

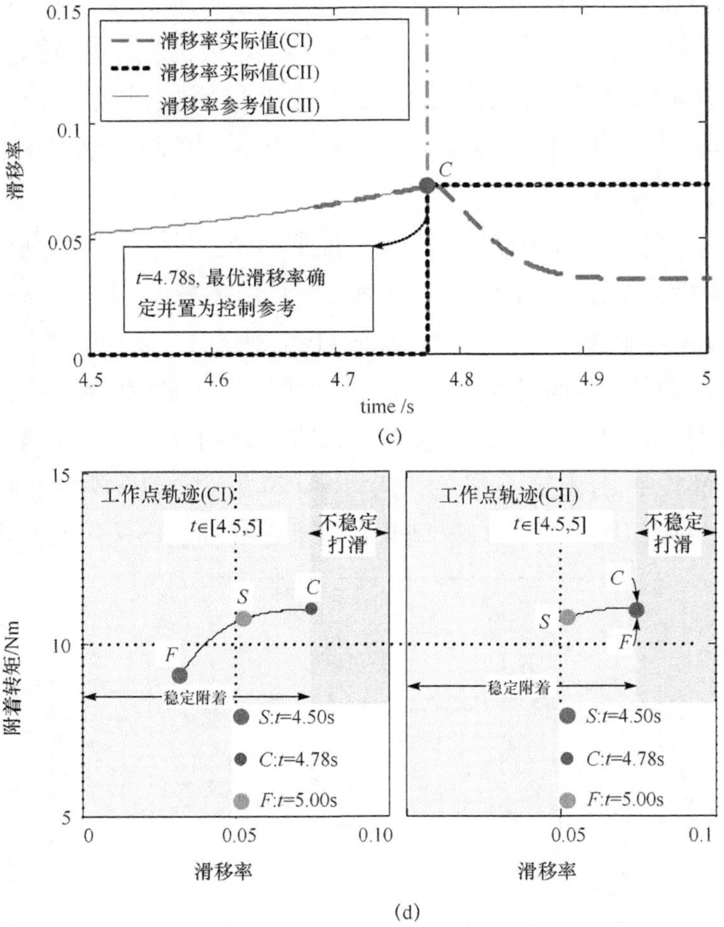

图 5-25　驱动防滑控制仿真结果

两种控制方法都能实现在未知、低附着轮胎-路面接触条件下的驱动防滑。其中,最大附着力控制的稳态工作点对应的附着力略小于附着力极限,但仍处于稳定附着状态;最优滑移率控制则具有更好的附着利用率。最大附着力控制的稳态工作点位于最优工作点之前的原因将在下一章中解释。虽然最大附着力控制没有实现附着极限的利用,但其无需滑移率的参与即可实现防滑控制,因此仍具有很好的实用价值。

5.6　四轮转向车的横向稳定控制

汽车在行驶过程中，每个车轮的运行轨迹和速度须符合一定关系才能最大限度地利用轮胎的力学特性，减少不稳定打滑和轮胎磨损。质心侧偏角的数值接近零是保证车辆横向稳定性的一个必要条件。前轮转向汽车由于其后轮没有参加转向运动，驾驶员在对汽车进行转向操作时，往往容易造成汽车的质心侧偏角过大，情况严重时汽车会失去横向稳定性而发生交通事故。四轮转向汽车的转向状态不仅与前轮转角有关，还受到后轮转角的影响。由于后轮也参与了转向运动，能够有效地减小四轮转向汽车质心侧偏角的大小，甚至可使其值趋向与零，有效提高车辆的主动安全性能。低速运行时，可在后轮增加一个与前轮转向相反的转角，这样不仅可以有效地减小汽车的转弯半径，还可以大大提高电动汽车运行的灵活性，提高低速时电动汽车的机动性。高速运行时，四轮转向电动汽车由于此时前后车轮的转向对质心侧偏角产生的作用是相反的，其最终的作用效果是使汽车的质心侧偏角不断减小，甚至可以趋向于零，这就提高了电动汽车高速运行时的横向稳定性。

5.6.1　四轮转向车辆模型

假设电动汽车关于纵轴是对称的，并且两个前轮的转角大小相等，两个后轮的转角大小也是相等的，则四轮转向电动汽车的动力模型可以简化成为如图5-26所示的二自由度单轨模型。这里忽略电动汽车转向系统、传动系统和汽车悬挂的作用，假设电动汽车只在一个平面内运动，即不考虑电动汽车的纵向运动、电动汽车的垂直运动、电动汽车绕纵向轴和垂直轴的旋转运动，只考虑电动汽车沿着横轴的运动以及电动汽车绕垂直轴旋转的横摆运动这两个自由度。

由牛顿第二定律，可以推导出汽车的动力学方程，即

$$\begin{cases} mV_x(\dot{\beta}+\gamma)=F_{\mathrm{fy}}\cos(\delta_f)+F_{\mathrm{ry}}\cos(\delta_r) \\ I_z\dot{\gamma}=aF_{\mathrm{fy}}\cos(\delta_f)-bF_{\mathrm{ry}}\cos(\delta_r) \end{cases} \tag{5-58}$$

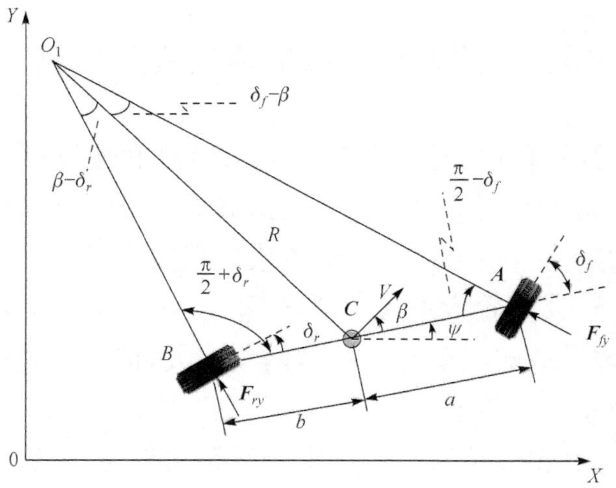

图 5-26　二自由度四轮转向汽车受力分析图

考虑汽车前后轮的转角很小,可以认为汽车前后轮转角的余弦值都等于 1,因此方程(5-58)可简化为

$$\begin{cases} mV_x(\dot{\beta}+\gamma)=F_{\mathrm{fy}}+F_{\mathrm{ry}} \\ I_z\dot{\gamma}=aF_{fy}-bF_{ry} \end{cases} \tag{5-59}$$

假设此时汽车轮胎的横向力还处于线性区域,其值的计算为

$$\begin{cases} F_{\mathrm{fy}}=k_f\alpha_f \\ F_{\mathrm{ry}}=k_r\alpha_r \end{cases} \tag{5-60}$$

其中,$k_f(k_r)$为前(后)轮轮胎的侧偏刚度;$a_f(a_r)$为前(后)轮轮胎的侧偏角。

假设电动汽车的纵向速度保持不变,则质心侧偏角对时间的导数为

$$\dot{\beta}=\arctan\left(\frac{V_y}{V_x}\right)\approx\left(\frac{\dot{V}_y}{V_x}\right)=\frac{\dot{V}_yV_x-\dot{V}_xV_y}{V_x^2}=\frac{\dot{V}_y}{V_x} \tag{5-61}$$

由轮胎侧偏角的定义,可以推导出电动汽车二自由度四轮转向模型,即

$$\begin{cases} m(\dot{V}_y+V_x\gamma)=(k_f+k_r)\beta+\dfrac{\gamma}{V_x}(ak_f-bk_r)-k_f\delta_f-k_r\delta_r \\ I_z\dot{\gamma}=(ak_f-bk_r)\beta+\dfrac{\gamma}{V_x}(a^2k_f+b^2k_r)-ak_f\delta_f+bk_r\delta_r \end{cases} \tag{5-62}$$

从上面的模型可以看出,如果电动汽车的后轮转角等于零,那么得到模型就是前轮转角的二自由度汽车模型。

5.6.2　控制变量的选取

电动汽车横向稳定性控制变量的选取首先应该考虑可直接测量或估计的参数。影响车辆横向稳定性的主要因素有质心侧偏角和横摆角速度两个参数,电动汽车的横摆角速度可用传感器直接测量,而质心侧偏角可通过设计状态观测器来进行实时估计。

与经典汽车的前轮转向横向控制系统相比,电动汽车横向稳定性控制系统的控制目标主要包括两个方面。

① 当电动汽车高速运行时,要求电动汽车的响应速度要快、稳定性要好、安全性要高,即要求电动汽车质心侧偏角响应值的大小要尽量控制在零度附近,电动汽车横摆角速度的值也应该要比一般的前轮转向控制系统得到的横摆角速度的数值要小。

② 当电动汽车低速运行时,要求电动汽车在保持横向稳定性的同时还能提高电动汽车的机动性能,即要求电动汽车质心侧偏角的响应值应该尽量趋近于零,电动汽车横摆角速度的数值要比前轮转向控制系统的值要大。因此,选取电动汽车质心侧偏角和横摆角速度作为控制系统的控制变量。

5.6.3　横向稳定控制

由前所述,四轮转向车横向控制的主要目标是高速行驶时改善转向响应以增强车辆稳定性,低速行驶时降低转弯半径以增强车辆机动性。因此,四轮转向车高速行驶时横向控制的核心问题是根据前轮输入的转向角来确定和控制合适的后轮转向角。下面介绍几种后轮转向角的控制策略,包括前馈控制、横摆角速率反馈控制和复合控制。

(1) 前馈控制

在后轮转向角的前馈控制策略中,后轮转向角与前轮转向角成比例关系,控制框图如图 5-27 所示,其中前轮转向角是输入信号,K_q 前后轮转角的增益,即

$$K_q=\frac{\delta_r}{\delta_f} \tag{5-63}$$

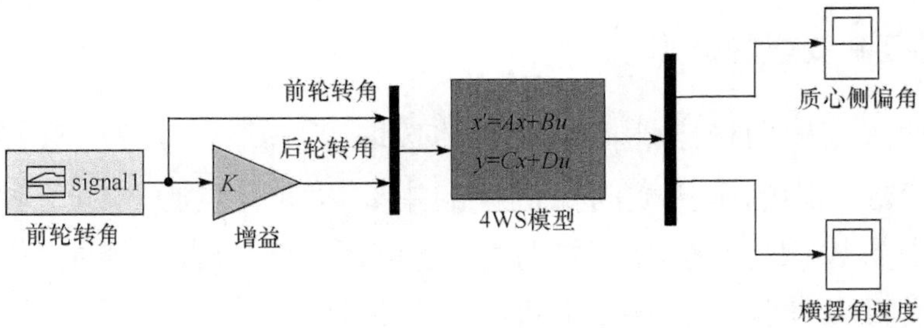

图 5-27　前轮转角前馈控制结构图

为维持横向稳定性，侧偏角应尽可能小，理想情况是零值。假定稳态时横摆角速率和车辆速度是常数，则增益可由车辆动力学模型推导得到，即

$$K_q=\frac{\delta_r}{\delta_f}=\frac{-b-\dfrac{ma}{k_r(a+b)}V_x^2}{a-\dfrac{mb}{k_f(a+b)}V_x^2} \tag{5-64}$$

增益与速度的关系如图 5-28 所示。可以看到，如果车速小于 15m/s，后轮转向角与前轮转向角方向相反；如果车速大于 15m/s，后轮转向角与前轮转向角方向相同。进一步可以看到，如果车速大于 30m/s，增益几乎维持不变，意味着轮胎侧向力已经饱和。

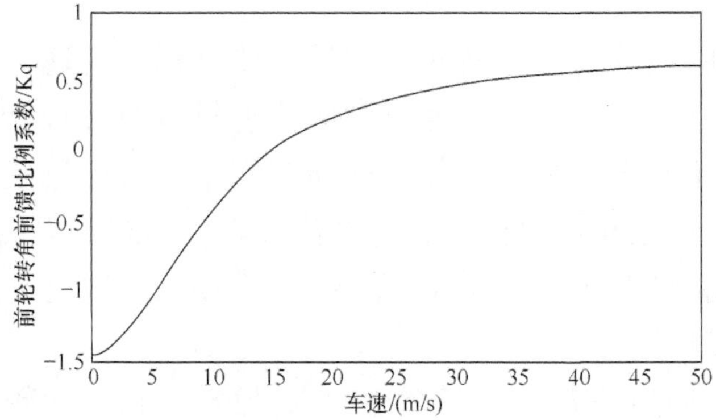

图 5-28　前馈控制增益与速度的关系

(2) 横摆角速率反馈控制

横摆角速率反馈控制采用横摆角速率作为反馈信号,其增益用于确定后轮转向角,如图 5-29 所示。

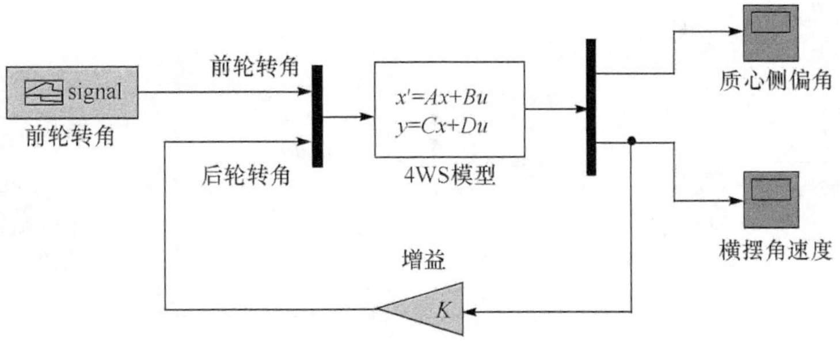

图 5-29　四轮转向车的横摆角速率反馈控制

增益 K_q 是前轮转向角与横摆角速率的比值,即

$$K_q=\frac{\delta_r}{\gamma} \tag{5-65}$$

同样,可推导得到反馈增益,即

$$K_h=\frac{\delta_r}{\gamma}=\frac{a(ak_f-bk_r)-(a^2k_f+b^2k_r)-mV_x^2a}{k_rV_x(a+b)} \tag{5-66}$$

反馈增益与车速的关系如图 5-30 所示。可以看到,如果车速小于 15m/s,后轮转向角与前轮转向角方向相反;如果车速大于 15m/s,后轮转向角与前轮转向角方向相同。

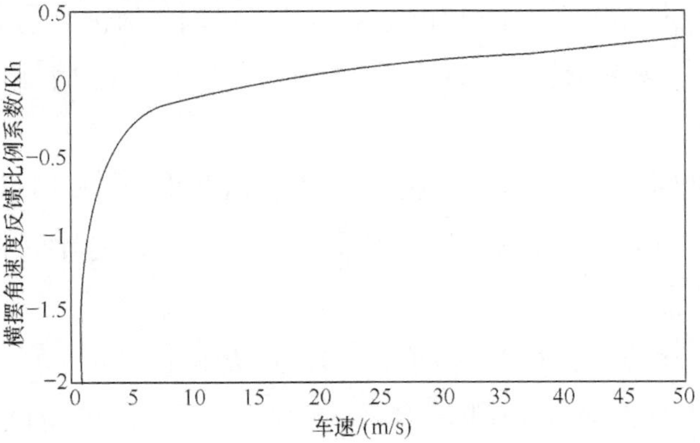

图 5-30　反馈增益与速度的关系

(3) 复合控制

如果将前馈控制和反馈控制进行结合,可得到如图 5-31 所示的复合控制系统。在复合控制系统中,后轮转向角由前轮转向角和横摆角速率共同确定。

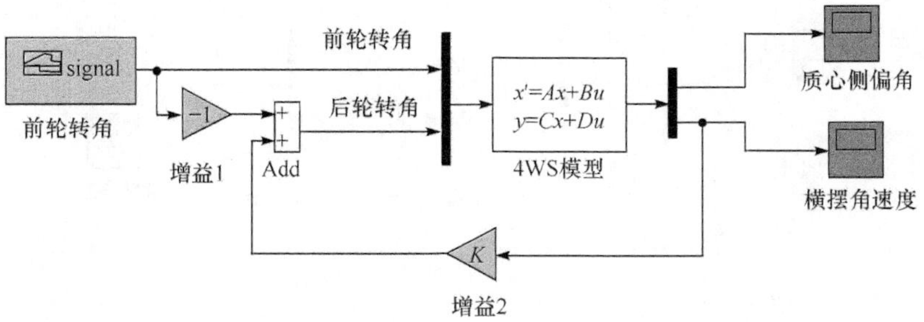

图 5-31　四轮转向车的复合控制

后轮转向角为

$$\delta_r = K_1\delta_f + K_2\gamma \tag{5-67}$$

假定稳态时有 $\beta=0, \dot{\gamma}=0, \delta_r = K_1\delta_f + K_2\gamma$,推导出的增益大小为

$$\begin{cases} K_1 = -\dfrac{k_f}{k_r} \\ K_2 = \dfrac{ak_f - bk_r - mV_x^2}{k_r V_x} \end{cases} \tag{5-68}$$

(4) 结果比较

对四轮转向车高速行驶和低速行驶两种情况进行了仿真,前轮转向角输入采用两种设定,即 J-turn 和 Slalom。轮胎-路面附着系数为 0.9。

高速行驶时车速设定为 30m/s。图 5-32 和图 5-33 是 J-turn 前轮转向角输入时的结果;图 5-34 和图 5-35 是 Slalom 前轮转向角输入时的结果。

对于 J-turn 工况,在汽车前轮转角阶跃输入之后,前轮转向电动汽车在获得瞬时的正向质心侧偏角之后,由于没有后轮转向作用,电动汽车接着获得了突变的负向质心侧偏角,达到稳定值之后质心侧偏角一直保持不变,电动汽车这时处于不稳定的状态。对于前轮转角前馈四

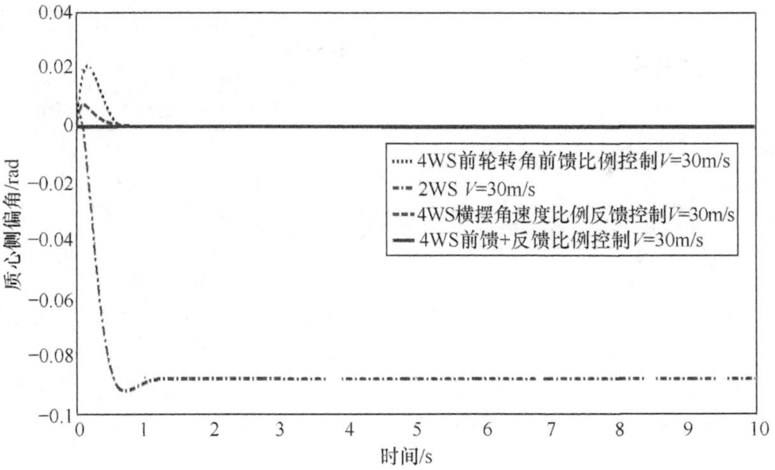

图 5-32　高速行驶时的质心侧偏角(J-turn)

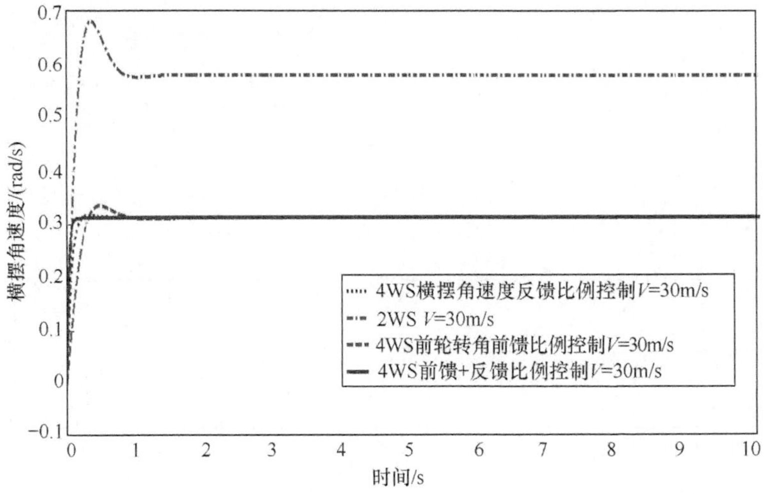

图 5-33　高速行驶时的横摆角速率(J-turn)

轮转向控制和横摆角速度反馈四轮转向控制的电动汽车，在前轮转角输入后汽车的质心侧偏角有瞬时的正向响应，但由于两种控制系统运用了后轮转向产生的横向力的作用，在正向响应之后汽车的质心侧偏角一直保持为零，这两种控制方法都使电动汽车的横向稳定性得到加强。对于前轮转角前馈和横摆角速度反馈复合控制的四轮转向电动汽车，电动汽车的质心侧偏角一直没有大的波动，其数值始终保持为零

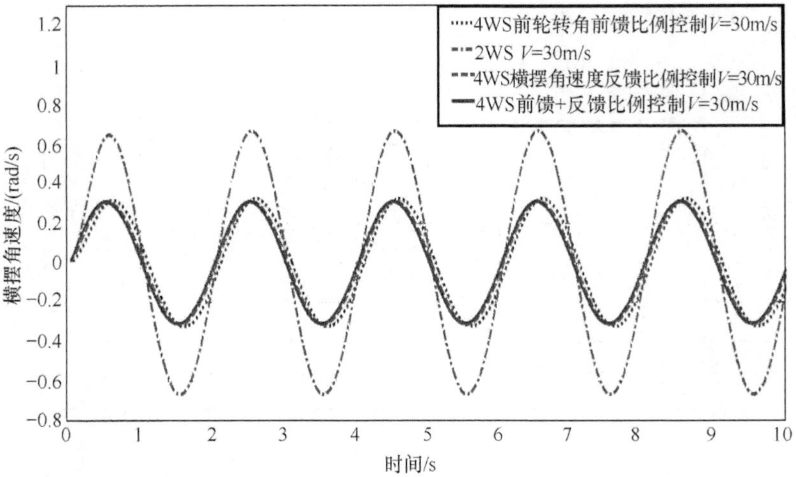

图 5-34　高速行驶时的横摆角速率(Slalom)

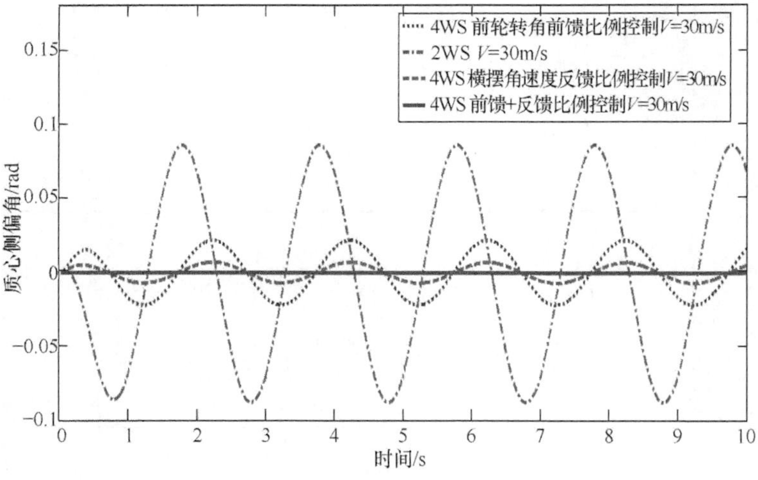

图 5-35　高速行驶时的质心侧偏角(Slalom)

度。对于横摆角速度,三种控制方法都能有效减小汽车高速运行时横摆角速度的大小,并且最终控制得到的数值基本相同。带有复合控制系统的四轮转向电动汽车的控制效果最好,能够显著提高汽车的横向稳定性能。

跟前面分析的 J-turn 工况方法相似,对于 Slalom 仿真情况,三种控制方法都能有效地减小电动汽车的质心侧偏角和横摆角速度的响应。

对于加入前轮转角前馈的控制系统，电动汽车的质心侧偏角随输入发生正弦变化，其峰值保持在 0.02rad 左右。对于横摆角速度反馈控制系统，电动汽车的质心侧偏角也随输入发生正弦变化，其峰值保持在 0.005rad 左右。对于采用复合控制系统的电动汽车，在汽车前轮转角输入之后，电动汽车质心侧偏角的响应值就一直保持为零度。以上三种控制系统得到的汽车横摆角速度都是随着前轮转角的输入而发生正弦变化的，而且它们的峰值都保持在 0.3rad/s 左右，这三种控制系统对电动汽车横摆角速度的控制效果基本是一样的。综合分析，在电动汽车高速运行时，复合控制系统的控制效果最好，能够大大的增强电动汽车的横向稳定性能。

低速行驶时车速设定为 10m/s。图 5-36 和图 5-37 是 J-turn 前轮转向角输入时的结果；图 5-38 和图 5-39 是 Slalom 前轮转向角输入时的结果。

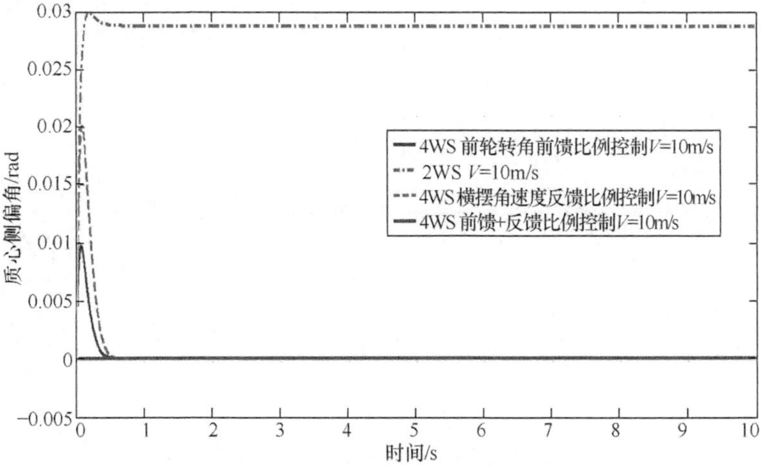

图 5-36　低速行驶时的质心侧偏角(J-turn)

当电动汽车低速运行的时候，前轮转向汽车的质心侧偏角为正值，即质心侧偏角响应与输入的前轮转角相位一样，这与汽车高速运行时质心侧偏角响应是完全不同的。从保证汽车质心侧偏角的角度来分析，三种控制方法都能有效地减小质心侧偏角的大小，其中控制效果最好的是复合控制系统，其次是横摆角速度反馈控制系统，前轮转角前馈控制系统的控制效果较差。三种控制方法都能增大电动汽车低速运行

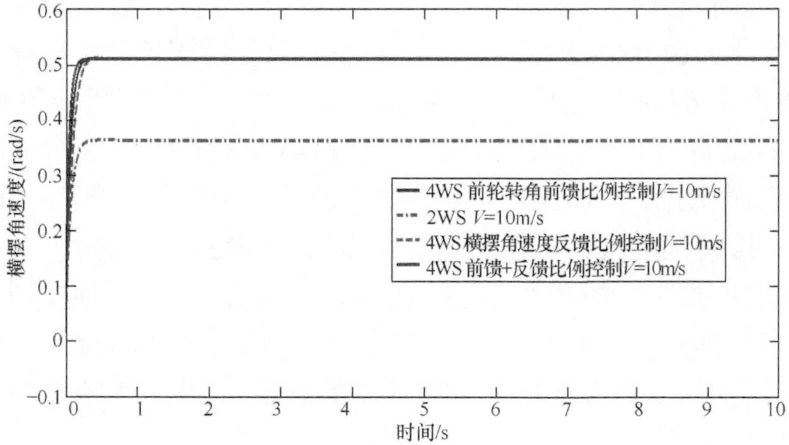

图 5-37 低速行驶时的横摆角速率(J-turn)

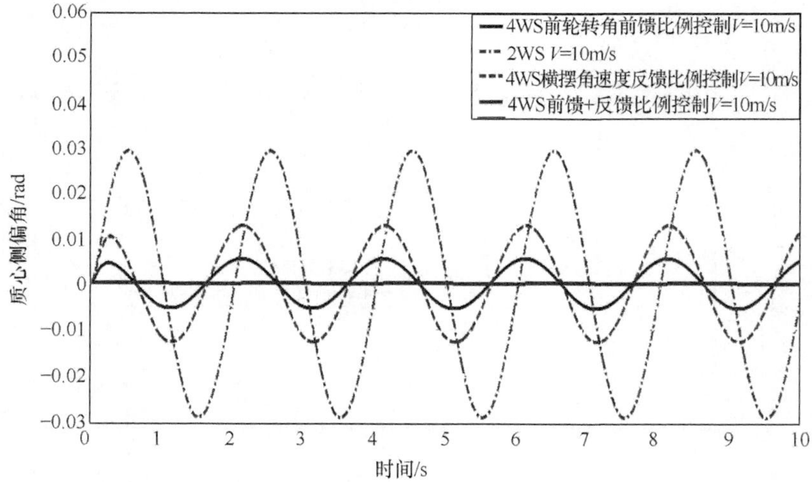

图 5-38 低速行驶时的质心侧偏角(Slalom)

时横摆角速度的响应数值,而且它们增加的幅度也基本一样,因此三种控制方法都能提高电动汽车低速运行时的机动性能,但复合控制的效果最好,它在保证电动汽车横向稳定性的同时又进一步提高了电动汽车的机动灵活性。

对于 Slalom 仿真工况,三种控制方法的质心侧偏角响应相位超前于前轮转向汽车的质心侧偏角响应相位,都能有效地减小电动汽车质心侧偏角的响应,都能在一定程度上提高电动汽车的横向稳定性能。

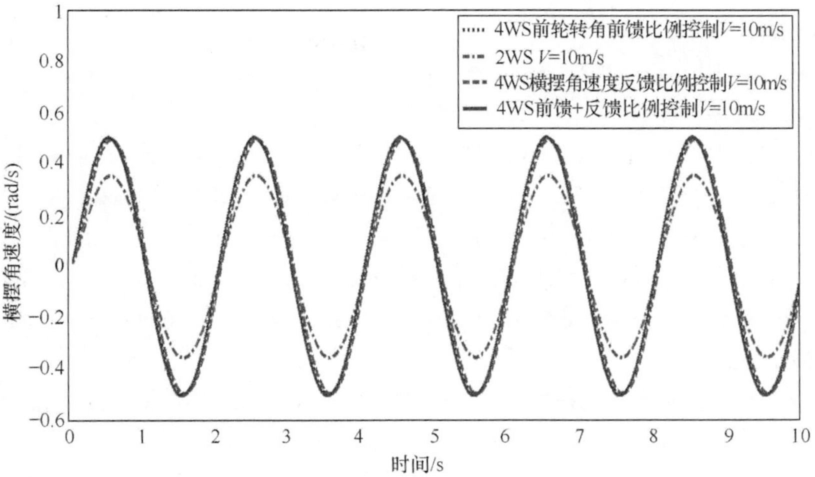

图 5-39　低速行驶时的横摆角速率(Slalom)

在这三种控制方法中,只有前轮转角前馈和横摆角速度反馈的复合控制系统能够使电动汽车的质心侧偏角在当前工况下始终保持在零度,因此复合控制系统的控制效果是最好的。对于横摆角速度,三种控制方法都能有效减小其值的大小,控制效果基本相同,都加强了车辆的机动性。

参考文献

[1] Amodeo M, Ferrara A, Terzaghi R, et al. Wheel slip control via second-order sliding-mode generation. IEEE Transactions on Intelligent Transportation Systems, 2010, 11(1): 122-131.

[2] Boulanger A G, Chu A C. Vehicle electrification: status and issues. Proceedings of the IEEE, 2011, 99(6): 1116-1138.

[3] Boada B, Dugoff H, Fancher P S, et al. An analysis of tire traction properties and their influence on vehicle dynamic performance. SAE 700377, 1970: 1219-1243.

[4] Chan C C. The state of the art of electric and hybrid vehicles. Proceedings of the IEEE, 2002, (90) 2: 247-275.

[5] Chan C C. The state of the art of electric, hybrid, and fuel cell vehicles. Proceedings of the IEEE, 2007, 95: 704-718.

[6] 徐国卿,徐坤,李卫民. 电动汽车动力学控制研究进展. 集成技术, 2012, 1(1): 6-14.

[7] 徐国卿,徐坤,张琦,等. 论电动汽车的发展趋势. 集成技术, 2014, 3(1): 1-17.

[8] Castro D R, Araujo R E, Freitas D. Wheel slip control of EVs based on sliding mode tech-

nique with conditional integrators. IEEE Transactions on Industrial Electronics, 2013, 8(60):3256-3271.

[9] Cirovic V, Aleksendric D, Smiljanic D. Longitudinal wheel slip control using dynamic neural networks. Mechatronics, 2013, (23) 1:135-146.

[10] Chan C C, Bouscayrol A, Chen K. Electric, hybrid, and fuel-cell vehicles: architectures and modeling. IEEE Transactions on Vehicular Technology, 2010, 59(2):589-598.

[11] Chan C C, Chau K T. Modern electric vehicle technology. London: Oxford Univ., 2001.

[12] Cho W, Choi J, Kim C, et al. Unified chassis control for the improvement of agility, maneuverability, and lateral stability. IEEE Transactions on Vehicular Technology, 2012, 61(3): 1008-1020.

[13] Cevher V, Chellappa R, McClellan J H. Vehicle speed estimation using acoustic wave patterns. IEEE Transactions on Signal Processing, 2009, 57(1):30-47.

[14] Cerone V, Milanese M, Regruto D. Yaw stability control design through a mixed-sensitivity approach. IEEE Transactions on Control Systems Technology, 2009, 17 (5):1096-1104.

[15] de Wit C C, Olsson H, Åström K J, et al. A new model for control of systems with friction. IEEE Transactions on Automatic Control, 199, 40(3):419-425.

[16] Colli V, Tomassi G, et al. Fuzzy longitudinal traction control//ASME International Conference on Advanced Intelligent Mechatronics. Proceedings of the IEEE, 2000.

[17] Colli V, Tomassi G, Scarano M. "Single Wheel" longitudinal traction control for electric vehicles. IEEE Transactions on Power Electronics, 2006, 21(3):799-808.

[18] de Castro R, Araujo R E, Freitas D. Wheel slip control of EVs based on sliding mode technique with conditional integrators. IEEE Transactions on Industrial Electronics, 2013, 60 (8):3256-3271.

[19] Fujii K, Fujimoto H. Traction control based on slip ratio estimation without detecting vehicle speed for electric vehicle//Proceedings of the Power Conversion Conference, 2007: 688-693.

[20] Fujii K, Fujimoto H. Slip ratio estimation and control based on driving resistance estimation without vehicle speed detection for electric vehicle//Conference Proceeding of the Society of Instrument and Control Engineers, 2007.

[21] Furuya T, Toyoda Y, Hori Y. Implementation of advanced adhesion control for electric vehicle//Proceedings of the 4th International Workshop on Advanced Motion Control, 1996, 2: 430-435.

[22] Fujimoto H, Saito T, Noguchi T. Motion stabilization control of electric vehicle under snowy conditions based on yaw-moment observer//Proceedings of the 8th IEEE International Workshop on Advanced Motion Control, 2004:35-40.

[23] Gustaffson F. Slip-based tire-road friction estimation. Automatica, 1997, 33(6):1087-1099.

[24] Hori Y. Future vehicle driven by electricity and control-research on four-wheel-motored "UOT electric march II". IEEE Transactions on Industrial Electronics, 2004, 51(5): 954-962.

[25] Hori Y, Toyoda Y, Tsuruoka Y. Traction control of electric vehicle: basic experimental results using the test EV "UOT electric march". IEEE Transactions on Industry Applications, 1998, 34(5): 1131-1138.

[26] Xu G, Li W, Xu K, et al. An intelligent regenerative braking strategy for electric vehicles. Energies, 2011, 4(9): 1461-1477.

[27] Yin G, Jin X. Cooperative control of regenerative braking and antilock braking for a hybrid electric vehicle. Mathematical Problems in Engineering, 2013, 890427: 1-9.

[28] Qian H, Xu G, et al. Energy management for four-wheel independent driving vehicle//RSJ International Conference on Intelligent Robots and Systems. Proceedings of the IEEE, 2010.

[29] 马雷,赵云,王连东,等. 四轮独立驱动电动汽车等转矩转弯试验及滑动率分析. 中国机械工程,2010,21(6):725-728.

[30] Park S H, Kim J S, et al. Reference slip ratio generation and adaptive sliding mode control for railway rolling stocks. International Journal of Precision Engineering and Manufacturing, 2009, 10(2): 39-44.

[31] Hu J S, Yin D, Hori Y, et al. Electric vehicle traction control: a new MTTE methodology. IEEE Industry Applications Magazine, 2012, (18) 2: 23-31.

[32] Xu K, Xu G, Li W, et al. Anti-skid for electric vehicles based on sliding mode control with novel structure//Proceedings of the IEEE International Conference on Information and Automation, 2011: 650-655.

[33] 靳立强,王庆年,宋传学. 电动轮驱动汽车的最佳车轮滑移率实时识别. 吉林大学学报(工学版),2010,40(4):889-894.

[34] Wang W Y, Li I H, et al. Dynamic slip-ratio estimation and control of antilock braking systems using an observer-based direct adaptive fuzzy-neural controller. IEEE Transactions on Industrial Electronics, 2009, 56(5): 1746-1756.

[35] 彭晓燕,章兢,陈昌荣. 基于 RBF 神经网络的最佳滑移率在线计算方法. 机械工程学报,2011,47(14):108-113.

[36] 史俊武,鲁统利,李小伟,等. 自动变速车辆低附着路面牵引力控制研究. 汽车工程,2011,33(2):127-132.

[37] 孙仁云,李治. 基于变路面 SBC 最佳滑移率的研究. 中国机械工程,2008,19(4):481-486.

[38] Khatun P, Bingham C M, et al. Application of fuzzy control algorithms for electric vehicle antilock braking-traction control systems. IEEE Transactions on Vehicular Technology, 2003, 52(5): 1356-1364.

[39] Mi C, Lin H, Zhang Y. Iterative learning control of antilock braking of electric and hybrid vehicles. IEEE Transactions on Vehicle Technology, 2000, 54(2): 486-494.

[40] Kodama S, Li L, Hori Y. Skid prevention for EVs based on the emulation of torque characteristics of separately-wound DC Motor//Proceedings of the 8th IEEE International Workshop on Advanced Motion Control, 2004.

[41] Kayacan E, Oniz Y, Kaynak O. A grey system modeling approach for sliding-mode control of antilock braking system. IEEE Transactions on Industrial Electronics, 2009, 56(8): 3244-3252.

[42] Yin D, Oh S, Hori Y. A novel traction control for EV based on maximum transmissible torque estimation. IEEE Transactions on Industrial Electronics, 2009, 56(6): 2086-2094.